浙江省重点教材
普通高等教育室内与家具设计专业系列教材

室内与家具人体工程学

主　　编　余肖红
副 主 编　林秀珍　杨亚峰　陈思宇
编　　委　董文英　孟　闯　王　丽
丛书主编　许柏鸣

中国轻工业出版社

图书在版编目（CIP）数据

室内与家具人体工程学/余肖红主编. —北京：中国轻工业出版社，2021.8

普通高等教育室内与家具设计专业规划教材

ISBN 978-7-5019-7997-4

Ⅰ.①室… Ⅱ.①余… Ⅲ.①室内设计-人体工效学-高等学校-教材②家具-设计-人体工效学-高等学校-教材 Ⅳ.①TU238②TS664.01

中国版本图书馆CIP数据核字（2010）第248886号

责任编辑：古 倩 林 媛 陈 萍

策划编辑：林 媛　　责任终审：劳国强　　封面设计：锋尚设计

版式设计：宋振全　　责任校对：吴大鹏　　责任监印：张 可

出版发行：中国轻工业出版社（北京东长安街6号，邮编：100740）

印　　刷：三河市万龙印装有限公司

经　　销：各地新华书店

版　　次：2021年8月第1版第10次印刷

开　　本：787×1092　1/16　印张：13.5

字　　数：350千字

书　　号：ISBN 978-7-5019-7997-4　　定价：45.00元

邮购电话：010-65241695

发行电话：010-85119835　传真：85113293

网　　址：http://www.chlip.com.cn

Email：club@chlip.com.cn

如发现图书残缺请与我社邮购联系调换

210895J1C110ZBW

序

当代中国家具行业真正意义上的发展，迄今只有短短30年的历程，30年“摸着石头过河”的特殊历史背景呈现出实践走在理论前面的特点。这并不意味着家具业没有理论或理论没有起到作用，而是行业前进的步伐实在太快，家具业面临的新问题不断涌现，不断需要新的、与之相适应的理论来予以解释和指导，传统的家具理论在继承的同时需要创新。

30年来，中国家具行业经历了以下几个关键的发展阶段，即：

- 填补市场空白：20世纪70年代末至90年代初
- 品质提升：（从工场手工业生产方式向规模化现代产业过渡）20世纪90年代中至90年代末
- 终端形象包装提升：2000年始
- 区域竞争（市场下移）：2002年始
- 设计竞争与品牌建设：2004年始

固然，这几个时间的分界点难以精准界定，因为这些因子在每个时段都存在着，这里所描述的只是不同时段中的主流趋势。这样一个发展轨迹恰好反映了家具行业是怎样从卖方市场向买方市场逐渐转移的。伴随着这种转移，呈现出一种清晰的规律，即：市场空白吸引供应者加入，加入者的增加使某些生产要素变得同质化，同质化导致竞争加剧、企业利润降低、消费者需求标准提高，竞争促使企业进行新的变革，变革的层次不断提高、深化和综合，家具行业在竞争中发展、优化和壮大。

在行业整体发展的同时，企业间和区域间的差异也在扩大，从而使得家具业态也呈现出多层次和多元化的特点，对各种知识和理论有着选择性的需求。

完全竞争是家具行业的本质属性，与其他所有行业相比，家具的行业集中度处于最低水平，家具行业的进入门槛很低而需求复杂，因此对技术和设计的依存度高。

家具所涵盖的知识范围相当宽泛，对新材料、新技术、新思潮和新的潮流敏感，综合应用各种知识的能力要求高、动态特性显著。是典型的易学难精行业，因为市场的本质不仅仅是对供应者、制作者有很高要求，而且主要取决于消费者选择的谨慎性和时代性。动态竞争是家具行业永恒的主题，理论是竞争最有效的工具。

本系列教材是学界对当代中国家具行业理性思维与理论总结的最新成果，是在实践中滋养和生成的，同时也吸收了现代西方理论的思想、理念和方法。其共同特点是注重理论联系实际，并将技术与管理相结合，重交叉，因此将更能满足实用性需求，同时也不乏理论深度，而且其理论体系本身是开放的，旨在不断吸纳新的思想和科技成果。本系列由十部独立的教材所组成，同时也相互兼容，在整体上涵盖了家具行业的全部专业领域，主要目标是为高等院校室内与家具设计专业的本科学生提供完整的系列教材，同时也可以为建筑设计、室内设计和工业设计的师生提供相关联的参考，还可为家具企业的管理与技术人员提供系统的理论知识和实用工具。教材作者均为目前国内高校家具专业的在职骨干教师，他们思维敏捷、开拓创新、知识中西融合。

其中，《家具制图》、《家具表面装饰工艺技术》、《家具材料学》和《家具展示设计》分别由中南林业科技大学李克忠、邓背阶、张秋梅和戴向东老师主编，《室内与家具人体工程学》由浙江林学院余肖红老师主编，《非木质家具制造工艺》由山东工艺美术学院薛坤老师主编，《家具史》、《家具检测与质量管理》、《木质家具制造工艺与生产组织》和《家具设计》分别由南京林业大学陈于书、祁忆青、李军和许柏鸣老师主编。许柏鸣教授为全套教材的总策划，同时负责对每本教材的大纲进行审定。

知识无限，基于我们的现实水平，虽已尽心尽力，但还会有错漏之处，恳请读者及业界同仁斧正。

普通高等教育室内与家具设计专业规划教材编写委员会名誉主任

2009 年 3 月

前言

人体工程学是一门多学科交叉的新兴学科，它是人体科学、环境科学不断向工程领域渗透与交叉的产物，其研究成果在人类生活与工作的各个领域均有大量的应用。近几年来，其在设计领域的应用与发展非常迅速，人们越来越重视人体工程学的设计思想，甚至成为了许多产品设计增强核心竞争力的关键。相应地，人体工程学在室内设计、家具设计以及产品设计等方面的应用也越来越广泛。

本书是普通高等教育室内与家具设计专业规划教材之一，并得到了浙江省高校重点建设教材的资助。本教材的编写以延续经典、注重实用、面向未来为指导思想，在参考借鉴前人已有研究成果的基础上，对部分内容进行了拓展与更新。内容上更突出了人体工程学在设计领域的应用，以丰富的设计案例深入浅出地介绍了人体工程学基本理论与方法在实践中的运用，图文并茂，生动直观，实用性较强。

本书共分七章：1　绪论，2　人体工程学基础，3　人体测量与数据的应用，4　人体工程学与室内空间设计，5　人体工程学与家具设计，6　人体工程学与家居产品设计，7　无障碍设计。其中前三章主要是对人体工程学基本知识的介绍，后四章侧重于人体工程学在设计中的应用讲解，结合家具设计、室内设计、家居产品设计以及无障碍设计等丰富案例进行具体的设计分析，更符合了设计专业学生的培养特点。学生可以通过对案例的分析与学习，进一步把握人体工程学的基本原理和方法，理论与实践融会贯通，为今后设计出舒适的、高品质的室内环境，家具产品及工业产品打下良好的基础。

本书适合于室内设计、家具设计、建筑环境设计、工业设计等专业院校的学生作为教材使用，也可供从事相关工作的人员作为参考书阅读使用。

最后，对于书中直接或间接引用的人体工程学研究成果与资料的作者表示衷心的感谢，但由于编者水平所限，书中不足之处在所难免，敬请读者批评指正。

编者

2011 年 4 月

目录

1 绪论

人体工程学是一门多学科交叉的新兴学科，它是人体科学与工程技术的结合，是人体科学、环境科学不断向工程科学渗透和交叉的产物，其成果直接服务于生产和生活实际。在其发展过程中，逐步打破了各学科之间的界限，有机地融合了各相关学科的理论，不断完善自身的基本概念、理论体系、研究方法和技术标准及规范，从而形成了一门研究和应用都极为广泛的综合性学科。因此它具备各新兴边缘学科的一些共同点，如多样化的名称，各异的定义，模糊的学科界定，综合的学科研究内容以及学科应用范围广泛等。

1.1 人体工程学的由来与发展

1.1.1 人体工程学的由来

提到人体工程学，人们会不由自主地把它和现代联系起来，但它的由来却有着非常悠久的渊源。自从人类出现以来，人们就以不同形式追求着自身的舒适性和安全性，不断地改进着自己的生活质量和生产效能。尽管上古时代不可能产生今天这样的科学研究方法，但在人们的创造和劳动中已经潜在地存在人体工程学的思想，可以说人体工程学萌芽于古代。这些我们可以从出土的文物中看出。例如：旧石器时代的石器多为粗糙的打制石器，多为自然形，不太适合人们使用，而新石器时代多为磨制石器，表面较为光滑，较适合人们使用（如图 1-1）。又如，原始人狩猎用的棍棒、石块和投枪，出土的大量文物（陶器、石器及生活用具等）……再如，我国的明式家具，其不仅造型简洁优美，在家具与人体直接接触的部位设计上更体现出一种细节的人文关怀。图 1-2 为明代的官帽椅，其靠背的“S”形曲线设计，正好与人体脊柱形状相适应，给人以良好的背部支撑。另外，其座背

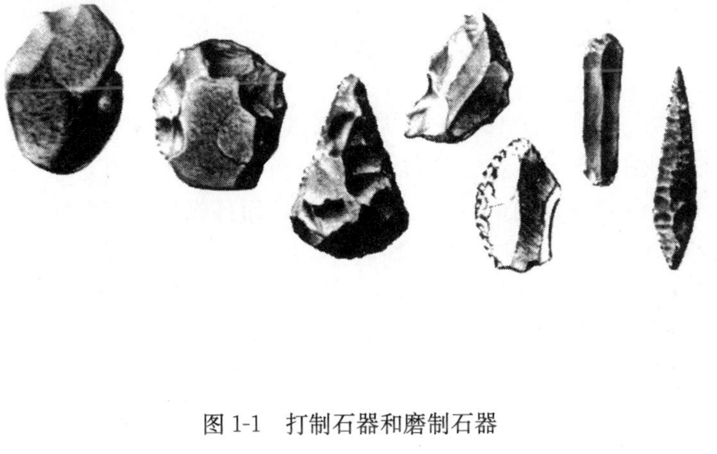

图 1-1 打制石器和磨制石器

图 1-2 明代官帽椅

前缘、扶手、搭脑等处的圆滑设计，给人以非常好的触觉感受。

虽然人类在自身的发展过程中，自觉或不自觉的运用着人体工程学的原理，但是人体工程学作为一门系统的、独立的学科，历史却很短，是近代工业革命发展的产物。随着现代科学与技术的发展，社会不断复杂化，现代文明带给人类的不一定是安全和舒适，往往会产生负面效应，例如：高速度的现代交通工具缩短了我们的时空距离，给我们带来了高效和便捷，但同时也给我们带来了交通事故和环境污染。因此如何协调人—机—环境之间的关系，使人—机—环境这一系统实现最佳匹配成为了现代科学技术发展中的重要内容。人体工程学正是研究这一领域的一门新兴的边缘学科。第二次世界大战后迅速渗透到人类生活和工作的各个领域。可以说，人体工程学随着人类关注到自身的需求而诞生了。

1.1.2 人体工程学发展的几个阶段

人体工程学（Ergonomics）作为一门学科来讲起源于欧美，是20世纪50年代发展起来的一门技术学科。其发展大致经历了以下三个阶段：

（1）人适应机器阶段

从19世纪末到第二次世界大战之前，人机关系的主要研究思路是充分利用人体机能、使之适应于机器，重点集中于选择、培训人员和改善劳动环境、减轻疲劳等方面。一般认为这一阶段的"人机关系"研究是人体工程学的开端。人们不再以一种自发的思维方式来对待"人机关系"，而是将其建立在实验的基础上，使其具有了现代科学的形态。主要有以下几方面的试验研究：

① 泰勒（F. W. Taylor）的研究　从1881年起，美国工程师泰勒开始研究人机系统的效率问题。在1898年他进行了著名的"铁锹铲煤实验"，对铁锹的使用效率进行了研究。通过现场实验，比较不同工具的工作效率。他用形状相同而铲量分别为5kg、10kg、17kg和30kg的铁锹去铲同一堆煤，实验结果表明，铲量为10kg的铁锹作业效率最高。他做了许多实验，终于找出了铁锹的最佳设计和搬运不同松散状材料时每一铲的最适当重量。

20世纪初，泰勒又和吉尔布瑞斯（F. B. Gilbreth）等人进行了时间与动作、工作流程与工作方法、设备和装置的布局等一系列实验。在分析研究和概括总结的基础上制定出了一套以提高工作效率为目的的作业、管理方法，即"泰勒制"劳动作业制度。"泰勒制"是以机器为中心设计的劳动管理制度，通过选拔和培训操作人员，使人适应于机器。"泰勒制"被西方发达国家的工厂广泛采用和实践，卓有成效地规范了生产管理，提高了生产效率。

② 吉尔布瑞斯（F. B. Gilbreth）的研究　1911年，吉尔布瑞斯进行了砌砖作业试验。他用快速摄影机把工人的砌砖运动拍摄下来，然后对动作进行分析，去掉多余的动作，从而提高了工作效率。吉尔布瑞斯和泰勒的这些重要试验影响很大，而且成为后来人体工程学的重要分支，即所谓"时间与动作的研究"的主要内容。

③ 闵斯脱泼格（H. Munsterberg）的研究　美国哈佛大学的心理学教授闵斯脱泼格创立了工业心理学，并将心理学研究与泰勒制劳动管理制度结合起来，针对选择、培训人员与改善工作条件、减轻疲劳等问题做了大量的实验和研究，并在1912年出版了其代表作《心理学与工业效率》。工业心理学的应用对提高工人的适应能力与工作效率作出了积

极有效的贡献。第一次世界大战期间，参战各国均聘用心理学家参与兵种分工、特种人员的培训问题。

④ 相关科研所的成立　1914 年爆发了第一次世界大战，战争造成的供需矛盾进一步激发了对工效研究的社会需求，促使国家力量参与到工效学的研究中来。1915 年英国成立了军火工人保健委员会，研究生产工人的疲劳问题，战后 1929 年该组织更名为“工业保健研究部”，进一步研究作业姿势、负担极限、男女工体能、作息时间、光照、环境温湿度、背景音乐等问题。德国、苏联和日本也相继成立了工业心理研究所、劳动科学研究所和工业效率研究所。国家力量的介入，使人体工程学拥有了发展的物质条件。

（2）机器适应人的阶段

这一阶段是人体工程学发展的成熟期（第二次世界大战——20 世纪 50 年代末），在这期间人们从“赢得战争的是机器而不是人”（人适应机器）的思想转向了“机器适应人”的有效人—机关系。第二次世界大战前人体工程学的研究一直坚持着“高效原则”，一方面研发高性能的机器，另一方面选择和培训操作者、使人适应于机器，两者各行其道。直到第二次世界大战期间发生了一系列意外事故，人们才开始重新审视人与机器的关系。第二次世界大战中，由于战争的需要，各国都致力于发展高性能、威力强大的武器和装备，期望用武器的技术优势来决定战争的胜败。但由于在研发过程中只注重性能的研究、忽略了“人的因素”的考虑，使得机器性能与人的能力之间出现了矛盾，从而在实用过程中暴露出一系列问题，意外事故频频发生。其中以歼灭机、战斗机最为典型，高空飞行气象条件复杂、变化无常，同时还需完成作战任务，这要求操作人员在极短的时间内观察仪表、做出判断、实施操作，以便完成多种飞行动作。这些要求超出了人的能力限度，即使经过严格筛选、培训的人员，也难以胜任。同时，设备的尺度、安置方式不符合人体要求等问题也暴露出来（如图 1-3 飞机高度表的设置问题）。通过事故分析人们发现在人与机器的关系中主要的制约因素是人而不是机器，从而认识到“人的因素”在机械设计中的重要性。

图 1-3　飞机高度表

在战争期间，为了使所设计的武器装备能够符合战士的生理特点，武器设计工程师们不得不把解剖学家、生理学家和心理学家请来为设计操纵合理的武器出谋划策，于是在军事领域中开展了机械设计与相关学科的综合研究和实际试验，这种多学科的综合研究初步构建了人体工程学的基本框架，于是现代人体工程学应运而生。1949 年，在莫瑞尔的倡导下，英国海军成立了第一个人体工程学科研组，并出版了《应用经验心理学：工程设计中的人因学》，翌年 2 月 16 日，在英国海军部召开的会议上通过了人机工程学这一名称，正式宣告其作为一门独立的学科诞生了。之后英、美各国相继成立了工效学学会，并发表会刊，为学科正式社会建制的确立奠定了基础。战争结束后，学科的综合研究和应用逐渐由军事领域向非军事领域转移，科研成果被用来解决工业与工程设计中的问题，如飞机、汽车、建筑、设备以及生活用品等，逐步在工业与工程设计领域中形成了以人为中心的设计理念。总之，从第二次世界大战期间到50年代末这二三十年内，确立了以“人的因素”为核心的研究方向，力求使机器适应于人，形成了以解剖学、生理学、心理学、生物力学、测量学等多学科共同研究的学科框架。

（3）人—机—环境互相协调阶段

20世纪60年代以后，随着人体工程学研究和应用领域的不断扩大，仅停留在“人—机器”之间的研究已远远不能满足社会的需要，于是人体工程学进入一个新的发展阶段，将人、机器、环境视为一个系统，结合各种条件和要求整体优化系统，主张人与机器相互适应，即设计机器使之适于人的操作，同时培训人的操作技能。这一阶段的研究中心是人与机器相互适应，人—机—环境系统协调发展。1961年，国际人类工效学会（IEA）成立，从而有力地推动了该学科不断向纵深发展。

经过第二次世界大战后的喘息和重建，世界经济进入了飞速发展的时期，与此同时，人体工程学也进入高速发展期。这一时期的人体工程学发展主要有两大特点：

① 人体工程学的研究已渗入到了人类工作和生活的各个领域　人体工程学的触角已无所不及，吃、穿、住、行，凡是和人有关的一切创造行为，都体现了人体工程学的思想。许多企业、事业单位都设有专门的机构或实验室进行专项研究，通过广泛的实验性研究，结合所掌握的基本原理，进行相应的改良设计。例如：1964年，富豪（volvo）汽车公司的工程人员在与医务专家密切合作下开发出汽车新座椅（如图1-4），被誉为“超级座椅”的美称。其坐垫采用泡沫聚酯制作，具有极佳的支撑性和舒适性。另外，其座椅的高度和纵向位置都可调整，靠背角度也可通过一个手轮变更。这类座椅的设计体现了超前的人体工程学设计。目前公司安全性能部中仍设有座椅小组（约20人的规模），专门研究座椅的人机问题。如今，在汽车、飞机等交通运输行业中，几乎所有的产品设计都会将人体工程学作为研究的重点。

图1-4　富豪（volvo）汽车公司研发的汽车新座椅

② 学科研究呈现多元化态势，并在高科技领域得到广泛应用　日趋复杂的人—机—环境关系，加强了多学科的横向联系、使学科研究呈现多元化态势。随着科学技术的发展，自动控制技术装置、电子计算机、人工智能等普遍应用于社会生活的各个方面，现今的人—机—环境系统不仅环节众多，同时还涉及多途径、多方式的信息交流和互动，人体系统的设计逐步转向以计算机技术为代表的高新技术产品和服务。在20世纪后半期，经济的发展、科技的进步，为人体工程学的研究提供了新天地、新要求、新课题以及新理论，促进了学科的快速发展。进入21世纪，随着能源、环境等问题的日益突出，“可持续

发展”已成为人类面对生态危机的抉择，人体工程学的深入研究与应用，将在合理利用资源、实现“可持续发展”这一战略目标以及维护人类健康、提高生活质量等方面发挥积极的作用，为实现社会、自然、经济协调发展而努力。

1.1.3 人体工程学在中国的发展

1935年陈立和周先庚等在中央研究院和清华大学研究过工作疲劳、劳动环境等问题，20世纪60年代对铁路信号、飞机仪表也做过人体工程学方面的研究，后因10年动乱而中断。而人体工程学研究在我国真正起步是在20世纪70年代，首先是将工程学的理论应用在家具设计方面。当时，周总理曾针对客厅使用的沙发指出，为什么这沙发使人越坐越累，能不能加以改进？于是，北京木材工业研究所在我国首次采用了人体工程学的原理和方法，对沙发的尺寸、体感等方面进行研究和探索。他们曾发表了《常用沙发的初步研究》的科研报告。稍后，上海、南京、重庆等地相继开展了桌椅尺度和成型发泡沙发的研究。

20世纪80年代前后，随着改革开放政策的实行，国际间学术交流的加强，促进了我国人体工程学的快速发展。1980年4月，国家标准局成立了全国人类工效学标准化技术委员会，统一规划、研究和审议全国有关人类工效学的基础标准的制定。1984年国防科工委成立了军用人—机—环境系统工程标准化技术委员会。这两个技术委员会的建立，有力地推动了我国人机工程学研究的发展。此后在1989年成立了中国人类工效学学会，并在1995年9月创刊了学会会刊《人类工效学》季刊。近年来，我国人体工程学发展速度很快，也取得了一定的成果，但与世界先进水平相比较，人体工程学基础理论、方法论以及成果的应用还有相当的差距。要形成具有我国自己特色的人体工程学尚须我们做出更大的努力。

1.2 人体工程学的命名与定义

1.2.1 人体工程学的命名

人体工程学是一门比较年轻的学科，相应的命名也比较多。在美国出现过 Human Engineering，Human Factors Engineering，Human Factors 等多个名称，但是现在一般使用 Human Factors 这一名称，而在英国等欧洲国家一般使用 Ergonomics 这一名称。Ergonomics 一词在1857年由波兰教授雅斯特莱鲍夫斯基（Jastrazebowski）提出的，它来源于希腊文，其中 Ergos 的意思是工作，nomes 的意思是规律。整个词是工作之意。在日本，“人间”是人类的意思，它们将人体工程学命名为“人间工学”。

在我国，人体工程学的相关名称比较多，除普遍采用“人机工程学”、“人—机—环境系统工程”外，常见的名称还有“人体工程学 ”、“人类工效学”“人类工程学”、“工程心理学”、“宜人学”以及“人的因素”等。1989年中国人类工效学会成立，相应的这一名称被大家接受较多，然而在建筑室内与家具设计领域普遍使用人体工程学来命名这一学科。

1.2.2 人体工程学的定义

国际人类工效学会（IEA）在它的会章中把工效学定义为：这门学科是研究人在工作

环境中的解剖学、生理学、心理学等诸方面的因素，研究人—机—环境系统中的交互作用着的各组成部分（效率、健康、安全、舒适等）在工作条件下，在家庭中，在休假的环境里，如何达到最优化的问题。概括地说，是研究人及其相关的物体（机械、家具、工具等）、系统及其环境，使其符合人体的生理、心理及解剖学特性，从而改善工作与休闲环境，提高舒适性和效率的边缘学科。为进一步说明定义，下面对定义中的几个概念作几点说明：

① 人　指作业者和使用者。人的心理特征、生理特征以及人适应设备和环境的能力都是重要的研究内容。

② 机　指机器，较一般技术术语意义要广。包括人操作和使用的一切产品和工程系统。其能否适合人类的行为习惯，符合人们的身体特点，是人体工程学探讨的重要问题。

③ 环境　指人们工作和生活的环境。噪声、照明、气温、人的行为习惯等环境因素对人工作和生活的影响，是研究的主要对象。

④ 系统　指人体工程学研究的是一个相互作用和相互依存的系统。它是人体工程最重要的概念和思想，要从系统的高度来分析研究人一机一环境三个要素之间的关系。

随着人体工程学的发展，2000 年 8 月，IEA 对之前的定义作了进一步修订：“人体工程学是研究系统中人与其他要素的相互关系的科学，是关于如何实现人与整个系统最优化的理论、数据及设计方法的科学。”修订后的定义更强调了“交互”的概念，以人的利益为前提来优化系统，更好的反映了该学科的方向和重点。

1.3　人体工程学研究的主要内容与方法

1.3.1　人体工程学研究的主要内容

人体工程学是一门实践与应用性很强的交叉学科。由于各国科学和工业基础不同，研究侧重点也不相同。例如，美国侧重工程和人际关系，法国侧重劳动生理学，前苏联注重工程心理学，日本则介于欧美之间。人体工程学的研究内容具多样性、应用性和灵活性等特点，但它始终是以人—机—环境作为研究的基本对象，通过揭示其三者之间的相互关系与规律，以达到确保整个系统的最优化。综合共性来讲，其研究的主要内容包括以下三个方面：

（1）工作系统中的人

人的因素是人体工程学研究的重要内容，也是系统优化设计的核心。主要包括以下内容：人体尺度；信息的感受能力和处理能力；学习的能力；生理及心理需求；对物理环境的感受性；对社会环境的感受性；知觉与感觉的能力；个人之差；环境对人体能的影响；人的长期、短期能力的限度及愉适点；人的反射及反应形态；人的习惯与差异（民族、性别等）；错误形成的研究。

（2）工作系统中直接由人使用的机械部分如何适应人的使用

主要分以下三类：

① 显示器　仪表、信号、显示屏。

② 操纵器　各种机具的操纵部分，杆、钮、盘、轮、踏板等。

③ 用具　家具、设备及其他产品等。

（3）环境控制如何适应人的使用

① 普通环境　建筑与室内空间环境的照明、温度、湿度控制等。

② 特殊环境　在航空、化工、采矿及探险等行业，有时会遇到特殊的环境：高温、高压、振动、噪声、辐射和污染等。

从人体工程学的研究内容来看，涵盖了技术科学和人体科学的许多交叉问题。它涉及很多不同的学科，包括生理学、心理学、解剖学、工程技术、劳动保护、环境控制、仿生学、人工智能、控制论、信息论和生物技术等众多的学科。

1.3.2 人体工程学的研究方法

人体工程学研究的对象涉及人类生活的各个领域，因此研究的方法也多种多样，它广泛采用了人体科学及其相关学科的研究方法及手段，并且本学科的研究也建立了一些独特的新方法，以探讨人、机、环境要素间的复杂关系。这些方法包括：测量人体各部分静态、动态数据；调查、询问或观察人的行为和反应特征；对时间和动作的分析研究；测量人的心理状态和各种生理指标的动态变化；分析差错和事故的原因；进行模型实验或用电子计算机进行模拟实验；运用数字和统计学的方法找到各变数之间的关系，以便从中得出正确的结论或发展成有关理论。

目前常用的研究方法有：

（1）实测法

这是一种借助于仪器设备进行实际测量的方法。主要包括对人体尺寸的测量、人体生理参数的测量以及环境参数的测量。

其中，人体尺寸的测量主要包括人体形态测量和运动测量。形态测量主要测量人体长度尺寸、体形、体积及体表面积等；运动测量主要测定关节的活动范围和肢体的活动空间，如：动作范围、动作过程、形体变化和皮肤变化等。

人体生理参数的测量是指对人生理指标的测定。人体的疲劳与工作环境设计的好坏直接相关，一般情况下，生理指标的变化能反映出人体疲劳的变化。例如，心率、呼吸、肌电图、血压、脑波、闪频值等都常用来评价人体生理负荷（疲劳）。通过测量人在进行各种活动时各种生理指标的变化来研究分析各种环境因素和家具设计尺度参数对人体负荷与疲劳的影响，从而研究最佳设计方案。生理测量主要包括以下几个方面：

① 心率（Heart Rate，HR）　心率即心脏跳动的速率，一般用每分钟的跳动次数来表示。心脏跳动的速率受到精神因素、作业强度和环境温度等的综合影响，反映了劳动强度、作业负担及全身的生理负荷。如不合理的座椅尺度会引起不合理的坐姿，不合理的坐姿会导致能量消耗的增加，相应的心率指标加快，从而疲劳度增大。因此，心率可用来研究和评价家具、工业产品设计及环境的合理性与舒适性。

② 肌电图（Electromyogram，EMG）　肌电图指标的计测是把人体活动时肌肉张缩的状态以电流图记录，从而可以定量地确定人体该项活动强度和负荷，它反映的是局部的肌肉负荷。我们把记录肌肉收缩时的放电电流图叫肌电图（Electromyogram，EMG）。肌电图的测量可以通过生理电传感器，在肌肉表面（皮肤表面）进行。传感器检测到的微弱电信号通过放大可进行记录和分析。人体工程学上常用肌电图的电压幅值和收缩频率来进行评价。

肌电图的计测在人体工程学上的应用主要是作业设计，作业姿势，机械和工具设计的合理化及优化研究。如座椅、沙发和床等家具尺度的研究中，肌电图是一个最佳的评价指标。一个符合人体工程学的设计能减少人体不必要的能量消耗，提高工作和休息效率。一个舒适的坐姿或者卧姿可使全身肌肉放松。这种放松程度，可通过测量肌电图来评价。

③ 闪频值（Critical Flicker Fusion Frequency，CFF） 对于闪烁的光源，当闪烁频率增大到某一值时，就能感觉它是连续光源，这种现象叫闪光融合，此时的频率叫闪光融合频率（Critical Flicker Fusion Frequency，简称 CFF 值），也叫闪光融合值（简称闪频值）。人在疲劳时，大脑的意识和知觉水平下降，CFF 值也随之下降。因此，闪频值可用于评价室内光源和工作环境的合理性，找出精神疲劳最少的室内色彩和照明环境设计。

④ 脑电图（脑波，Electroencephalogram，EEG） 脑电图与心电、肌电一样也是生物体电现象之一。人只要活着，无论是处于睡眠还是觉醒状态，都有来自大脑皮层的动作电位。这种生物电现象是自发和有节律性的，在头部表皮上通过电极和高感度的低频放大器可以测得这种生物电现象。脑电图的频率幅值是大脑觉醒状态的主要反映，在室内与家具设计中，我们可以利用脑波来评价室内环境噪声、室温，以及家具尺度、质地和舒适度等。

⑤ 体压 体压是人、机（椅、床等）接触界面最重要的生物力学特性指标之一，从生物力学的角度看，人机接触面的舒适性主要由人机间的体压分布决定。体压分布的不合理是导致人体疲劳、影响人体舒适度的主要原因。在研究座椅及床等家具设计中，常对接触面的体压分布进行测量分析，从而为设计提供参考。要想测得人体在椅面、椅背或床垫上的压力分布，需科学地确定椅面或椅背形状以及床垫中弹簧的弹力等，常用人体压力分布测试仪。这种测试仪（如图 1-5 人平躺床上的体压测试图）一般是将压力通过超薄感测片收集，输入电脑，然后采用电脑软件分析测试结果。

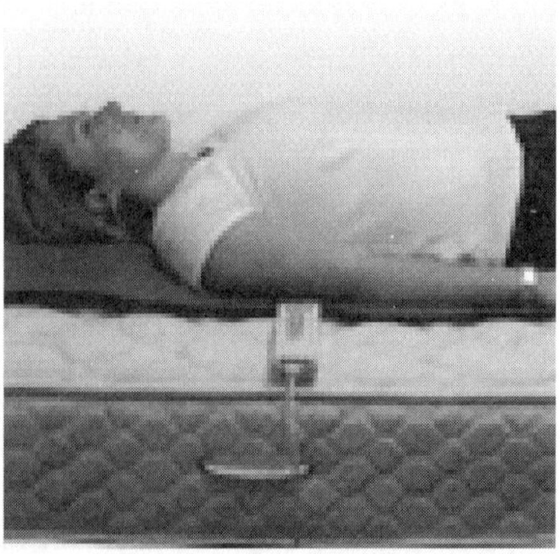

图 1-5 体压测试图

（2）实验法

这种研究方法在实验室、作业现场进行。例如：为了获得家具的体压分布或人对各种不同显示仪表的认读速度的数据时，一般在实验室进行。如需了解色彩环境对人的心理、生理和工作效率的影响时通常在作业现场进行。

（3）观察法

为了研究系统中人、机的工作状态。如作业动作的分析、功能分析和工艺流程分析等大都采用观察法。

（4）分析法

分析法是在获得了一定的资料和数据后的一种研究方法。一般是在实测法和实验法的基础上进行的。目前人体工程学研究常采用如下几种分析法：①瞬间操作分析法；②知觉与运动信息分析法；③动作负荷分析法；④相关分析法。此外，还有频率分析法和危害分析法等。

（5）调查法

调查法是人体工程学重要的研究方法之一，其应用非常广泛。调查法是指采用各种调查研究方法来抽样分析操作者或使用者的意见和建议，包括简单的访问、专门调查甚至非常精细的评分，心理和生理学分析判断以及间接意见与建议分析等。一般包括口头询问法和问卷调查法。口头询问法是通过与被调查人的谈话，以评价被调查人对某一特定环境的反应，要求提问简明，用语准确、思路清晰。问卷调查法是事先设计好问卷，做到问题明确、填答方便、重点突出。以便被调查人能正确填答。

（6）模拟和模型试验法

通过这类模拟方法可以对某些操作系统进行逼真的试验，可以得到从实验室研究外围所需的更符合实际的数据。

（7）计算机数值仿真法

随着现代人机系统的日益复杂，采用物理模拟和模型方法研究复杂人机系统不仅成本高、周期长，而且模拟和模型装置一经定型，就很难作修改变动。为此，计算机数值仿真法已成为人体工程学研究的一种现代方法。数值仿真法是在计算机上利用系统的数学、图像进行仿真性实验研究。研究者可对尚处于设计阶段的未来系统进行仿真，并就系统中的人、机、环境三要素的功能特点及其相互间的协调性进行改进设计。应用数值仿真研究能大大缩短设计周期，并降低成本。

1.4 人体工程学与室内和家具设计

近年来，室内设计、家具设计及家居产品设计等行业迅猛发展，人体工程学在其中的运用也进一步扩大和深入，对相关设计行业起到了很好的指导作用。如何科学的运用人体工程学相关原理和方法服务于当前的设计行业，建立起理性与感性相融合的协调人、机设计思想来指导设计是当前一大任务。

1.4.1 人体工程学在室内设计中的作用

从室内设计的角度来说，人体工程学的主要功用在于通过对于生理和心理的正确认识，使室内环境的各种因素适应人类生活的需要，为人类创造经济、舒适、安全、卫生的室内环境，进而达到提高室内环境质量的目的。人体工程学在室内设计中的作用主要体现在以下四个方面：

① 为确定人们在室内活动所需空间范围提供依据　根据人体工程学中的有关计测数据，从人的尺度、动作域、心理空间以及人际交往的空间等，以确定各种不同功能空间的尺寸和划分，使空间更有利于人的活动。

影响空间大小、形状的因素相当多，但是最主要的因素还是人体尺寸、人体的活动范围以及家具设备的数量和尺寸。因此，在确定空间范围时，必须搞清楚使用这个空间的人数，每个人需要多大的活动面积，动态的作业域空间范围，空间内有哪些家具设备以及这些家具和设备需要占用多少面积等。这些要求都能由人体工程学科学的予以解决。图 1-6 所示的几个简图具体地说明了人体工程学与确定空间范围的关系。

② 为确定家具、设施的尺度及其使用范围提供依据　室内家具、设施及其陈设与人接触密切，它们的造型、尺度、色彩及其布置方式等必须符合人体生理、心理尺度及人体各部分的活动规律，以便达到安全、实用、方便、舒适及美观等目的。为达到上述要求和目的，设计过程中人体基础数据的参照是必不可少的。另外，人们为了使用这些家具和设

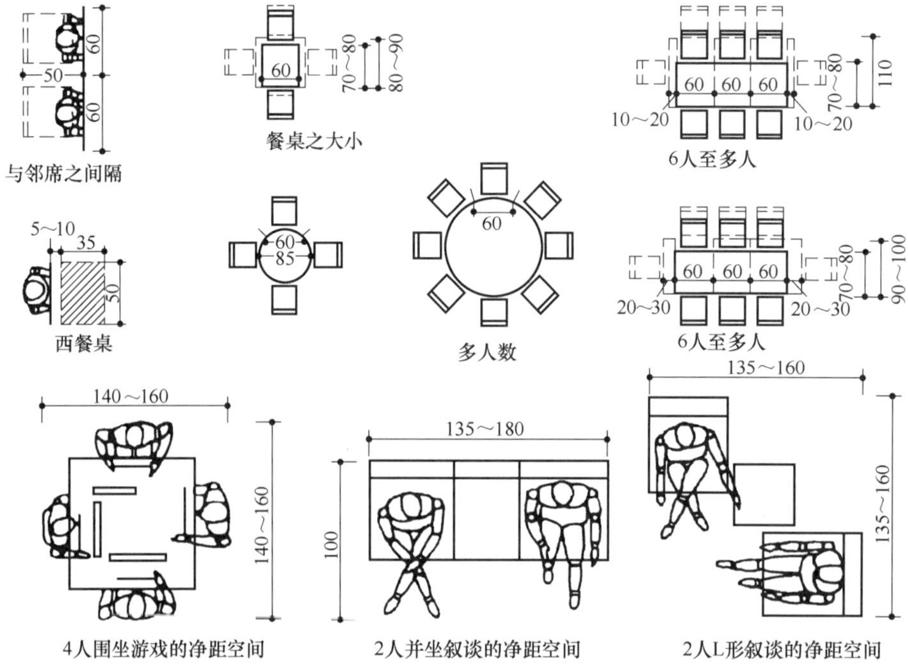

图 1-6 空间范围确定简图（单位：cm）

施，其周围必须留有活动和使用的最小余地，这些要求都可以从人体工程学角度给予合理的解决。如图 1-7 床的设计要符合人体的基本尺寸和睡觉所需的活动尺寸。

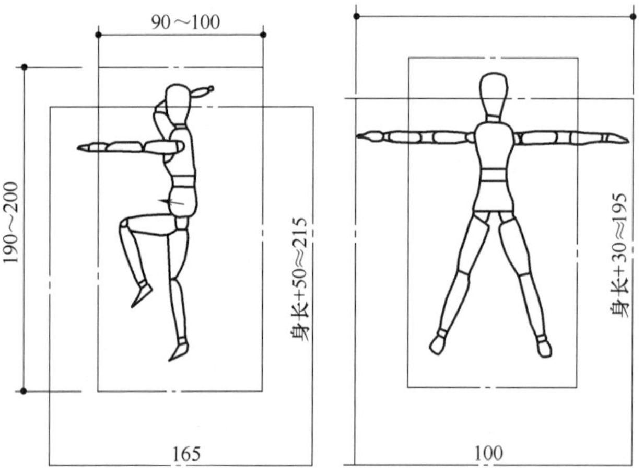

图 1-7 人体与床的尺寸（单位：cm）

③ 为确定人的感觉器官对环境的适应能力提供依据 首先，提供适应人体的室内物理环境的最佳参数。人体工程学提供声、光、热、辐射等物理因素的数据，可以使设计者参照适应设计环境及人舒适度的物理参数，进行各种功能空间的设计并对各种装饰空间的装饰材料进行恰当选择，从而使室内空间符合人的生理与心理要求。其次是对感觉要素（包括视、听、嗅、触觉等）的计测为室内环境设计提供科学依据。比如对视觉要素的计测为室内视觉环境设计提供科学依据，人眼的视力、视野、光觉、色觉是视觉的要素，人体工程学通过计测得到的数据，对室内光照设计、室内色彩设计、视觉最佳区域等提供了科学的依据。图 1-8 是展示中的视觉距离和高度区域设计，主要以人眼的视觉要素计测为依据来设计。

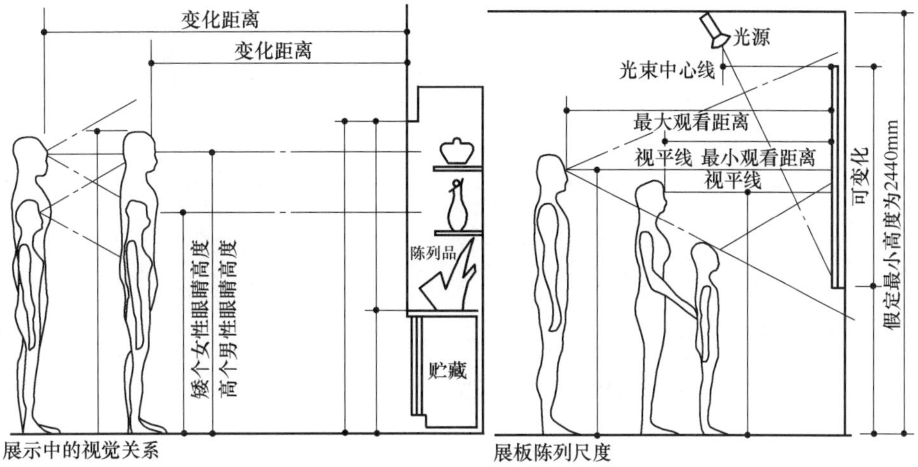

图 1-8 展示中的视觉关系与尺度

④ 为室内行为组织提供科学依据 人在室内各种行为，都离不开人本身对各种环境的本能反应，这包括人的听觉、视觉、嗅觉、触觉等方面对环境的感应。具体地说是对色彩的认知、对光的感应、对温度和湿度的适应、对空间形状的感受、环境对心理的影响而导致的各种心理行为等，这些外界因素往往会直接影响人在某一环境内的感情和行为。因而，利用人体工程学在此领域的研究成果，可以使环境在色彩、光线、形状、格局等的设计上更符合不同场合的要求，并在一定程度上诱导人们的室内行为和情感发挥，从而使有限的使用空间从功能上和情感上发挥最大的作用。

1.4.2 人体工程学在家具设计中的作用

家具是室内最大的要素，良好的家具设计可以减轻人的疲劳，给人提供方便，使人身心健康、心情愉悦等，而良好的家具设计则得益于正确地使用人体工程学原理。人体工程学在家具设计中的应用，就是特别强调家具在使用过程中对人体的生理及心理反应，并对此进行科学的实验和计测，在进行大量分析的基础上为家具设计提供科学的依据。同时，把人的工作、学习、休息等生活行为分解成各种姿势模型，以此研究家具设计，根据人的立位、坐位和卧位的基准点来规范家具尺寸及家具间的相互关系。人体工程学在家具设计中的作用主要体现在以下两个方面：

① 强调家具在使用过程中对人体的生理和心理反应，并对此进行科学的实验和计测，在进行大量分析的基础上为家具设计提供科学依据。家具的造型形式、用材的软硬、色彩的冷暖、装饰的繁简等都会引起人们相应的生理和心理反应。如图 1-9 是喜多俊之设计的打盹椅，造型似一个半躺半卧的人体，色彩丰富而艳丽，带有轻松和娱乐的趣味性设计。另外，椅子可以从躺椅到普通坐椅自由变换形状，其侧面的转钮可以调节靠背的倾角，在使用过程中给人的生理和心理带来完全的放松与舒适。一般家具的造型设计、材料的选用及搭配、装饰图案、色彩等则更多地考虑了人的心理需要。如老年人房间的家具造型端庄、典雅、色彩深沉、图案丰富等；青年人房间的家具造型简洁、轻盈、色彩明快、装饰美观等；小孩房间的家具造型色彩跳跃、造型小巧圆润等。

图 1-9 喜多俊之设计的打盹椅

② 把人的工作、学习和休息等生活行为分解成各部姿势模型，以此作为研究家具设计的依据。如根据人的立位、坐位和卧位的基准点来规范家具的基本尺度及家具间的相互关系。具体地说，在家具尺度的设计中，柜类、不带座椅的讲台及桌类的高度设计以人的立位基准点为准；坐位使用的家具，如写字台、餐桌、座椅等以坐位基准点为准；床、沙发床及榻等卧具以卧位基准点为准。如设计座椅高度时，就是以人的坐位（坐骨结节点）基准点为准进行测量和设计。

作业与思考题

1. 简述人体工程学的由来和发展。
2. 结合实际思考人体工程学研究的主要内容与方法。
3. 思考日常生活中人体工程学相关问题，列举相应例子进行讨论与分析。
4. 人体工程学在室内与家具设计中的作用体现在哪些方面？举例分析。

2 人体工程学基础

人体工程学研究的中心是人，因此，我们必须了解人体自身的内在特性。本章主要对人体的感知系统、运动系统以及人的生理、心理和行为与环境之间的关系等基础知识进行介绍。

2.1 人体的感知系统

人类认识和改造世界首先依靠的是人的感知系统，由此才能进一步实现人与环境的交互作用。感知包括感觉和知觉，感觉是对直接作用于人体感觉器官的一种直接反映，它是来自体内外的环境刺激通过眼、耳、鼻、皮肤等感觉器官产生信号脉冲通过神经系统传递到大脑中枢而产生的（见图 2-1）。知觉是在感觉的基础上产生的，它是对感觉信息整合识别后的反映。两者既相互联系，却又是不同的心理过程。

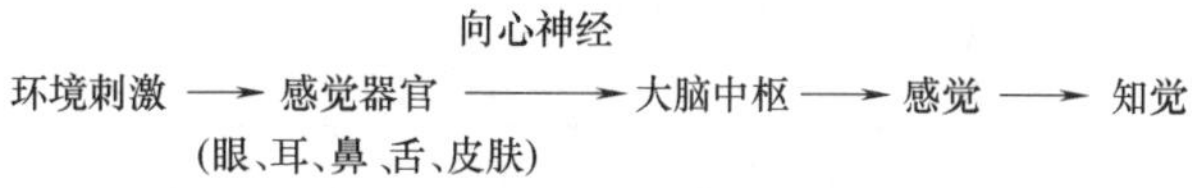

图 2-1　感觉和知觉形成示意图

2.1.1 感觉

（1）感觉的定义

日常生活中，我们常常会提到“感觉”这个词。在心理学上，感觉是指人脑对直接作用于感觉器官的客观事物的个别属性的反映。例如，通过眼睛看清物体的颜色，这属于视觉；通过耳朵反映物体发出的声音，这属于听觉；通过鼻子闻出物体发出的气味，这属于嗅觉……感觉是一种最简单而又最基本的心理过程，在人的各种活动过程中起着极其重要的作用。一切较高级、复杂的心理现象，如思维、情绪、意志等都是在感觉的基础上产生的。

（2）感觉的分类

外部感觉：反映外部各种事物个别特性的感觉。主要包括视觉、听觉、味觉、嗅觉、肤觉，合称为“五大感觉”。

内部感觉：反映我们自身各部分内在现象的感觉。如运动觉、平衡觉等。

（3）感觉的基本特征

① 适宜刺激　人体的各种感觉器官都能对某一种特定的能量形式做出最敏感的反应。这种能够引起感觉器官有效反应的刺激，称为该器官的适宜刺激。例如，眼的适宜刺激是可见光，而耳的适宜刺激则为一定范围的声波。人体各主要感觉器官的适宜刺激及其识别特征见表 2-1 所示。

② 感觉适应　感觉器官持续刺激一段时间后，在刺激恒定不变的情况下，感觉会逐渐减少以至消失，这种现象称为适应。通常所说的“久而不闻其臭”就是嗅觉器官产生适

表 2-1 适宜刺激和识别特征

感觉类型	感觉器官	适宜刺激	刺激来源	识别外界的特征
视觉	眼	可见光	外部	形状、大小、位置、远近、色彩、明暗、运动方向等
听觉	耳	一定频率范围的声波	外部	声音的强弱和高低，声源的方向和远近等
嗅觉	鼻	挥发的和飞散的物质	外部	辣气、香气、臭气等
味觉	舌	被唾液溶解的物质	接触表面	甜、咸、酸、辣、苦等
皮肤感觉	皮肤及皮下组织	物理和化学物质对皮肤的作用	直接和间接接触	触压觉、稳定觉、痛觉等
深部感觉	肌体神经和关节	物质对肌体的作用	外部和内部	撞击、重力、姿势等
平衡感觉	半规管	运动和位置变化	内部和外部	旋转运动、直线运动、摆动等

应的典型例子。除痛觉外，适应现象几乎在所有感觉中都存在，但适应的表征和持续的时间是不同的。当同一种刺激物的刺激时间过长时，由于生理原因，感觉适应就变成了感觉疲劳，是感觉适应的深入反映。

感觉适应的优点是可以减少身心的负担，如在声音嘈杂的场所，有些人能排除声音干扰，专心于一件事，就是对噪声产生了适应。缺点是易使人丧失警觉性而导致伤害，如瘫痪的病人对疼痛感觉的丧失，会导致更加严重的伤害。

③ 感觉阈限 人通过感觉器官接受外界的信号刺激，当这个刺激的强度较小时，尽管在物理上可以测到感觉器官对刺激的某种反应，但人却没有感觉到，只有当刺激强度逐渐增加到某一界限值时，人才通过感觉器官获得了感觉。这种刚刚能引起感觉的最小刺激量，称为感觉阈下限。能产生正常感觉的最大刺激量，称为感觉阈上限。刺激强度不允许超过上限，否则不但无效，还会引起相应感觉器官的损伤。能被感觉器官所感受的刺激强度范围，称为绝对感觉阈值。

④ 感觉对比 同一感受器官接受不同的刺激时使感受性发生变化的现象称为对比。感觉对比一般分为同时对比和继时对比两种。同时对比是指几种刺激物同时作用于同一感受器时产生的对比。比如，同样的灰色分别放在红色和在绿色的背景上，在红色的背景中则呈现墨色，而绿色背景中的灰色则呈现红色，这属于同时对比。而当几个刺激物先后作用于同一感受器时，将产生继时对比现象。例如，当冬天外出回来，手已经冷到麻木的时候，突然放在火上烤，手指会感觉异常刺痛。又如，吃了糖以后接着吃带有酸味的食物，会觉得更酸。

⑤ 感觉补偿 当某种感觉丧失后，其感受信息的通道被抑制，同时，其他感觉系统感受信息的能力会在一定程度上得到加强，我们把这种现象称为感觉补偿。比如：盲人的听觉和触觉比失明前更加灵敏，而聋哑人的视觉却很敏锐。盲道的设计就是利用了盲人的

触觉灵敏性而设计的。

⑥ 余觉　当刺激取消以后，感觉还可以存在一极短时间的现象。比如：流星的形成，其实流星只是一颗燃烧了的火球，当人们在观察的时候，看到的却是一条亮线；在暗室里急速转动一根燃烧的火柴，可以看到一圈火花，这就是由许多火点留下的余觉组成的；每秒 100 次闪烁的荧光灯给人的感觉是连续的光源。另外电影等都是利用余觉这一生理现象实现的。

2.1.2　知觉

(1) 知觉的定义

知觉是人脑对直接作用于感觉器官的客观事物整体的反映。是对感觉信息的组织和解释过程，日常生活中我们通常是以知觉来反映事物。知觉不是对当前客观事物的各种感觉的堆积，而是人们借助于已有的知识经验对当前事物所提供的信息进行选取、理解和解释的过程。它在很大程度上却受到人的知识、经验、情绪、态度等因素的制约和影响。例如，我们看到的红色，不是脱离具体事物的红色，而是红花、红旗或红太阳等的红色；对于听到的声音，我们总是知觉为言语声、流水声或汽车声等有意义的声音。

(2) 知觉的分类

① 空间知觉　人对物体的空间特性的反映。如：形状、大小、远近、方位等。

② 时间知觉　人对时间的知觉，是依感官与客观参照物比较而产生的。如：太阳和月亮的移动。

③ 运动知觉　人对物体运动的反映，是靠视觉和运动觉来实现的。如：霓虹灯的动态设计。

(3) 知觉的基本特征

人的知觉过程是一个有组织、有规律的心理活动过程。其基本特征主要表现为知觉的选择性、知觉的整体性、知觉的理解性、知觉的恒常性以及错觉等。

① 知觉的选择性　人们在知觉周围的事物时，总是有意无意地选择少数事物作为知觉的对象，而对其余事物的反映较为模糊，从而作为衬托对象的背景，这种把某些对象从背景中优先区分出来，并予以清晰反映的特性叫做知觉的选择性。由于人的知觉选择特性，使人能够把注意力集中到某些重要的刺激或刺激的重要方面，排除次要刺激的干扰，从而有效地感知外界事物，适应外界环境。如：进入室内，大多数人会注意主人的动作和居室的装潢及陈设，而很少关心顶棚和地板。再如图 2-2 的鞋子反转图形，如果以黑色为知觉对象，白色为背景，则是穿着皮鞋的男性腿脚，反之，则为穿着高跟鞋的女性腿脚。

在知觉过程中，哪些刺激物成为对象，哪些刺激物成为背景，并不是固定不变的。鲁宾（Rubin）的双关图形是知觉的对象和背景可以相互转化的最显著的例子，如图 2-3 所示。当我们以黑色为背景时，便看到一个白色的花瓶，而当我们以白色为背景时，便又会看到两个侧面人头像。我们可以一会儿看成花瓶，一会儿看成面孔，花瓶和面孔可以经常交替出现，但却不能既看到花瓶又看见面孔，两者不可能同时出现。

从知觉背景中区分出对象来，一般取决于下列条件：

第一，对象和背景的差别。对象和背景的差别越大（包括颜色、形态、刺激强度等方面），对象越容易从背景中区分出来，并优先突出，给予清晰的反映；反之，就难以区分。

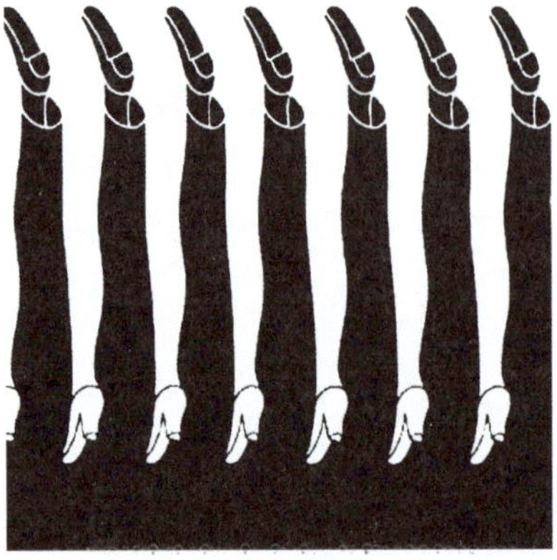

图 2-2 鞋子反转图形

图 2-3 鲁宾双关图形

例如，重要新闻用红色套印或用特别的字体排印就非常醒目，特别容易区分。然而，当人们处在丰富多彩的信息环境中，众多的事物都在向我们拥来的时候，我们仍能从多种刺激中去知觉已经熟悉的或有意义的事物，使其成为知觉的主要对象，而使同时作用于我们感官的其他事物，退居到背景的地位。

第二，对象的运动。在固定不变的背景上，活动的刺激物容易成为知觉对象。例如，交通道口上变换的红绿灯；月夜中的流星；夜空中的飞机灯光；航道的航标用闪光作信号。这些都是运动着的物体，更能引人注意，提高知觉效率。

第三，主观因素。人的主观因素对于选择知觉对象相当重要，当任务、目的、知识、经验、兴趣、情绪等因素不同时，选择的知觉对象便不同。例如，情绪良好，兴致高涨时，知觉的选择面就广泛；而在抑郁的心境状态下，知觉的选择面就窄，会出现视而不见，听而不闻的现象。

② 知觉的整体性　把知觉对象的各种属性、各个部分成为一个统一的有机整体，这种特性称为知觉的整体性。它与人们的经验和阅历有很大的关系。人在知觉事物时，并不需要细致地观察它的各个部分和属性，只要抓住它的主要特征，就可以根据已有知识经验对它进行识别。例如：色盲、色弱的检测图（如图 2-4），就是利用了颜色的整体性。图 2-5 由两种不同的几何造型，按一定顺序排列，中间的空白构成了一个三角形。如图 2-6 是由一些黑色斑点组成了一个可爱的小狗形象。

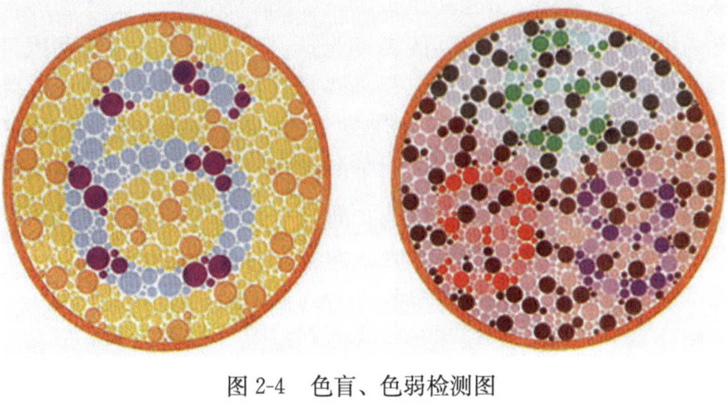

图 2-4 色盲、色弱检测图

图 2-5 三角形知觉整体性

图 2-6 小狗知觉整体性

③ 知觉的理解性 用以往所获得的知识经验来理解当前的知识对象的特征称为知觉的理解性。由于知觉具有理解性，因此，人们在知觉某一事物时，就会把他们的与事物有关的知识经验带入知觉过程中，以便取得对事物的深刻认识。比如图 2-7 山水画上看到的山水，我们不会认为是很小的山，不流动的水。

图 2-7 有流水的山水画

在环境比较复杂、对象的外部标志不很明显的情况下，语言的指导能唤起人们已有的知识和过去的经验，使人对知觉对象的理解更迅速、完整。例如，图 2-8 也是一张双关图形，提示者可以把它提示为立体的东西，而这个立体随着提示者的语言可以形成向内凹或向外凸的立体。再比如图 2-9 的双关图，提示者可以把它提示为年轻男性，也可以提示为年轻女性。

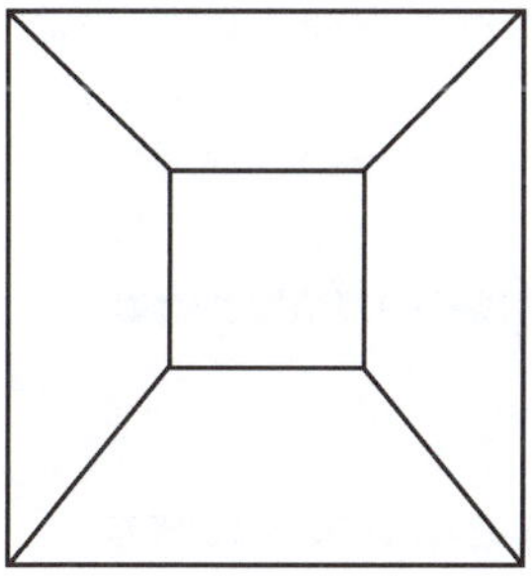

图 2-8 双关图（1）

图 2-9 双关图（2）

④ 知觉的恒常性　知觉的条件在一定范围内发生变化，而知觉的印象却具有相对不变的特性，叫知觉的恒常性。知觉的恒常性是经验在知觉中起作用的结果，也就是说，人总是根据记忆中的印象、知识、经验去知觉事物的。例如：照片上的人和真实的人给人的感觉是一样的高；无论在明亮的环境下还是在昏暗的环境下，看白色的衣服总是白色的。

⑤ 错觉　是与客观事物不相符的错误知觉。总的来说，错觉是知觉恒常性的颠倒。人的外感官一般都会出现错觉现象，例如：错视觉、错听觉、错嗅觉等。在人的错觉现象中，错视觉最为明显，错视觉中，有图形错觉、透视错觉、空间错觉等。错觉例子如图2-10～图2-18。

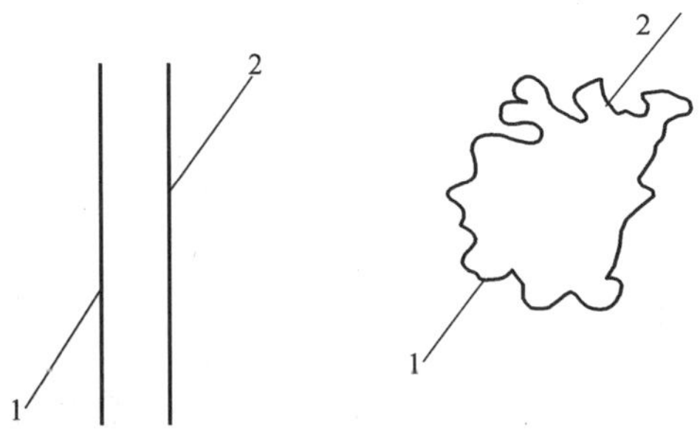

a)　　b)

图 2-10　Poggendorf 错觉
（图中斜线 1 和 2 在规则的平行线中显得错位了）

图 2-11　螺旋形错觉

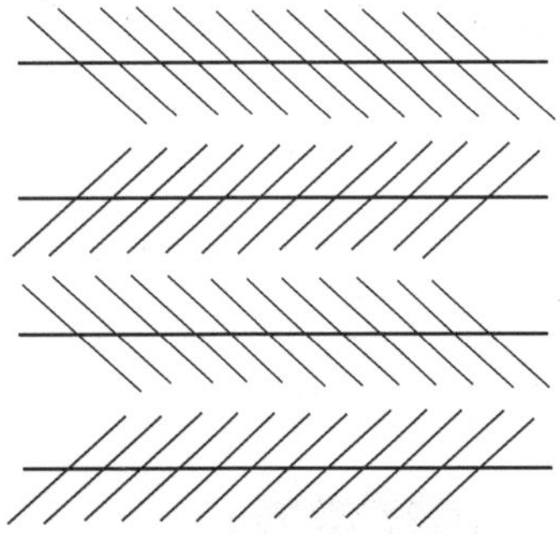

图 2-12　Zollner 错觉

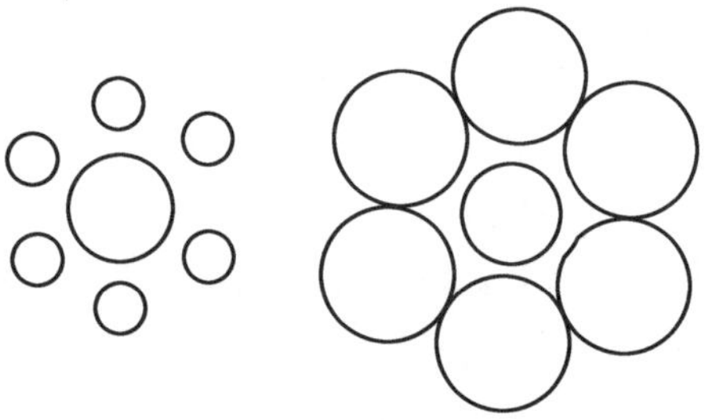

图 2-13　Ebbinghalls 错觉

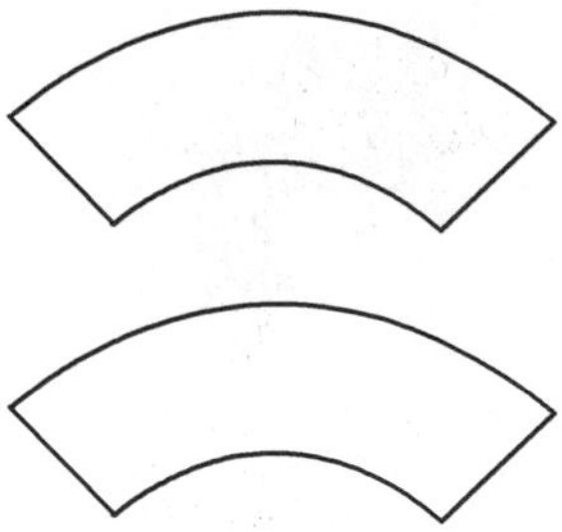

图 2-14　Jastrow 错觉

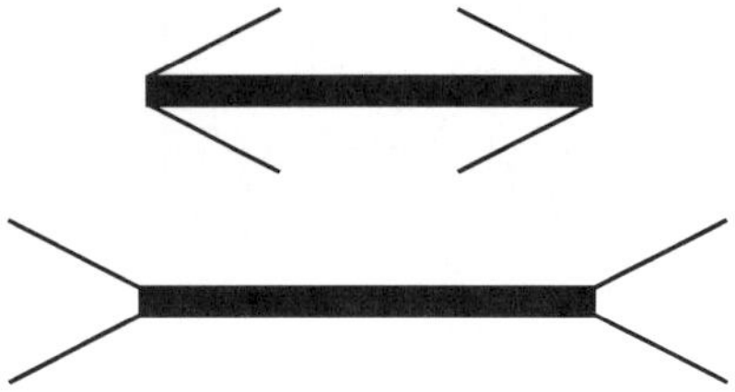

图 2-15　Müller-Lyer 错觉

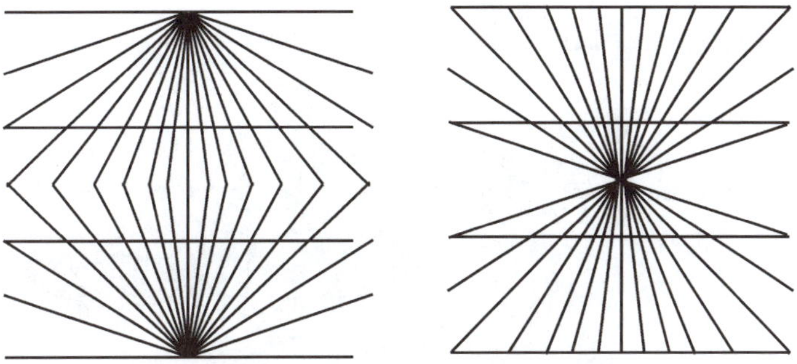

图 2-16 Wundt 和 Hering 错觉
（平行的四条平等线，中间两条被扭曲了）

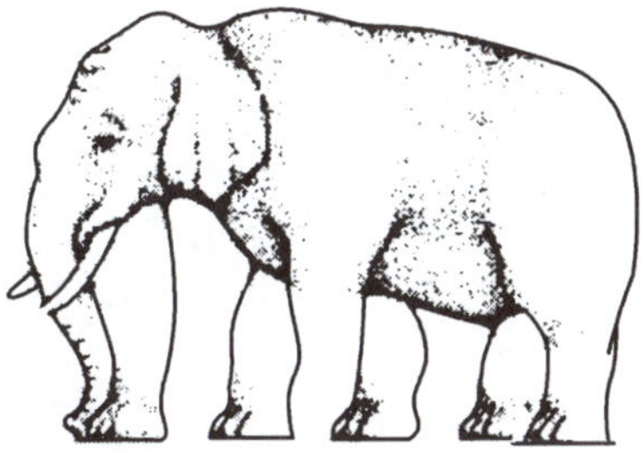

图 2-17 空间错觉

图 2-18 颜色产生的错觉
（椅子的下部用深色，而在上部用浅色，给人稳重的感觉）

2.1.3 视觉

在人的整个认知世界中，大约有 80％的信息是通过视觉系统来获得的。光照射于物体，再反射入人的眼睛，在视网膜上成像，形成人对物体的视觉。视觉是由眼睛、视神经及视觉中枢共同完成。眼球的基本构造如图 2-19 所示，它的适宜刺激是波长为 380～760nm 的可见光，波长小于 380nm 的紫外线和大于 780nm 的红外线都不能引起人的光感觉。

（1）视觉要素

① 视野与视距 视野是指人的头部和眼球固定不动的情况下，眼睛观看正前方物体时所能看得见的空间范围。在视野的研究中，一只眼的视野称为“单眼视区”，双眼的视野称为“双眼视区”。视野的最大界限以它和视轴所形成夹角的大小来表示，可用视野计检查视野大小。正常人两眼的视野如图 2-20 和图 2-21 所示。

在水平面内的视野：双眼视区大约在左右 60°以内的视域，在这个区域内还包括字、字母和颜色的辨别范围，辨别字的视线角度为 10°～20°；辨别字母的视线角度为 5°～30°，

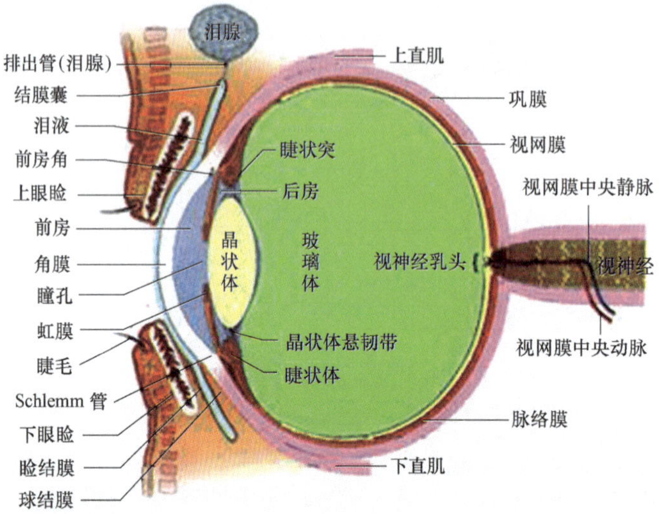

图 2-19 眼睛构造图

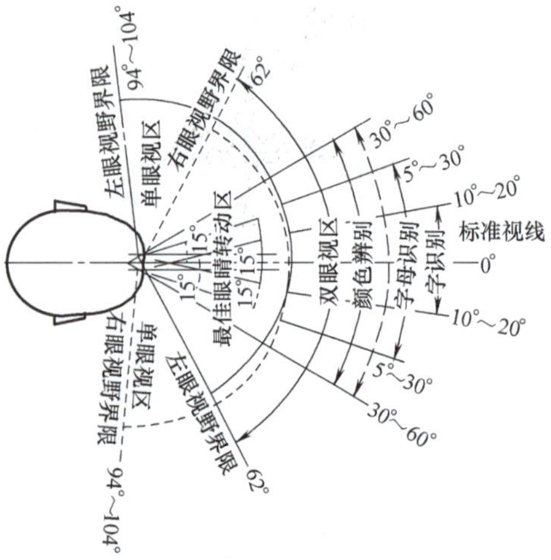

图 2-20 水平面内视野

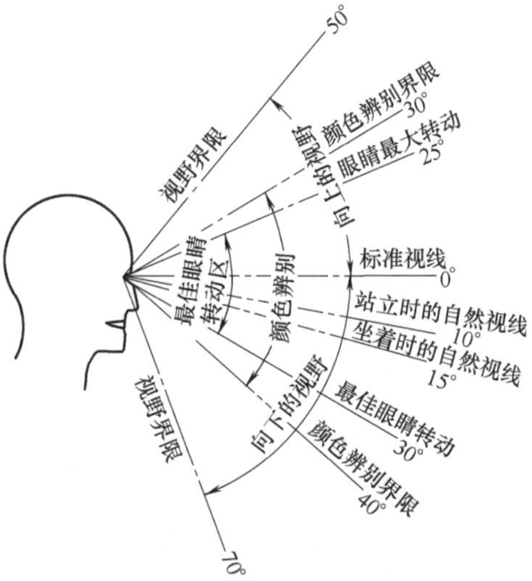

图 2-21 垂直面内视野

在各自的视线范围以外，字和字母趋于消失。在 30°～60°，颜色易于识别。人的最敏锐的视力是在标准视线每侧 1°范围内；单眼视野界限为标准视线每侧 94°～104°。

在垂直面内的视野：最大视区为视平线以上 50°，视平线以下 70°；人眼在站立时和坐着时的自然视线均低于 0°的标准视线，分别为低于标准视线 10°和 15°。人观看展示物的最佳视区在低于标准视线 30°的区域里。垂直面内的颜色辨别界限分别为视平线以上 30°和视平线以下 40°。

色觉视野：在同一光照条件下，用不同颜色的视标测得的视野大小不一，图 2-22 给出了垂直和水平方向的几种色觉视野范围，其中白色视野最大，其次为黄色、蓝色和红色，绿色的视野最小。

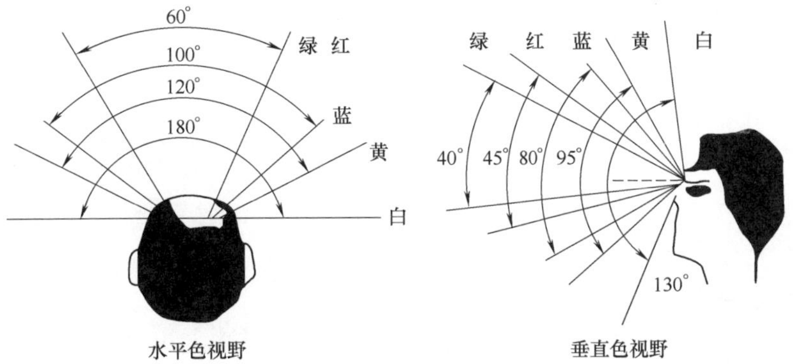

图 2-22 色觉视野

视距是指人在工作过程中正常的观察距离。观察各种显示装置时，视距过远或过近都会影响认读速度和准确性。而且观察距离与工作的精确程度密切相关，因而应根据具体任务的要求来选择最佳的视距。一般操作的视距范围在 380～760mm，在 560mm 处最为适宜，小于 380mm 时会引起目眩，超过 760mm 时细节看不清。观察时头部转动角度（如图 2-23），左右均不宜超过 45°，上下均不宜超过 30°，当视线移动时，约有 97%时间的视觉是不真实的。因此，应避免在移动视线过程中进行观察，表 2-2 为不同工作任务视距的推荐值。

表 2-2　　几种工作任务视距的推荐值

任务要求	举例	视距离(眼至视觉对象)/cm	固定视野直径/cm	备　注
最精细的工作	安装最小部件(表、电子元件)	12～25	20～40	完全坐着，部分地依靠视觉辅助手段(小型放大镜、显微镜)
精细工作	安装收音机、电视机	25～35(多为 30～32)	40～60	坐或站
中等粗活	在印刷机、钻井机、机床旁工作	50 以下	至 80	坐或站
粗活	包装、粗磨	50～150	30～250	多为站着
远看	黑板、开汽车	150 以上	250	坐或站

② 视角与视力　视角是被看物体两端点光线射入眼球时的夹角（如图 2-23）。视角的大小与观察距离及被看物体上两端点的直线距离有关，可用下式表示：

$$a=2\arg\ \mathrm{tg}(D/2L)$$

式中 α 为视角，用（′）来表示，即（1/60)°单位；D 为被看物体上两端点的直线距离；L 为眼睛到被看物体的距离。眼能辨别两点所构成的视角越小，表示视力越好。

眼睛能分辨被看目标物最近两点的视角，称为临界视角。按标准规定，人站在离视力检查表（如图 2-24）5m 远处观看表中第十行“E”字，若能分辨清楚，视力为 1.0 即视力正常，此时的临界视角为 1°。若视力下降，则临界视角值增大。

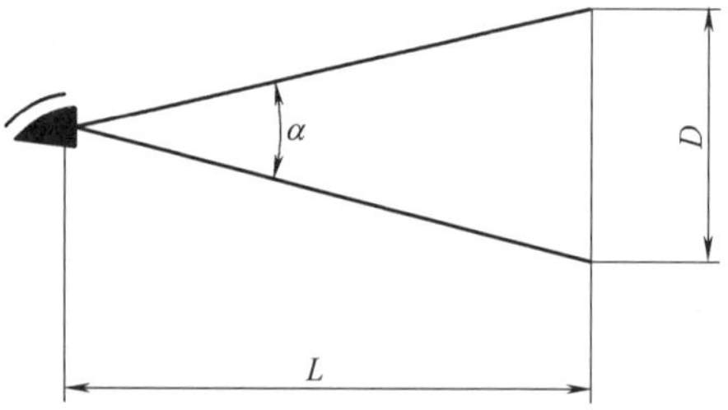

图 2-23　视角

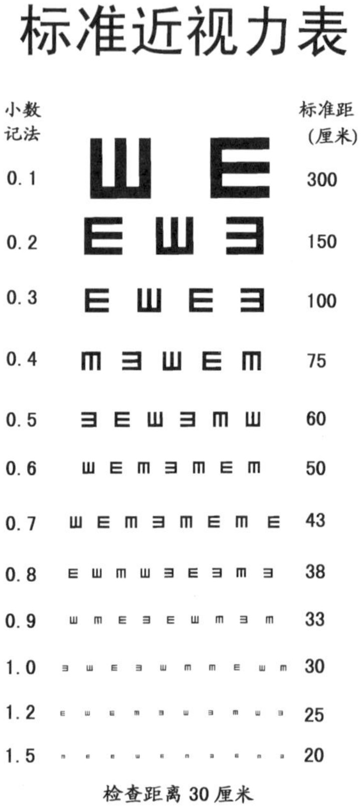

图 2-24　标准视力检测表

视力是眼睛分辨物体细节能力的一个生理尺度，常以临界视角的倒数来表示，即：视力=1/临界视角。

视力的大小随着年龄、观察对象的亮度、背景的亮度以及两者之间亮度、对比度等条件的变化而变化。影响视力最明显的因素是光的亮度，视力与亮度成正比。亮度影响视力是因为在感光细胞中有各种敏感度的细胞，有些细胞只有当亮度达到一定程度才起作用。在进行产品尺寸大小和仪表刻度盘精度高低的设计时，视力是必须要考虑的因素，为了提高视力，必须提高背景亮度或照度，或提高零部件与背景亮度的对比。

③ 色觉（如图 2-25）　眼睛具有辨别颜色的能力。色觉是由于不同波长的光波作用于视网膜后在人脑引起不同的主观感觉，这是一种复杂的心理物理现象。人眼可区分波长在 380～760nm 之间约 150 种颜色，但主要是光谱上的红、橙、黄、绿、青、蓝、紫 7 种颜色。

三原色学说认为，视网膜中有三种视锥细胞，分别含有对红、绿、蓝三种光敏感的视色素，因此，它们吸收光谱的范围也各不相同，其吸收峰值分别在 560nm、530nm 和 430nm 处，正好相当于红、绿、蓝三色光的波长。当某一种颜色的光线作用于视网膜上时，以一定的比例使三种不同的视锥细胞兴奋，这样的信息传至脑，就产生某一种颜色的感觉。例如用红的单色光刺激，红、绿、蓝三种视锥细胞兴奋程度的比例为 4∶1∶0 时，产生红色的感觉。当三种视锥细胞受到同等刺激时，引起白色的感觉。

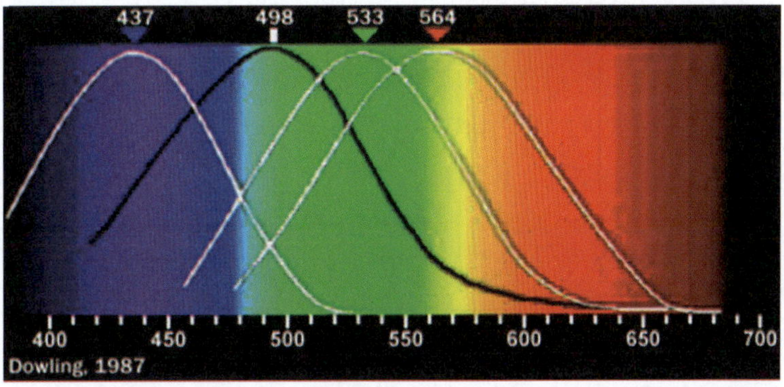

图 2-25 色觉示意图（单位：nm）

④ 眼的调节 它包括眼球的运动、远近的调节及眼睛的聚焦能力。眼球在运动状态下，水平方向比垂直方向的运动更容易，并且人眼对水平方向尺寸和比例的估计比对垂直方向要更加准确，因此，设计对象显示的水平方向更易识别和记忆。眼睛的聚焦能力是指眼睛的晶状体的厚度能随视距而自我调节，它随着年龄的增加而下降，并受到视觉疲劳程度的影响，身心越疲惫，眼睛的聚焦能力越差。

⑤ 光感 光感与光亮度成正比，光亮度分为绝对亮度和相对亮度。绝对亮度是指眼睛能感觉到的光强度。对于一般的使用来说绝对亮度意义不大，而相对亮度更有意义。相对亮度是指光强度与背景的对比关系，称为相对值。在一个暗背景中，亮度很低的光线也可以看得很清楚，然而在一个亮背景中，同样的光线就可能看不出来。这种现象可以用白天看不见星星的例子来说明。在商业与展示设计中，一般可以增大相对亮度，提高主体与背景之间的亮度差别来使主体更加醒目，更易察觉。

（2）视觉现象

① 视觉适应 视觉适应是人眼跟随视觉环境中光量的变化而导致视觉器官的感受性发生变化的过程，有明适应和暗适应两种（如图 2-26）。当人从亮处进入暗处时，最初看不清楚任何东西，经过 5～7min 才渐渐看见物体，大约经过 30min 眼睛才能完全适应，这种现象称为暗适应（dark adaptation）。

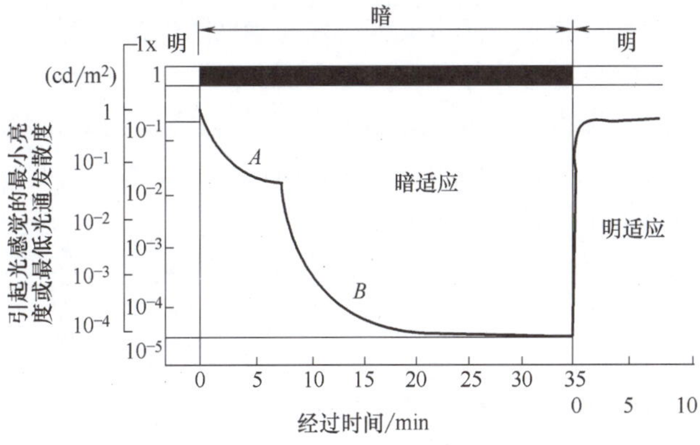

图 2-26 明适应和暗适应

当人从暗处突然进到亮处，起初感到一片耀眼光亮，不能视物，只有稍待片刻才能恢复视觉，这种现象称为明适应（light adaptation）。明适应时间较短，大约 1min 即可完成。

根据视觉的明暗适应规律，我们在设计过程中应注意感觉适应所产生的问题，如：在设计工作面照明时，亮度需均匀且不产生强烈阴影，否则眼睛的频繁调节不仅会增加眼睛的疲劳，而且会引起错误操作。同时，在设计明暗差比较大的空间环境时，应进行过渡设计。如电影院大厅入口处不宜有台阶；行车隧道不宜太暗等。

② 眩光　物体表面产生刺眼和耀眼的强烈光线叫眩光。眩光多来源于外界物体表面过于光亮（如电镀抛光、有光漆表面）、亮度对比过大或直接强光照射。

眩光有直接眩光和反射眩光两种。直接眩光是由天然光或强烈的人工光源直接引起的。反射眩光是视野内天花板、墙壁、机器或其他表面反射而来的高亮度光线或高亮度对比而产生的。

眩光可使人视力下降，造成不舒适的视觉条件，因此，应该尽力加以避免和限制。减少直接眩光的方法有减少引起眩光的高亮度的面积，增大视线和眩光源之间的角度，提高眩光源周围地区的亮度等。减少反射眩光的方法有降低光源的亮度，如果光源的亮度无法降低到满意的程度，则应改变光源位置或改变作业对象的位置，使反射眩光避开观察者的眼睛；改变物体表面材质，使之不反射或少反射；提高周围环境照度，以减少反射物与周围之间的亮度对比。

眩光效应涉及人的生理和心理的问题。因此，研究和评价眩光作用的方法有两种：即生理眩光和心理眩光。生理眩光又叫失能眩光或减视眩光，它是从眩光的生理作用出发，用视力的变化来研究和评价眩光的作用，心理眩光又称不适应眩光，它是从心理作用出发，用主观心理效果来研究和评价眩光的作用。

③ 视觉残像　当外界物体的视觉刺激作用停止后，在眼睛视网膜上的影像感觉不会马上消失，这种现象的发生是由于神经兴奋留下的痕迹作用，称为视觉残像。它包括积极残像和消极残像，积极残像是在性质方面与刺激作用未停止前的视觉基本相同的一种后像，如电影正是利用视觉这一现象。消极残像是在性质方面与刺激作用未停止前的视觉正好相反的一种后像，如近距离注视红色一段时间，移动视线后会显示成青绿色。

④ 向光性　它是人的一种本能。人在室内环境中，首先注意的是相对光亮的物体，特别是光亮度不断变化或闪烁的物体，最容易使大脑两个半球的有关部位形成最优越的兴奋中心，同时这种兴奋中心会对其他部位发生负诱导的作用，这就产生了高度的指向性和集中性，这就是人的向光性。对于光亮不同的出入口，陌生人总是趋于选择光亮的出入口。另外，在室内设计中进行局部照明，以及提高局部商品或空间的亮度，可以吸引人的视觉注意力，从而起到引导和展示的作用。

2.1.4 听觉

听觉是除视觉外的第二大感觉系统，它的感觉器官是耳，由外耳、中耳和内耳的耳蜗组成（如图 2-27）。声波通过外耳和中耳构成的传音系统至内耳，被耳蜗中的毛细胞感受，经蜗神经传入中枢，最后经大脑皮层听觉中枢分析，综合后产生听觉。能引起听觉的适宜刺激是 20～20000Hz 之间的声波；低于 20Hz 的次声和高于 20000Hz 的超声，人耳都不能听见。人最敏感的声波频率为1000～4000Hz。

听觉系统可分辨声音的高低、强弱、方位和距离。它具有以下几方面的特性：

① 回声 当声源发出的声音和人耳听到的声音时差大于50ms时，会产生一先一后两个重复声音，从而形成回声。

② 混响 当声源经过多次反射，连续传入人耳中，使人无法辨认。

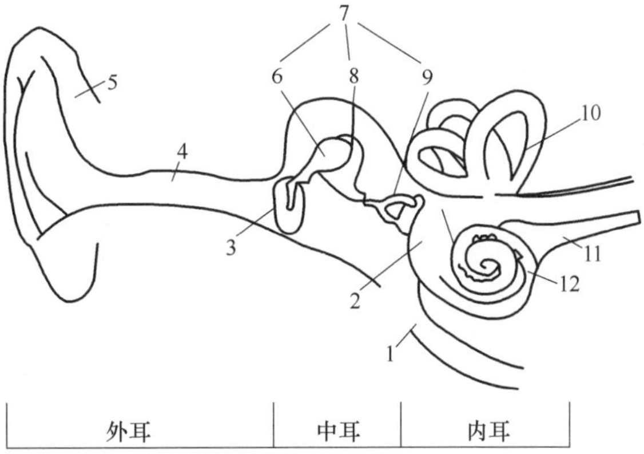

图2-27 耳的解剖示意图

1—欧氏管 2—卵形窗 3—鼓膜 4—外听道 5—耳廓 6—锤骨 7—听小骨 8—砧骨 9—镫骨 10—半规管 11—听神经 12—耳蜗

③ 双耳效应 声音到达两耳的响度、音频和时间各不相同，这种差别使人能够分辨声源的位置。

④ 掩蔽效应 在日常生活中，当两个或者多个声音源同时发出超过听阀的可辨音，其中，有些弱的声音会被强音所掩盖，这种一个声音被另一个声音所掩盖的现象称为掩蔽效应。应当注意的是，由于人的听阀的复原需要经历一段时间，当掩蔽声去掉以后，掩蔽效应并不立即消除，这种现象称为听觉残留。掩蔽声对人耳刺激的时间和强度直接影响人耳的疲劳持续时间和疲劳程度，刺激时间越长，疲劳越严重。在生活中，我们可以见到对声音掩蔽效应的利用，如在商场里，常用音响系统来掩蔽顾客的嘈杂声。

2.1.5 味觉

味觉器官是舌头上的味蕾，被唾液溶解的物质刺激味蕾而产生味觉。人类的味觉可分为酸、甜、苦、咸4种，其他复杂的味觉被认为是这4种味觉不同比例的组合。人舌表面的不同部位对不同味刺激的敏感程度不一样，舌尖部对甜味比较敏感，舌两侧对酸味比较敏感，舌两侧前部对咸味比较敏感，舌根部对苦味较敏感（如图2-28）。

味觉的敏感度可受刺激物温度的影响，在20～30℃之间，味觉的敏感度最高。味觉的辨别能力也受血液中某些化学成分的影响，例如，肾上腺皮质功能低下的人，因血Na^+较低而喜食咸味食物。

2.1.6 肤觉

肤觉是靠皮肤的感受器接受外来刺激而产生的感觉。它包括触觉、温度觉和痛觉。

（1）触觉

皮肤表面承受物体压力或触及物体时所产生的一种感觉称为触觉。引起触觉的刺激强度，因身体各部位的敏感度的差异而不同。在理想状态下，对皮肤施力，引起皮下组织产生的位移达到0.001mm时，就能引起触觉。

皮肤上产生触觉的感受器，并非均匀分布于皮肤的表面上，而是呈很多小点的方式分

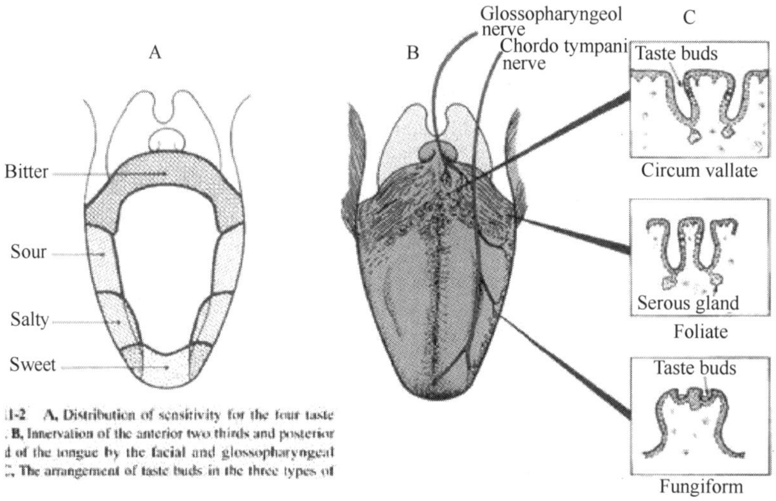

图 2-28　舌头对味刺激的区域敏感度划分

布，我们称之为触觉点（如图 2-29），只有在这些点上才会产生触觉。研究表明，女性的阈限分布与男性相似，但比男性略为敏感。还发现面部、口唇、指尖等处的触点分布密度较高，而手背、背部等处的密度较低。

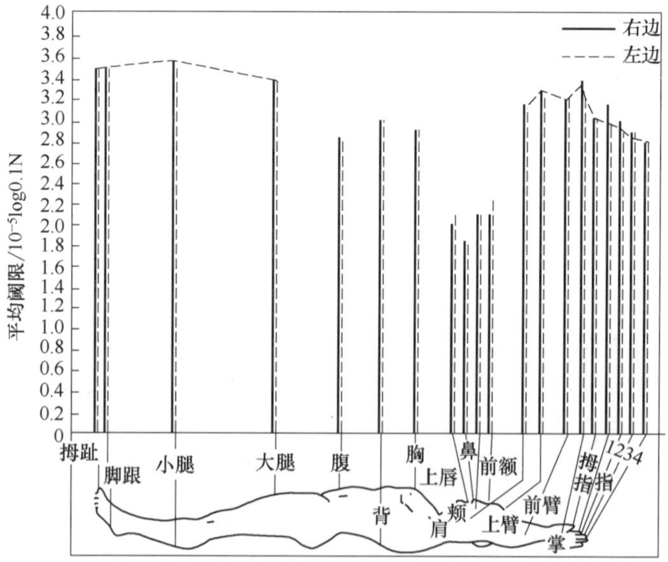

图 2-29　人体触觉点的分布

（2）痛觉

当刺激强度达到对皮肤组织有破坏作用时会引起痛觉。痛觉的感受器为自由神经末梢。组织学的检查证明，各个组织的器官内，都有一些特殊的游离神经末梢，在一定刺激强度下，就会产生兴奋而出现痛觉。这种神经末梢在皮肤中分布的部位，就是所谓痛点。在每 1cm 的皮肤表面，约有 100 个痛点。

痛觉是一种警示信号，它告诉人们身体上某些部位受到伤害，必须适时加以处理。由于自由神经末梢分布不均，故皮肤不同部位，对痛觉的敏感度也不同。例如：角膜的中央有最痛的痛觉敏感性。

（3）温度觉

皮肤的温觉与冷觉合称为温度觉，这两种温度觉是由两种不同范围的温度感受器引起的。冷感受器在低于30℃时开始发放冲动，热感受器在皮肤温度高于30℃时开始发放冲动，到47℃时为最高。若外界温度高于皮肤温度0.4℃时，即产生温觉，外界温度低于皮肤温度0.15℃时，即产生冷觉。因此，皮肤对冷的刺激比较敏感。如果与皮肤接触的外界温度等于皮肤表面的温度，这时，既不感觉冷也不感觉热，称之为生理零度，一般相当于皮肤的表面的温度32℃左右。人体的温度觉对保持机体内部温度的稳定与维持正常的生理过程是非常重要的。

温度感受器分布在皮肤的不同部位，形成所谓冷点和热点。冷点多于热点，每1cm^2皮肤内，冷点有6～23个，热点有3个。温度觉的强度，取决于温度刺激强度和被刺激部位的大小。在冷刺激或热刺激不断作用下，温度觉就会产生适应。

在选择设计与人体接触的家具和室内装饰材料时，要考虑到人体温度觉生理现象，选择导热系数小的材料，这样能提高接触时的舒适感。

2.1.7 嗅觉

人的嗅觉器官是鼻内的嗅觉细胞。当有气味的化学微粒从吸入的空气中到达嗅黏膜，嗅神经纤维受刺激后即传入大脑嗅觉中枢，从而辨别出物体的气味。

能引起嗅觉的物质是千差万别的，但它们作为嗅觉刺激也具有共同的特点：

第一，物质的挥发性。嗅觉刺激物必须是某物质存在于空气中的很小微香、花粉等。

第二，物质的可溶性。有气味的物质在刺激嗅觉感受器之前，它必须是可溶的，才能被鼻腔内的黏膜所捕捉，依靠嗅毛和黏液的作用而产生嗅觉。

第三，某物质受到光的照射（紫外线），可使有气味的溶液转化为悬胶体，而被嗅觉感知。

人能分辨几千种气味，但长时间连续嗅一种气味的话，会逐渐闻不到该种气味，这是感觉器官的适应现象，也叫嗅觉中枢疲劳。

2.1.8 本体觉

人在进行各种操作活动的同时能给出身体及四肢所在位置的信息，这种感觉称为本体感觉。本体感觉系统主要包括两个方面：一个是耳前庭系统，其作用主要是保持身体的姿势及平衡；另一个是运动觉系统，通过该系统感受并指出四肢和身体不同部分的相对位置。

（1）平衡觉

人对自己头部位置的各种变化及身体平衡状态的感觉，称为平衡觉，平衡觉属于一种内部感觉。其感受器主要是内耳中的半规管与前庭。

半规管共有三个，彼此相连、相互垂直，分别对应于空间坐标系的三个轴向。管内充满组织液，液体内浮有丛生的毛细胞，其功能是掌握头部的平衡，当头部出现摇摆时，毛细胞也跟着摇动，从而产生感应。

前庭介于耳蜗与半规管之间，内部充满组织液。液体内除了毛细胞外，还有细小的耳石，耳石为碳酸钙颗粒，借耳石的重力作用与惯性作用，对毛细胞产生压力，从而产生感应。

应该注意的是，平衡觉有时也产生错觉。例如飞机加速时，会感觉在上升；飞机减速时，感觉在下降，所以飞行员要依据仪表指示进行驾驶，而不是单凭感觉。

（2）运动觉

人对自己身体各部位的位置及运动状态的变化产生的感觉，称为运动觉。运动觉也属于内部感觉。有运动觉才会感知身体各部分相对位置的变动。

人的动作一般是由几个感觉联合作用的结果。例如盲人的动作就是由听觉、运动觉和触觉共同作用完成，而正常人手眼协调也需要视觉加运动觉共同构成。

在训练技巧性的工作中，本体觉有非常重要的地位。许多复杂技巧动作的熟练程度，都有赖于有效的反馈作用。例如在打字中，因为有来自手指、臂、肩等部肌肉及关节中的运动觉感受器的反馈，操作者的手指就会自然动作，而不需操作者本身有意识地指令手指往哪里去按。已完全熟练的操作者，能使其发现他的一个手指放错了位置，而且能够迅速纠正。又如，驾驶员在进行换挡操作、脚在刹车踏板与油门踏板之间的切换操作时，不是依靠视觉，而是通过人体的本体感觉实现的。

2.2 人体的运动系统

运动系统是人体完成各种动作的器官系统。它由骨、关节和肌肉三部分组成。人体的运动是以关节为支点，通过附着于骨面的肌肉的收缩，牵动骨骼改变位置而产生的。三者在神经系统的支配和调节下协调一致，随着人的意志共同完成各种动作。所以，在运动过程中，骨起到运动杠杆的作用；关节是运动的枢纽；肌肉是运动的动力。

2.2.1 人体骨骼

人体骨骼共206块，分为躯干骨、上肢骨、下肢骨、颅骨4个部分。人体骨骼的分布如图2-30。骨骼系统除具有完成动作的功能外，还有支持身体、保护内脏、脑及骨髓造血的机能。人体表面能触摸到的骨的突起点，在人体测量学中常被用为测量的基准点。

脊柱在骨骼系统中极为重要，作业姿势与脊柱运动的关系直接影响生理负荷和作业效率。家具设计与脊柱的姿势有非常密切的关系，不正确的姿势常导致腰痛。有关脊柱与家具的关系在第五章中重点讨论。

2.2.2 肌肉系统

肌肉系统是人体运动系统的动力。它包括骨骼肌（横纹肌）、心肌（横纹肌）和平滑肌三种类型。人体工程学所讨论的仅限于骨骼肌。

（1）肌肉与肌力

肌肉的基本机能是将生物化学能转变为机械位能或动能。这种转变是靠骨骼肌所具有的生理特性——收缩性实现的。人体的每一块骨骼肌都受一定的神经支配。当来自中枢神经系统的神经冲动，由分布于肌肉中的运动神经末梢通过运动终板传递给所支配的肌纤维并引起肌纤维兴奋时，肌纤维的机械状态即发生变化。肌纤维在刺激作用下所发生的这种机械状态的变化称为肌肉收缩。

肌力是肌纤维收缩力之和。它的大小取决于纤维的数量、体积、性质、收缩前的长度及中枢神经的兴奋状态。

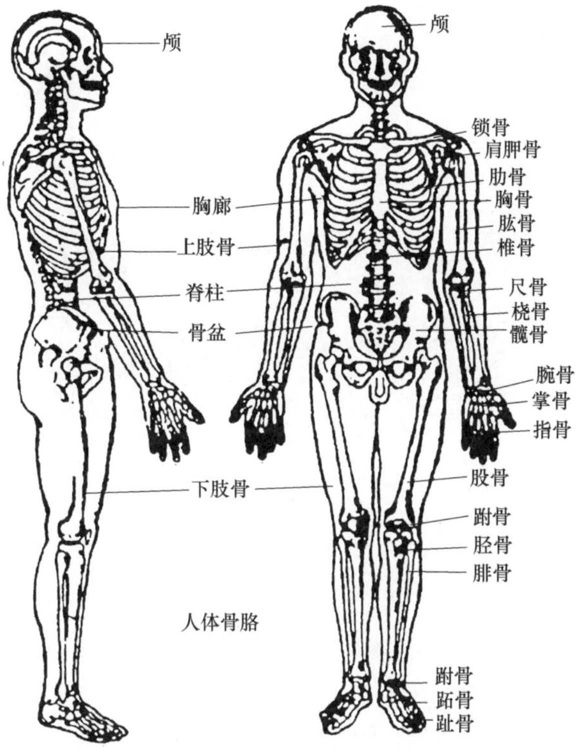

图 2-30 人体骨骼示意图

(2) 作业与肌力

肌力是人体各种动作和维持人体各种姿势的动力源。如何有效地发挥肌力，减少疲劳，提高效率是人体工程学研究的课题之一。在室内与家具设计中，要考虑各种作业姿势。如图 2-31、图 2-32 是立姿拉力和推力分布图，从图中可以看出最大拉力产生在 180°位置；而最大推力产生在 0°的位置。图 2-33 是立姿弯臂力量分布图，图中可以看出 70°左右时力量最大，这也正是许多装置位于人体正前上方的原因。

(3) 肌肉施力的两种方式

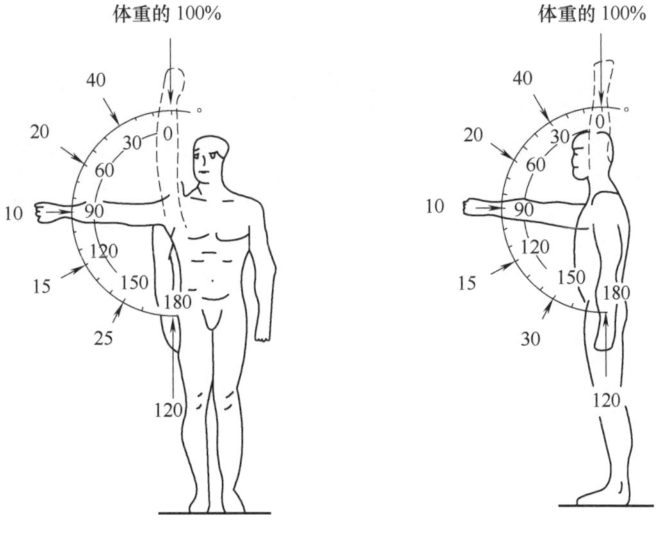

图 2-31 立姿拉力分布图

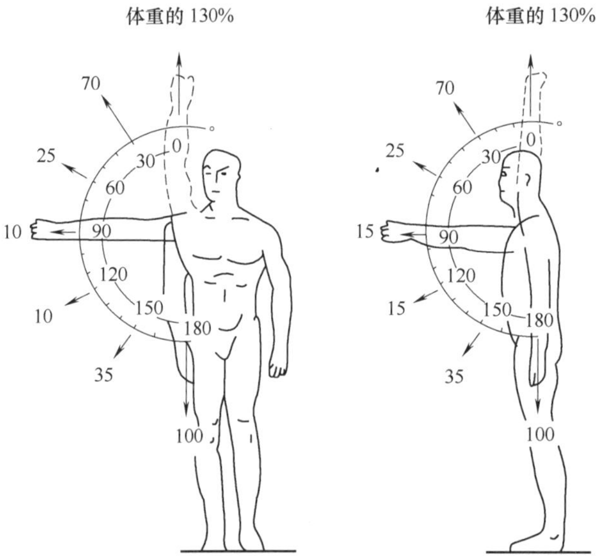

图 2-32 立姿推力分布图

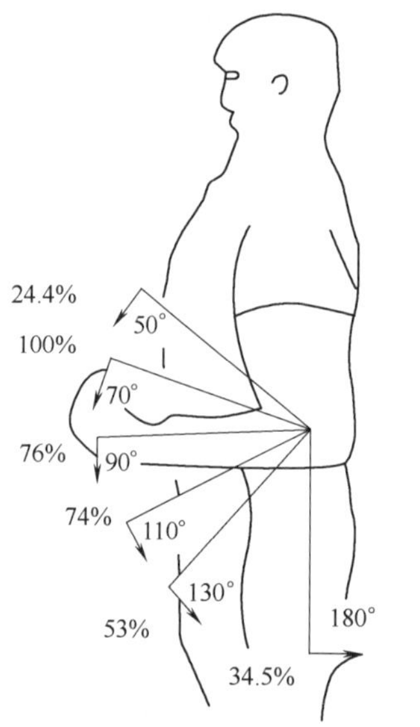

图 2-33 立姿弯臂时的力量分布图

肌肉施力可分为动态施力和静态施力两种方式。动态施力时，肌肉有节律地收缩、舒张、促使血液循环加速，肌肉获得足够的糖分和氧分，并能够迅速排除代谢废物；静态施力时，收缩的肌肉压迫血管，阻止血液进入肌肉，导致肌肉无法从血液中得到糖分和养分的补充，代谢废物不能迅速排除。因此，人体工程学的基本设计原则是避免静态肌肉施力，具体表现为避免弯腰或其他不自然的身体姿势；避免长时间抬手作业；另外，坐着工作比站着省力。要提高效率、有益健康，应注意纠正一些不好的作业姿势。图 2-34 是三种背书包姿势的耗氧量的对比，也说明了静态施力对能量消耗（以%表示）的影响，图 2-34c 是一种不可取的姿势。图 2-35 列出了日常不同劳作的姿势，从中可以看出好的姿势可能避免不必要的背部弯曲，减少静态肌肉施力。

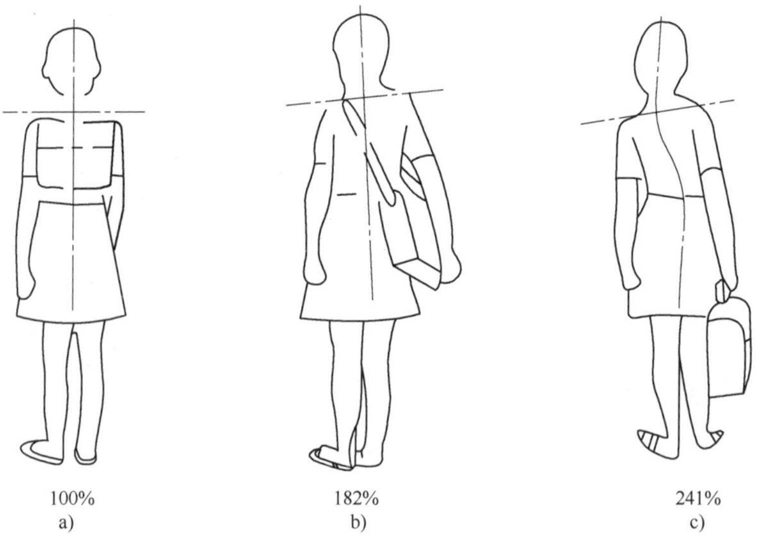

图 2-34 三种背包姿势的耗氧量对比图

图 2-35 日常不同劳作的姿势图

2.3 人体的神经系统

神经系统是人体的“中央政府”，是人体内起主导作用的系统。一方面它控制与调节各器官、系统的活动，使人体成为一个统一的整体；另一方面通过神经系统的分析与综合，使机体对环境变化的刺激作出相应的反应，从而与周围环境达到协调一致，以保证人的操作活动正常进行。神经系统包括中枢神经和周围神经两部分。中枢神经包括脑和脊髓，分别位于颅腔和椎管内，是神经组织最集中、构造最复杂的部位。周围神经广泛分布于全身，包括脑神经、脊神经和支配内脏器官的植物性神经三部分。

神经系统对生理机能调节的基本活动形式是反射。反射活动的形态学基础是反射弧，由感受器、传入神经、神经中枢、传出神经和效应器五个部分组成。感受器接受刺激，产生兴奋，传入神经将冲动传到神经中枢，在中枢交换神经元后，兴奋沿传出神经传至效应器，使其产生运动（如图 2-36）。例如，在体检时，医生轻敲受检者的髌韧带会导致股四头肌收缩，从而小腿向前踢。

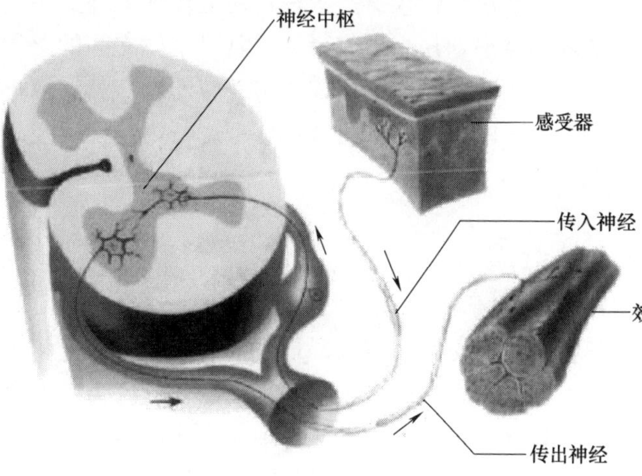

图 2-36 反射弧示意图

大脑是神经系统的高级

部位（如图 2-37），它控制整个机体功能并具有思维、意识等生理机能。它对人体的管理是左右半球分别管理身体的对侧部分，即左侧大脑半球管理身体的右侧部分，右侧大脑半球管理左侧身体的运动和感觉。其中，左半大脑偏重语言功能，右半大脑则侧重空间功能，设计偏重于空间想像及艺术思维能力，要更好的开发利用右脑的优势。

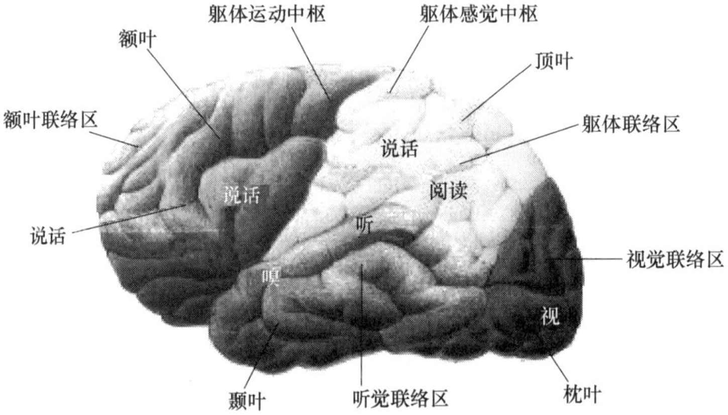

图 2-37　大脑构造简图

2.4　人的心理、行为与环境

人是环境的主角，不论休息、工作还是家庭事务都需要一个健康、舒适的环境。因此，人体工程学的任务之一就是要使人与环境互相协调，使人机环境系统达到一个理想的状态。

人的心理、行为与建筑空间环境紧密联系又互相影响，人的心理或行为对建筑空间环境具有决定性的作用，比如卧室、餐厅等空间环境会因为使用人的不同行为方式而成为不同的形态。反过来环境也会影响人的心理感受或行为方式，如一个简洁、明亮、舒适、有序的办公环境，不仅会让人身心愉悦，还能促使人在其中高效有序地完成每一项工作。

人在室内环境中，其心理或行为尽管有个体之间的差异，但从总体上分析仍然具有共性，仍然具有以相同或类似的方式作出反应的特点，这也正是我们进行设计的基础。下面就对环境行为、室内环境中人的常见心理、行为习性以及行为模式等作具体分析，以供设计时参考。

2.4.1　环境行为

（1）环境行为概念

人与环境之间是交互作用的，环境的刺激会引起人相应的生理和心理效应，而这种人体效应会以外在行为表现出来，我们称之为环境行为。人类的环境行为是由于客观环境的刺激作用，或是出于自身的生理和心理需求所产生的，这种作用促使人类适应、改造或创造新的环境。环境行为的基本模式如图 2-38，环境、需要和行为反应的共同作用将进一步推动环境的改变，当人的需要得到满足以后，便构成了新的环境，此时又将对人产生新的刺激作用。建筑室内与家具设计活动就是在环境的刺激作用中不断发展和进步的一项人类高级活动。

(2) 环境行为的特征

① 客观环境　环境行为是在客观环境的作用下导致人类的各种行为，这种行为就是适应、改造和创造新环境的活动。

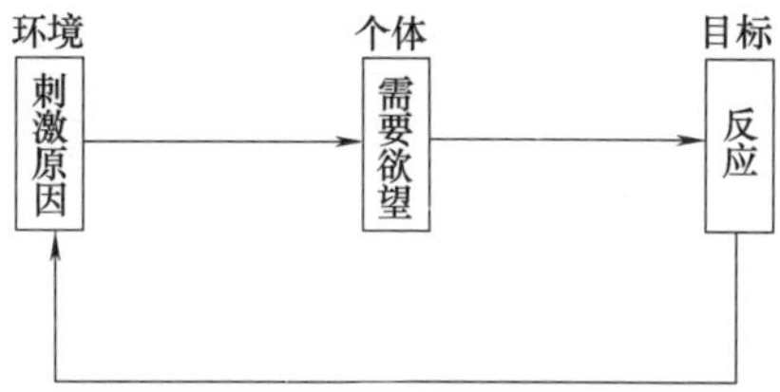

图 2-38　环境行为的基本模式

② 自我需求　人类的自我需求是推进环境的改变和社会发展的动力。室内与家具设计活动就必须满足不断变化着的人对家居环境的需求。

③ 环境制约　环境因素也会制约人类的行为。往往不能完全满足人类的需求。因而行为就要受到一定程度的环境制约。

④ 综合作用　环境、行为和需求施加给人的往往是一种综合作用。人的行为受人的需求和环境的影响，即人的行为是需求和环境的函数。心理学家库尔特·列文(K. Lewin) 提出了著名的人类行为公式：

$$B=f(P \cdot E)$$

式中　B——行为 (Behavior)

f——函数 (Function)

P——人 (Person)

E——环境 (Enviroment)

2.4.2　室内环境中人的常见心理

(1) 领域性和个人空间

领域性是从动物的行为研究中借用过来的，它是指动物的个体或群体常常生活在自然界的固定位置或区域，各自保持自己的一定的生活领域，以减少对于生活环境的相互竞争。与动物不一样，“领域性”对人来讲已不再具有生存竞争的意义，而更多的是心理上的影响。

人们在室内环境中，进行各种活动时总是力求不被外界干扰或妨碍，不同的活动有其必需的生理和心理范围，这就是人所表现出的领域性。它与个人空间的区别在于领域的位置是固定的，而不是随身携带的，其边界通常是可见的。它是经过特别界定的一块区域，通过保护性的边界标志来表明、控制和使其私人化，这些标志可以是隔断、标记，甚至是注视等行为暗示。比如办公室中用桌椅和屏风所界定的私人位子。实际生活中，人们对于领域性心理的认同通常体现在对个人物品、家具、橱柜、抽屉和工作空间等的占有和安排上。

个人空间是指直接围绕在每个人周围的空间，通常具有看不见的边界，在边界以内不允许“闯入者”进来。每个人都有自己的个人空间，它可以随着人移动，同时又会根据环境变化具灵活的伸缩性。在日常生活中，人们总是用各种不同的方法来限定个人空间，例如：在公园长凳上对坐得太近的陌生人会怒目而视，或者将手提包或帽子放在自己和陌生人之间作为界限。人与人之间的密切程度就反映在个人空间的交叉和排斥上。

室内环境中的个人空间常需从人际交流、接触时所需的距离等综合考虑。人与人之间的人际距离据不同的接触对象和不同的场合各有差异。人类学家赫尔根据人际关系的密切程度、行为特征等把人际距离（如图 2-39）分为四种：亲密距离、个人距离、社会距离和公众距离。

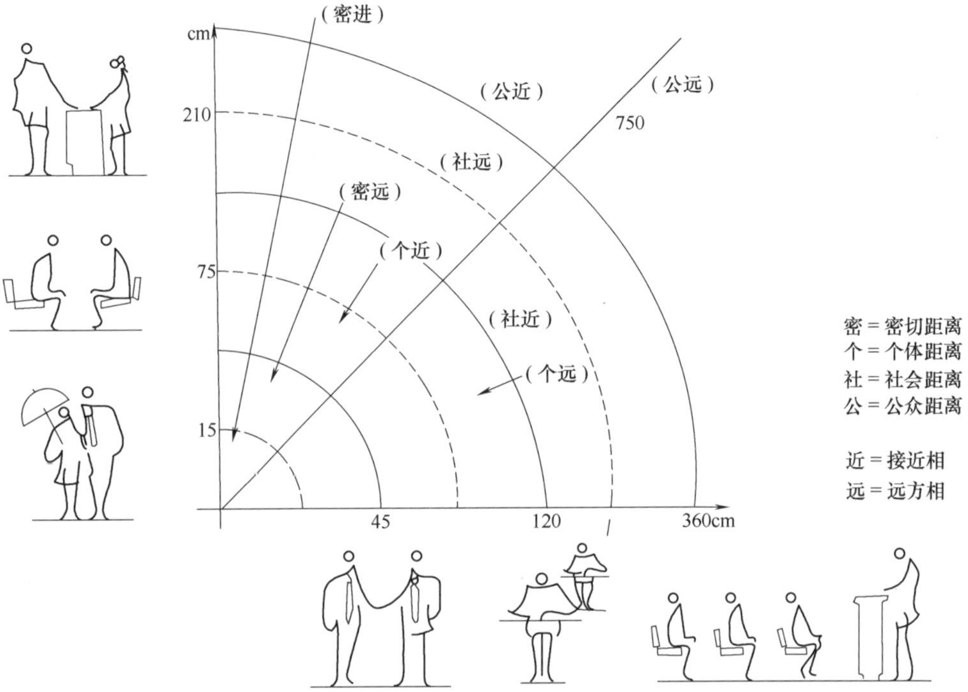

图 2-39 人际距离空间的分类图

亲密距离（0～45cm）：这是一种表达温柔、舒适、爱抚和激愤等强烈感情的距离。在所有距离中，这个距离是最重要的，一个人会像保护自己的财产那样来保卫它。

亲密距离接近相（0～15cm），是亲密者之间发生爱抚、安慰、保护、接触、交流的距离，此时身体接触，气味相透；视觉过近，反而分辨不清。

亲密距离远方相（15～45cm），此时头脚部互不相碰，但手能相握或抚触对方。有密切关系的人才使用，如耳语时。在各种文化背景中，这一正常距离是不同的。

个人距离（45～120cm）：朋友或家庭人员之间谈话的距离。如家庭餐桌上的人际距离，就是这个尺度。

个人距离接近相（45～75cm），是互相熟悉、关系好的个人、朋友或情人之间的距离。远方相（75～120cm）则是一般朋友或熟人之间的交往距离。

社会距离（120～360cm）：指参加社会活动时所表现的距离。社会距离接近相为120～210cm，其更多的是不相识的人之间的交往距离，如社会交往中某个人被介绍给另一个人认识，或者在商店里选购商品时的人际距离。社会距离远方相为 210～360cm，这正是商务活动、礼仪活动的场合距离。

公众距离（＞360cm）：主要表现在单向交流的集会，演讲，正规而严肃的接待室、大型会议室等处的人际距离。如演讲者与听众之间、学校课堂上教师与学生之间的距离。

当公众距离超过 750cm 以上时，严格来讲已超出个人空间，跨进公共空间领域。在国家、组织之间的交往中，多属于这种空间，这里由礼仪、仪式的观念来控制。

(2) 私密性与尽端趋向

如果说领域性侧重的是空间的范围感，那么私密性则更多的涉及在相应空间范围内的视线、声音等方面的隔绝要求。私密性在居住类室内空间中的要求更为突出。私密性是作为个体的人对空间最起码的要求，只有维持个人的私密性，才能保证单体的完整个性，它表达了个体的人对生活的一种心理的概念，是作为个体的人被尊重、有自由的基本表现。

日常生活中，我们稍加留心就不难发现人们具有尽端趋向。比如集体宿舍里先进入宿舍的人，如果允许自己挑选床位，他们总愿意挑选在房间尽端的床铺，可能是由于生活、就寝时相对地较少受干扰。同样情况也见之于就餐人对餐厅中餐桌座位的挑选（如图 2-40)，相对地人们最不愿意选择近门处及人流频繁通过处的座位，餐厅中靠墙卡座的设置，由于在室内空间 中形成更多的“尽端”，也就更符合散客就餐时“尽端趋向”的心理要求。

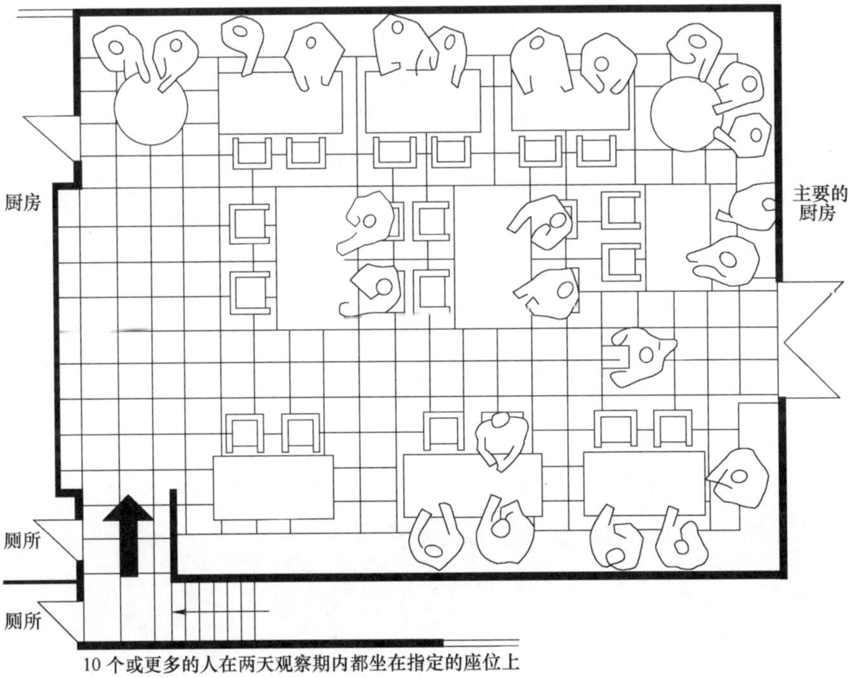

图 2-40 餐厅里人们选择位置的频度（尽端趋向）

(3) 依托的安全感

从心理感受上讲，室内空间并不是越开阔越好，人们在大型室内空间中更愿意找寻有所“依托”的物体，从而得到一种心理上的安全感。比如在餐厅、酒吧和图书馆等地方，只要存在着一个与人共有的大空间，几乎所有的人都会先选择靠墙、靠窗、或是有隔断的地方。再如在火车站、地铁等场所，候车的人们更愿汇集在柱旁或墙边，有所依托来获得安全感（如图 2-41)。这对室内空间的布置以及空间围合时的虚实界面的处理具有重要的指导意义。

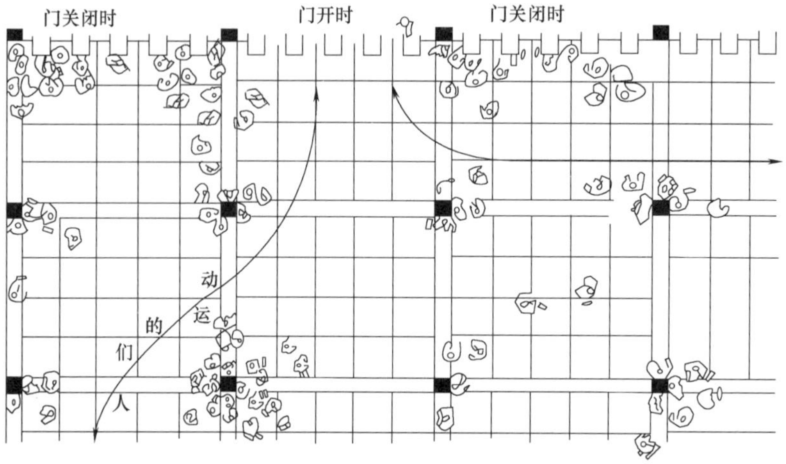

图 2-41　火车站里人们候车时的位置

（4）幽闭恐惧

幽闭恐惧在人们的日常生活中多少是会遇到的，有的人重些，有的人轻些。如坐在只有双门的轿车后座上、乘电梯、坐在飞机狭窄的舱里，总是有一种危机感，会莫名其妙的认为万一发生问题会跑不出去。原因在于对自己的生命抱有危机感，这些并非是胡思乱想，而是有其道理的。当某一空间形式断绝了人们与外界的直接联系时，人们希望在封闭空间里能有某种与外界联系的途径。如在电梯中、浴室中安装电话就符合了人的这一心理需求。

（5）恐高症

恐高症是指登临高处，会引起人血压和心跳的变化，人们登临的高度越高，恐惧心理越重。在这种情况下，许多在一般情况是合理的或足够安全的设施也会被人们认为不够安全。

在这里人们衡量的标准主要是心理感受。当低层住宅与高层住宅的房间尺寸一样时，人们会感觉层数越高的房间空间越狭窄，这是因为离开地面会产生一种与世隔绝的孤独感，还有可能是通向四周的通路被截断之故。

2.4.3　人的行为习性

人在长期生活和社会发展中逐步形成了许多适应环境的本能，即人的行为习性。常见的人的行为习性如下：

（1）抄近路习性（捷径效应）

抄近路是指为了达到预定的目的地，人总是趋向于选择最短的路径。如图 2-42 所示，在左侧草地上可设计一条通道，如果没有通道的话，人们会从草地上穿行而走出一条小路。

同样，人在室内环境中也总是尽量采取最简捷的路线。如图 2-43 人在展厅里的捷径效应，统计数据表明，观众在展厅中穿过式的行为占了最大比重。观众走进展厅，就会停在头几件作品前，然后逐渐减少停顿的次数直到完成观赏活动。由于运动的经济原则（少走路），故只有少数人完成全部的观赏活动。

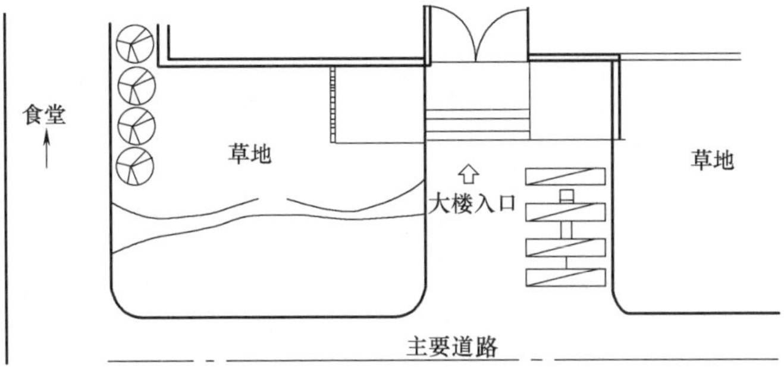

图 2-42 人抄近路的行为习性

（2）识途性

人们在进入某一场所后，如遇到危险（如火灾等）时，会寻找原路返回，这种习性称为识途性。因此在设计室内安全出口时，要尽量设在入口附近，并且要有明显的位置和方向指示标记。

（3）左侧通行习性

在人群密度较大（0.3 人/m^2 以上）的室内或广场上行走的人，一般会无意识地趋向于选择左侧通行。这可能与人类右侧优势而保护左侧有关。这种习性对于商场或展览厅展示陈列的顺序有重要指导意义。

（4）左转弯习性

人类有趋向于左转弯的行为习性，在公园散步、游览人群的行走轨迹可以显示这一习性。有学者研究发现向左转弯的时间比同样条件下的右向转弯的时间短。很多运动场（如跑道、棒球、滑冰等）都是左向回转（逆时针方向）的。这种习性对于建筑和室内通道、楼梯位置、避难通道及室内展线的设计等具有指导作用（如图 2-44）。

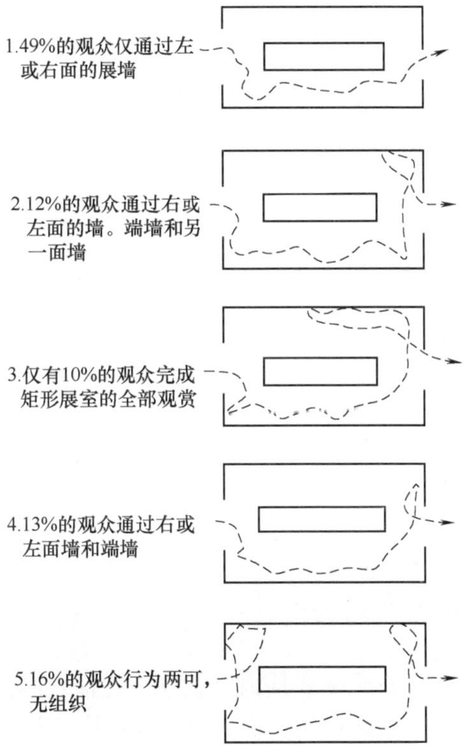

图 2-43 展厅里的捷径效应

（5）从众与趋光习性

假如在室内出现紧急危险情况时，总是有一部分人会首先采取避难行动，这时周围的人往往会跟着这些人朝一个方向行动，这就是从众习性。因此，室内避难疏散口的设计、诱导非常重要。另外，人在室内空间流动时，具有从暗向明处流动的趋向，紧急情况下语言优于文字引导。公共场所设计时，对空间、照明、音响等需予以高度重视。

（6）聚集效应

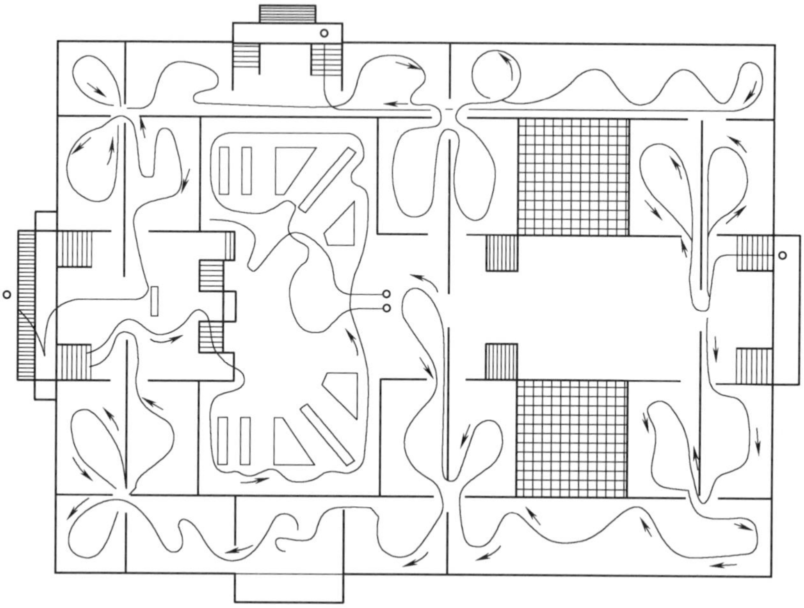

图 2-44　展览空间左转弯习性

许多学科研究了人群密度和步行速度的关系，发现当人群密度超过 1.2 人/m^2 时，步行速度会出现明显下降趋势。当空间人群密度分布不均时，则出现人群滞留现象，如果滞留时间过长，就会逐渐结集人群，这种现象称为聚集效应。在设计室内通道时，一定要预测人群密度，防止滞留。

2.4.4　人的行为模式

众所周知，人在环境中的行为是具有一定特性和规律的，我们将这些特性和规律进行总结和概括，使其模式化，便得到了人的行为模式。人的行为模式化的依据是环境行为基本模式，对行为模式的研究将会为建筑创作和室内设计及其评价提供重要的理论依据和方法。

人的行为模式从内容上分，包括秩序模式、流动模式、分布模式和状态模式。下面就四种不同内容的行为模式结合室内空间设计的相关内容进行简单探讨。

（1）秩序模式

人在空间中的每一项活动都有一系列的过程，静止只是相对和暂时的，这种活动都有一定规律性即行为模式，该模式就是秩序模式，通常用图表来记述。

比如人在厨房中的炊事行为，用秩序模式图表记述如图 2-45 所示，由图可见，“拣切”、“清洗”、“配菜”、“烧煮”这几种行为是有其特定秩序的，不可倒转或打乱。

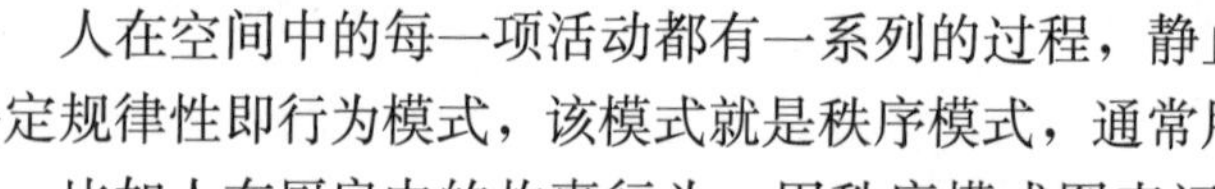

图 2-45　厨房中的炊事行为秩序模式图

这就要求在做厨房的空间设计时，与每一步炊事行为相对应的空间部分的安排，即操作台、清洗槽、灶台等设备的布置，因遵照炊事行为的秩序，以满足使用要求，根据炊事行为的秩序模式，我们可得到相应的空间位置的分布，即空间流程图，如图 2-46 所示。无论建筑的平面形式如何，我们在做厨房内空间各操作部分的安排时，都应遵照炊事行为的秩序模式设计最佳工作流程，这是厨房设计的基础和关键。

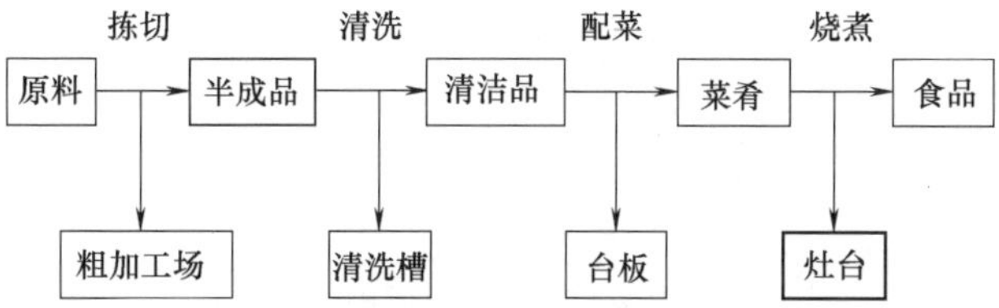

图 2-46　厨房中的炊事行为空间流程图

从室内设计的角度来看，对人的行为模式中秩序模式的研究，将给如何进行室内各功能空间的布置提供基础的理论依据，是室内空间布局合理性的重要决定因素。

（2）流动模式

是将人的流动行为的空间轨迹模式化。这种轨迹不仅表示出人的空间状态的移动，而且反映了行为过程中的时间变化。这种模式主要用于对购物行为、观展行为、疏散避难等行为以及与其相关的人流量和经过途径等的研究。

比如对身处起居室的人的流动行为轨迹作观察统计，可以发现去餐厅的次数最多，占 60%，这是空间选择概率，它表示了人在两个空间之间的流动模式，也反映了两个空间之间的密切程度，这为我们室内设计提供了理论依据，我们在做户内设计时，应将餐厅靠近起居室布置。

（3）分布模式

是按时间顺序连续观察人在环境中的行为，并画出一个时间断面，将人们所在的二维空间位置坐标进行模式化。这种模式主要用来研究某一时空中的行为密集度，进而科学地确定尺度。与前面两个行为模式不同，分布模式具有群体性，也就是说人在某一空间环境的分布状况不是由单一的个体，而是由群体形成的，因此对分布模式观察、研究必须考虑到人际关系这一因素。

图 2-47 是人们在几种不同行为场所内的分布图。从图形可以分析出，人群在呈“秩序图形”的场所，人际关系是等距离的，受场所环境的严格限制，人的行为是有规则的，人的心理状态是较紧张的。在休闲地、居室、商场里，人际关系呈公共状态，各自自由，场所环境对各人之间几乎没有约束，因而各人的心理状态也较宽松。在广场、公园等地，由于人们之间亲密度不同，人际距离则大小不等，关系密切者则聚在一起，各组之间又呈现较大的公共空间距离。

对分布模式的观察研究可以为确定建筑及室内空间的尺度提供依据。在做室内空间设计时，个体的行为要求是重要的考虑因素，但人际间的行为要求也是不容忽视的，这就需要充分了解人的行为模式中的分布模式，以此作为确定空间尺度、形状和布局的重要参考，尽可能地既按照个人的行为特性又考虑人群的分布特性来进行。

（4）状态模式

分类	图形	行为场所
聚块图形		广场、公园、游戏场、舞厅、交易场等
随意图形		休闲地、步行道、居室、商场等
秩序图形		礼堂、剧场、教室、候车室等

图 2-47　人在不同行为场所中的分布图

状态模式是采用图解法的图表来表示行为状态的变化。前面几种行为模式所记述的行为，都是客观的可以观察的行为空间的移动或定位。但人的行为状态还会涉及人的生理和心理的作用所引起的行为表现，同时又包含客观环境的作用所引起的行为表现。状态模式就是用于研究行为动机和状态变化的因素。

在不同功能的室内空间中，人们都有一定的状态模式，且这种状态模式会因人的生理、心理及客观的不同而不同，室内设计师，应全面综合考虑某种室内空间中的人的各种状态模式，有的放矢地进行设计。

比如在餐饮空间中，人们进入餐馆的生理和心理状态有以下几种可能：一是饿了要吃东西，二是受餐馆食品的诱导，三是为了社交活动而进入。这几种不同的生理和心理作用所引起的行为状态的变化是不同的。饿了去吃东西，行为迅速，时间短，对环境的选择也要求不高。相反，如果是为了美食或社交需要，则进餐行为表现出时间长，动作缓慢，对环境要求高的特点。这种状态的差别，对室内设计具有指导意义，每一个餐馆应根据满足于哪种状态模式的顾客为依据来确立餐馆类型、档次及风格的定位。若仅仅是为了满足顾客"吃"的需要，餐馆空间的设计就可以简单朴素些，只要有洁净的整体环境、照明度高、家具安排符合人体尺度并尽量多设置座位就可以了，典型的如一般小餐馆、快餐厅、食堂等；若是为满足社交及美食享受的需要，则餐馆的室内环境设计就要进行全面细致的考虑，要营造一定的氛围与情调甚至创造独特的风格与内涵，满足形、色、光、质、意的综合设计要求。再看，顾客在商店里的购物行为所表现的状态也是各不相同的。有目的购物，其行为状态是迅速寻找有关商品，时间短、变化快；相反，如果是潜在性购物或是逛商店，其行为状态缓慢，购物时间长，状态变化慢，因此商店室内设计应采用不同方法来吸引顾客。除了用橱窗直接展示商品、入口处标明商品的分布情况以供有目的的购物者快速明确地选购商品外，还可在店内增加休闲环境，如小茶座、休息等候区、景观区等方便其他顾客逗留并吸引潜在购物者来购物。日益普及的 Shoppingmall（购物广场）就是集购物、休闲、娱乐于一体的超大型商业空间，它最大限度地激发了人们的消费行为。满足了人们购物行为中的各种状态模式的需求。

现代室内设计越来越重视考虑人的需求，而人的行为就是为实现一定的目标、满足不同的需求服务的。虽然室内环境设计是室内各种因素的综合设计，但人的行为是一个重要的考虑因素，它体现了"以人为本"的基本观点。对人的行为模式的研究可以看出，人在各类型空间中的活动都有一定的规律，并且这些规律制约影响着室内空间设计的诸多内容，如空间的布局、空间的尺度、空间的形态及空间氛围的营造等，室内设计师应该全面综合的了解这些行为规律并运用到相关内容的设计中去，以期创造出合理的满足人们物质与精神两方面需求的室内空间环境。

2.5 视觉与环境

人体工程学对视觉要素的计测为室内视觉环境设计提供了科学的依据，如人眼的视力、视野、光觉、色觉等视觉要素的计测数据，对室内光环境和室内色彩环境的设计提供了科学的依据。

2.5.1 室内光环境

人类离不开光，无论工作、学习和生活，光都是不可缺少的重要因素。室内光线的来源有两种，天然采光和人工照明。室内光环境设计主要包括合理的采光与照明设计等。

(1) 天然采光

天然采光（Daylighting）就是在室内空间中，通过不同形式的窗户以及建筑构件利用天然光线，使室内形成一个合理而舒适的光环境（如图 2-48）。窗户大小、玻璃颜色、反射和折射等不同组合可产生丰富多彩的室内光环境。在室内设计中我们要尽量利用天然光线，不仅因为它的照度和光谱性质，对人的视觉和健康有利，而且由于它和室外自然景色联系在一起，它还可以提供人们所关心的气候状态，提供三维形体的空间定时、定向和其他动态变化的信息。因此，对人的情绪和精神感染也是巨大的。

图 2-48 室内天然采光图

① 天然采光窗户形状 不同窗形有不同的作用，给人以不同的感受。

水平窗：舒展、开阔。

垂直窗：可得到条屏挂幅式的构图景观。

落地窗：取得同室外环境紧密的联系感，使室内外更好的融合在一起。

高窗台：减少眩光，取得良好的安定感和私密性。

天窗：可看到天空的云影，并提供时光信息，给人置身自然的感觉。

漏窗、花格窗：光影的交织，似透非透，虚实对比，自然光投射到墙上，构成生动活泼的景色。

② 天然采光特殊建筑构部件 在室内设计中，可以增加各种洞口、柱廊、隔断等特殊建筑构部件，它们同窗子一样，可以使天然光在室内产生各种形式多样、变幻莫测的阴影，起到丰富多彩的视觉形象作用。

③ 天然采光中玻璃的作用 利用玻璃的各种特性，可以给室内造成不同感受的采光

效果。

无色的白玻璃：通透明了，给人以真实感。

磨砂的白玻璃：隐隐若若，使人产生朦胧感。

玻璃砖：厚重冷峻，给人以安定感。

彩色玻璃：多姿多彩，给人以变幻的神秘感。

各种折射、反射的镜面玻璃：给人带来丰富多彩的感觉变化。

图 2-49 是不同窗户形状与玻璃采光所产生的光影效果。

图 2-49 窗与光影效果图

④ 天然采光质量　室内的天然采光对生产和生活都有很大的意义，长期不良的采光会使视觉疲劳，引起近视。天然采光，除有充足的光线外，还须考虑光线是否均匀、稳定、光线的方向以及是否会产生暗影与眩光等现象。采光质量主要取决于采光口的大小（宽度和高度）和形状，采光口离地的高低以及采光口分布和间距等。室内防止眩光的措施如下：

● 提高背景的相对平均亮度。

● 改变窗户和视觉对象的相对位置关系，留有保护角（如图 2-50）。

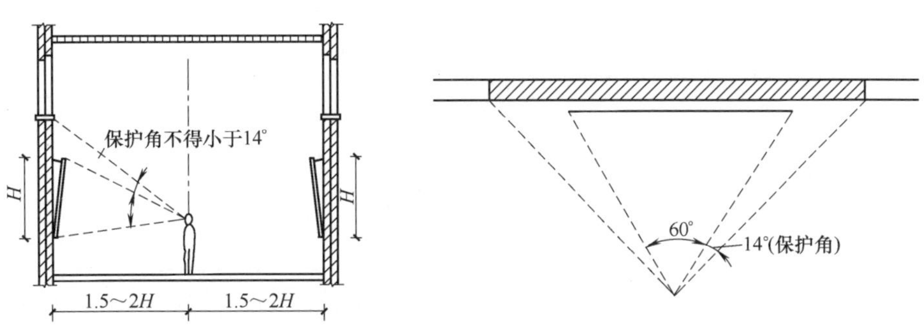

a)竖向保护角　　b)横向保护角

图 2-50　天然采光的保护角

（2）人工照明

人工照明（Artificiallighting）：就是利用人造光源的特性，通过灯具造型设计和分布设计，形成特定的人工光环境。由于光源的革新、装饰材料的发展，人工照明已不只是满足室内一般照明、工作照明的需要，而进一步向环境照明、艺术照明发展。在商业、居住以及大型公共建筑室内环境中，人工照明已成为不可缺少的环境设计要素。如：利用灯光可以指示方向，利用灯光造景，利用灯光扩大室内空间等。图 2-51 为不同人工照明的光照形式。

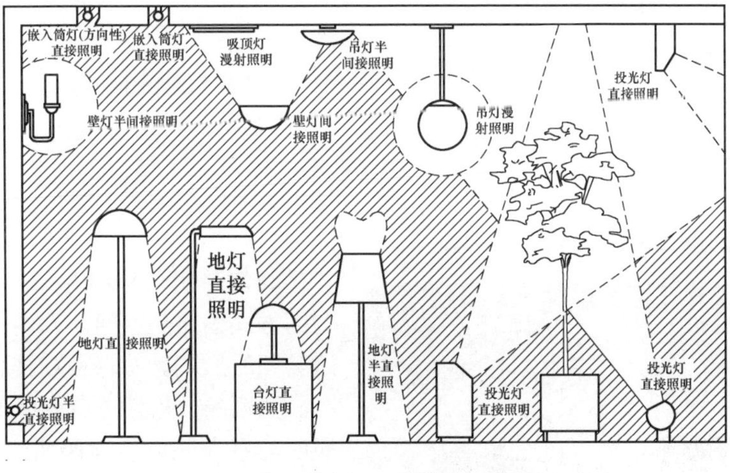

图 2-51　不同人工照明的光照形式

① 照度（Illumination）　照度是照明设计的数量指标，定义为单位面积的光通量。即：

$$E=\frac{\mathrm{d}\phi}{\mathrm{d}A}$$

式中　ϕ——光通量/lm

A——面积/m^2

E——照度/lx

照度是设计室内光环境的重要指标，室内各工作面应满足一定的照度要求。表 2-3 是从人体工程学角度考虑的各种工作面的照度建议值。另外，室内光源的布置应力求工作面上照度的均匀性。

表 2-3 各种工作面的照度建议值

作业	推荐照度/lx
极精密作业	1500～3000
较精密作业	750～1500
普通事务	1000 左右
一般制造业、家庭居室	300～750

② 亮度（Luminance） 亮度是指物体本身的明亮程度，单位是坎德拉每平方米（cd/m^2）。为了保护眼睛，亮度要合理、均匀，忽明忽暗对人的眼睛的刺激很大。室内亮度分布建议值见表 2-4。另外，不同材料对光的反射不同，亮度也不相同。室内各部分反射率建议见表 2-5。

表 2-4 室内亮度分布建议值

对比部位	车间（最大值）	办公室（最大值）
工作对象与其邻近	3∶1 以内	3∶1 以内
工作对象与较远处	10∶1 以内	5∶1 以内
照明器与其附近	20∶1 以内	
在视野中任何处	40∶1 以内	

表 2-5 室内各部反射率的建议值

部位	反射率值
房顶	80%～90%
墙壁、窗帘（平均）	50%～60%
机器设备及家具表面	25%～45%
地面	20%～40%

③ 人工照明的方式 主要有均匀照明、局部照明和重点照明三种方式。

图 2-52 室内日光灯的均匀照明

均匀照明（如图 2-52）：是以一种均匀的方式去照亮空间。大多数室内都采用这类照明形式。特点是灯具悬挂的位置较高。照明的分散性可有效降低工作面上的照明与室内环境表面照明之间的对比度。均匀照明还可以减弱阴影，使墙转角变得更柔和和舒展。

局部照明（如图 2-53）：是为满足某种视力要求而照亮空间的某一特定区域。特点是光源通常安放在工作面附近，效率高。通常采用直射式发光体，在亮度和方位上可以调节。

重点照明（如图 2-54）：其实是局部照明的一种形式，它会产生各种聚焦点以及明与暗的有节奏的图形。可以缓解普通照明的单调性，突出空间的特色或强调某件物品。

图 2-53 台灯的局部照明

图 2-54 室内射灯的重点照明

④ 人工照明质量 是指光照技术方面有无眩光现象，照度的均匀性、光谱成分以及阴影等问题。

眩光：是指视野中发光表面亮度很大时，会降低视度的现象。室内照明设计中产生眩光有以下几个主要因素：一是光源的亮度过高；二是光源的位置不合适；三是周围环境与光源亮度反差太大。据此，在室内照明设计中为防止室内眩光，可采取以下措施：

① 光源不要太亮 当光源亮度大于 $1.6\times10^5 cd/m^2$ 时，会产生严重的眩光。对于白炽灯丝亮度达 $3\times10^6 cd/m^2$ 以上时，应考虑用半透明或不透明的材料遮挡或减少其亮度。

② 合理布置光源的位置 眩光与光源的位置是直接相关的，由于灯具安装位置不合适，使光线直射或反射到人的眼睛而导致的眩光应该避免。如图 2-55 所示，应尽可能将光源布置在微弱眩光线以上，即 45°以上。60°以上则不会产生眩光。

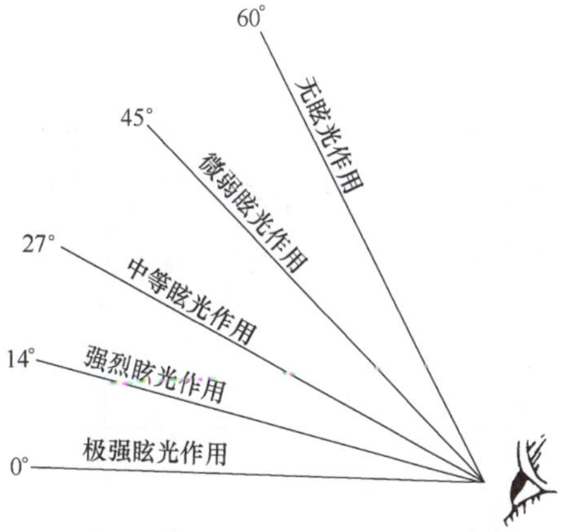

图 2-55 眩光与光源位置的关系

③ 采用间接照明 反射光和漫射光都是良好的间接照明，可消除眩光。因此，可将光线经灯罩、天花板或墙壁等漫射到工作表面。

④ 反射光不要处于视线范围内 应通过变换光源位置或工作面位置来防止眩光。如图 2-56 所示，a 图中光线直接反射进入人的视线区，经过 b 图的调整后，不再干扰人的工作视线，从而避免眩光。如图 2-57 所示，台灯放置的位置不合理也会产生眩光。

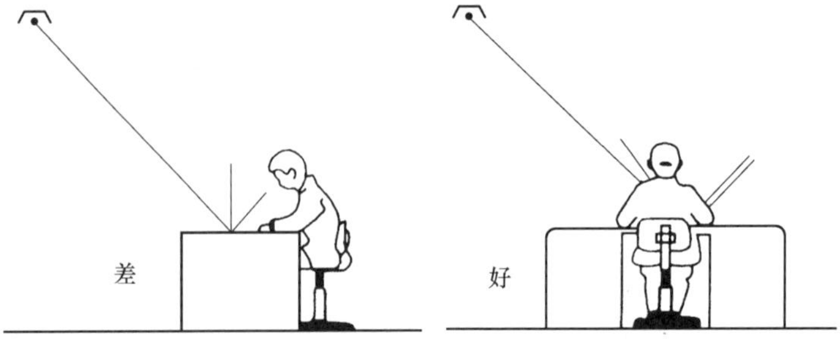

图 2-56 光线与眩光

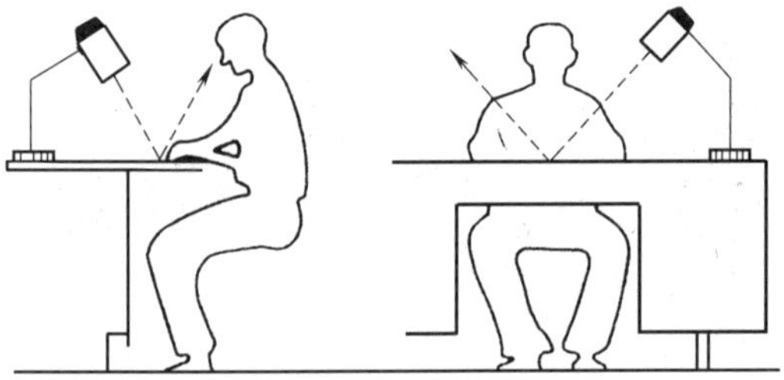

图 2-57 台灯位置与眩光

⑤ 适应提高环境亮度，尽量减少物体与背景的明暗对比。

(3) 显色性

同一颜色的物体，在不同光谱组成的照明光源照射下，可显出不同的颜色，光色会影响人对物体本身色彩的观察，造成颜色失真，影响人对物体的印象。这种现象称为光源的显色性。显色性通常用显色指数来表示，并把显色性最好的日光（太阳光）作为标准，其显色指数定为 100，其他光源的显色指数均小于 100。表 2-6 列出各类主要光源的显色指数，在表中显色指数越小的光源，其显色性越差。一般指数在 80 以上的显色性优良；50～79 的显色性一般；50 以下的则显色性差。在显色性好（显色指数高）的光源下，物体能表现出自然的本来色。因此在进行室内光环境设计时，要注意光源性质和显色性的选择。

表 2-6 **不同光源的显色指数**

光源	显色指数	光源	显色指数
日光	100	氙灯	94
白炽灯	97	高压钠灯	29
白色荧光灯	65	金属卤化物灯	65
日光色荧光灯	77	高显色金属卤化物灯	92
高显色荧光灯	95	荧光水银灯	44
水银灯	23	镝灯	90

(4) 色温

各种光源都有固定的颜色，而光源的色彩可用色温表示。人们用黑体加热到不同温度所发出的不同光色来表达光源的颜色，称为光源的固有颜色温度，简称色温。表 2-7 是常用的主要光源的色温。表 2-8 列出了不同色温给人的心理感觉，色温越高，感觉越冷。如图 2-58 是用不同色温的光源照射同样一个物体，物体所反映出来的颜色给人不同的心理感受，从左往右色温分别是 2700K、4000K 和 5000K。因此，可选用不同的室内人工光源来调节人的心理感觉温度。

表 2-7 常用的主要光源的色温

主要光源	色温/K
太阳(地表面)	4000～5000
月亮	4125
蜡烛	1925
煤油灯	1920
钨丝白炽灯(10W)	2400
钨丝白炽灯(100W)	2740
荧光灯(白色)	4500
荧光灯(日光灯)	6500
荧光灯(暖白色)	3500
高压钠灯(400W)	2000
镝 灯(1000W)	4300

表 2-8 色温与心理感觉

色温/K	感觉
＞5000	冷
3300～5000	中间
＜3300	暖

图 2-58 不同色温给人不同的心理感受

2.5.2 室内色彩环境

色彩是视觉的第一印象，当人们看到某种色彩时，总会不由自主的联想到生活中与此相关的色彩感觉，进而引起心理上的共鸣。色彩可以改变室内环境气氛，影响环境的视觉印象。室内空间环境设计要充分利用色彩的感觉、对人的生理和心理效应，通过色彩唤起人们的联想和情感，创造层次丰富、具有性格和美感的色彩环境。

(1) 色彩的感觉

人们在长期的与色彩世界共处的过程中，由于主观感觉与客观环境联系的经验的建立，逐渐形成了对色彩的物理感觉特性。具体表现在以下几个方面：

① 温度感 指不同色彩带给人不同的温度感觉。如红色、黄色、橙色等使人感觉热或者温暖，为暖色系。蓝色、绿色给人清凉、冰冷，属于冷色系。另外，紫色是红与青色混合而成，绿色是黄与青混合而成，属于温色。当紫与橙并列时，紫就倾向于冷色感，而紫与蓝并列时，紫又趋向于暖色感。明度高时，紫色和绿色趋于冷色系，而彩度和明度都高时，黄绿和紫红近于暖色。室内设计时，我们可以利用色彩的温度感来调节室内环境气氛。

黄、橙、赤、绿、蓝绿、紫、蓝（逐渐变冷）

如图 2-59，家居空间里的床、柜子、墙壁、地板等均是不同纯度的红色，以及部分的黄色，整体效果给人极强的温暖感。如图 2-60，居室画面大面积的采用蓝色，达到了低温的效果，穿插小面积的红色与黄色，作为画面的点缀，凉爽中又不失活泼。

图 2-59 暖色系家居环境

图 2-60 冷色系家居环境

② 距离感 在同一平面上的色彩，有的使人感到突出、近些，有的使人感到隐退、远些。不同的色彩给人以不同的距离感，明度和色相对其的影响是最大的。一般暖色、亮色、纯色有近距离感和前进感，冷色、暗色、灰色有远距离感和退后感。色彩的这一心理效应可用来调节室内空间的尺度感和层次感。

黄、橙、赤、黄绿、绿、紫、蓝（逐渐变远）

如图 2-61，是日本某一摄影棚的门面色彩设计，入口大门的黄色，纯度高、色清晰、距离感近，与墙壁上的黑色放置在一起，对比效果强烈，给人以突出的近距离感，从而达到了宣传与吸引的述求效果。

如图 2-62，家居空间的墙面采用橄榄绿色，起到后退与收缩效果，有加大空间的作用，以此来调节室内空间的尺度感。

③ 轻重感　色彩具有轻重感，它主要取决于明度，明度越大，感觉越轻。同时彩度强的暖色感觉重，彩度弱的冷色感觉轻。在室内设计中常以此来达到平衡、稳定以及表现性格的需要。如室内顶部宜采用轻感色，以达到灵活、轻快的效果；底部宜用重色，给人以安定和稳重感。

黑、蓝、红、橙、绿、黄、白（逐渐变轻）

如图 2-63，厨房空间的色彩搭配以绿色、奶黄色为主，给人以轻盈、愉快的视觉效果。

④ 大小感　物体色彩的不同，给人产生不同的大小感觉。色彩对物体大小的作用，包括色相和明度两个因素。一般暖色和明度高的色彩具有扩散作用（膨胀色），物体显得大，而冷色和暗色则具有内聚作用（收缩色），物体显得小。其实膨胀与收缩的视觉效果与前进、后退的视觉效果是一种现象的两种表现。所以膨胀色与前进色相同，收缩色与后退色相同。

图 2-61　入口门面色彩设计

图 2-62　家居空间墙面色彩设计

如图 2-64 是 2007 科隆家具展上的桌椅色彩设计，米色的椅子是膨胀的、张扬的，似在邀请入座。黑色的长桌却有收缩、内敛的意味，意在入座之后的亲密交谈。不同的色彩赋予家具不同的大小尺度感，给人以不同的心理感受，从而达到表达设计意图的目的。

⑤ 醒目感　指色彩引起人的注意程度，即诱目性。即在无意观看情况下，容易引起注意的色彩性质，色相对醒目感的影响最大。光色的诱目性顺序为：红＞青＞黄＞绿＞白；物体色的诱目性顺序为：红＞橙色及黄色。建筑色彩的诱目性还取决于它与背景色彩的关系。在黑色或中灰色背景下，诱目性为黄＞橙＞红＞绿＞蓝。而在白色背景下则是：蓝＞绿＞红＞橙＞黄。表 2-9 是色彩的可读性顺序，可供设计时参考。

图 2-63 厨房空间色彩设计

图 2-64 桌椅家具的色彩设计

表 2-9 **色彩的可读性顺序**

序号	1	2	3	4	5	6	7	8	9	10	11	12
底色	黄	白	白	白	青	白	黑	红	绿	黑	黄	红
图色	黑	绿	红	青	白	黑	黄	白	白	白	红	绿

⑥ 性格感（动静感） 色彩有使人兴奋和沉静的作用。色相起主要作用。一般红、橙、黄、紫红为兴奋色；蓝、蓝绿、蓝紫为沉静色；黄绿、绿和紫色为中性色。一般住宅、医院、图书馆等场所多用沉静、素雅的颜色，而商业、展示等场所则用偏向于兴奋、华丽的颜色。

⑦ 疲劳感 色彩的彩度愈强，对人的刺激愈大，就使人愈疲劳。色彩的彩度愈强，对人的刺激愈大，就使人愈疲劳。暖色系比冷色系的色彩疲劳感强。许多色相组合在一起，明度差或彩度差大时，容易感到疲劳。故在室内设计中，尤其是以休息为主的空间中，色相数不宜过多，彩度不宜过高。但如果人在疲劳沉闷的状态下，短暂的获取强彩度的色彩，却会使人振奋。如图 2-65，日本设计师所设想的未来地铁车厢内的色彩设计，艳丽的色彩能使公共交通环境的沉闷得到消解，令人忘却疲劳。

图 2-65 地铁车厢内的色彩设计

在室内设计中，我们要善于应用色彩的物理感觉，使室内空间环境从视觉上形成正面的良性的空间心理感受，从而创造令人愉悦的室内环境气氛。

(2) 色彩的生理和心理效应

科学证明，色彩对人的生理机制有多种影响。人在蓝、绿色空间环境中，可消除疲劳和精神紧张，皮肤的温度可降低 2℃左右，心跳可每分钟减少 4～8 次，呼吸变缓，心脏负担减轻；蓝色是静寂色彩，绿色能使人精神安定，具有镇定安神效果；粉红色会通过人的下丘脑，使下丘脑发出“命令”来减少肾上腺素的分泌，使心肌收缩力量减弱，心搏减慢，很适合寝室的色彩应用；在红色的环境里，能使人心律加快，血压增高；紫色可抑制活动神经、淋巴细胞和心脏系统的活动，使人安静。因此，室内环境的色彩设计应结合其生理功能，根据不同的空间使用者及使用功能等，选择不同的色调。在医学上，对色彩的这种神奇功能也有应用，如出现了专门应用颜色来从事治疗疾病的“色彩”疗法科学。

色彩的心理效应是指不同的色彩会给人不同的感觉与联想。例如看到红色，会联想到太阳，万物生命之源，从而感到崇敬、伟大，也可以联想到血，感到不安、野蛮等。色彩的心理效应因个人的喜好会出现很大的差别，它与人的年龄、性格、职业、素养、民族、习惯等分不开，也会随着具体的时间、地点和条件等的不同而有所不同。因此，我们在选用色彩时，应具体情况具体分析，决不能随心所欲。表 2-10 列出了不同色彩给人的心理效应，可以作为设计选用时的参考。

表 2-10 常见色彩的心理效应

色相	心理效应
红	热烈、喜庆、吉祥、兴奋、生命、敬畏、鲜血、残酷、危险
橙	温暖、华丽、富裕、丰硕、快乐、辉煌
黄	明快、愉悦、进步、光明、希望
黄绿	新生、纯真、活力、无邪、鲜嫩
绿	和平、平静、安全、青春、希望、新鲜
蓝绿	冷静、凉爽、幽静、深远、忧郁
蓝	深远、清凉、沉静、冷漠、智慧

续表

色相	心理效应
蓝紫	深奥、沉着、崇高、神秘、尊严、孤傲
紫	高贵、庄重、奢华、神秘、压抑、傲慢
白	明亮、干净、朴素、卫生、纯洁、神圣、清爽、冷酷
灰	柔和、平凡、谦逊、含蓄、中庸、抑郁
黑	阴森、恐怖、烦恼、沉重、死亡、悲痛、休息、安静、坚毅、严肃、高档

（3）室内色彩的设计应用

色彩给人的感觉与心理效应是比较复杂的，在室内与家具设计时应充分利用色彩的这些特性。与此同时，在具体的室内环境中，各种颜色是互相作用而存在，在协调中得到表现，在对比中得到衬托。所以，在具体应用中要进行配色设计，常用的配色方法如下：

① 单色调的配色　是同一色相在明度深浅或纯度上做变化的配色方法。使人感觉柔和、宁静、安详和良好的空间感（如图 2-66）。这种配色方法极易统一，但因色彩间差异小，容易单调乏味。

图 2-66　单色调为主的家居空间

② 类似色相的配色　是色相环上 15°～60°之间的色彩搭配，给人以统一，又有变化的感觉。能够保持邻近色相统一，主色调明确等特点，可以运用小面积的对比色或以灰色作为点缀，从而避免过于单调（如图 2-67）。

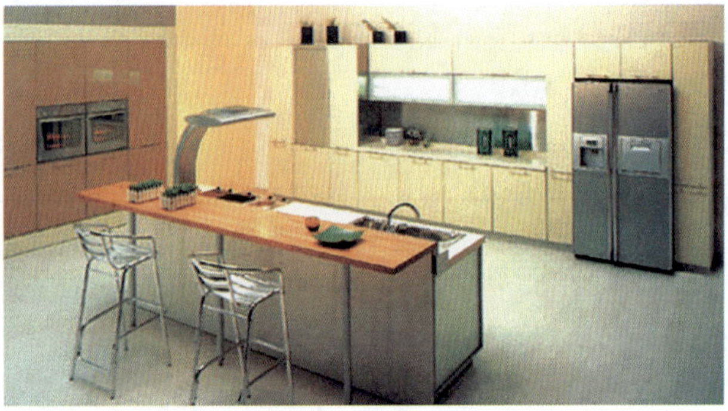

图 2-67　类似色相搭配的厨房空间

③ 中差色相的配色　是色相环相隔 90°左右的色彩搭配，色相之间的对比相对明快（如图 2-68）。

④ 对比色相的配色　色相环上相隔 120°左右的色彩搭配，色相之间的对比较强烈，

图 2-68 中差色相搭配的空间

给人以鲜明、饱满、华丽的感情特点，与此同时，也较易使人兴奋、激动（如图 2-69）。

图 2-69 对比色相搭配的空间

⑤ 互补色的配色 是在色相环是距离 180°的色相搭配，能使人感觉鲜亮生动、引起兴趣。但也容易让人感觉不协调、杂乱、生硬等，需要从补充色和面积上做相应的调整配合（如图 2-70）。

图 2-70 互补色搭配的家居空间

（4）色彩常性

在日常生活中人们一般可以正确地反映事物本身固有颜色，而不受照明条件的影响，物体的颜色看起来是相对恒定的。这种现象称之为色彩的知觉常性。

色彩常性是被照物体的一个重要特征，但由于物体表面状况、光环境及观察方式的变化，色彩常性则会受到影响。因此在室内光环境设计时应注意以下几点，以保证物体的色彩常性。

● 避免强烈的影子或高光；
● 要有足够的照度；
● 光源显色性要好；

- 尽可能减少眩光；
- 在照明较差的表面上，应采用高彩度或高明度的颜色；
- 光源位置应能清楚地被察觉；
- 白色表面应分散在视野周围；
- 减小有光泽的面积；
- 物体表面质地应能看出；
- 要有层次感。

2.6 听觉与环境

建筑室内听觉环境主要包括两大类：一类是使人爱听的声音如何听得更清晰，效果更好，这主要是音响、声学方面的设计问题；另一类是人不爱听的声音，如何消除，即建筑声学及噪声控制问题。在大量普通室内设计项目中，主要涉及如何解决噪声问题，考虑如何进行隔声和吸声处理。因此，对于建筑室内设计人员掌握噪声、回音以及基本的室内声环境设计知识非常必要。

2.6.1 噪声

（1）定义

噪声是在一定环境下不应有的声音，即干扰声。凡是干扰人的活动（包括心理活动）的声音都是噪声。它是由各种频率、各种强度的声音组合而成的，具有声音的一切物理性质。如工厂机器加工噪声、道路交通噪声、建筑工地机械噪声、家庭娱乐和电器噪声等。

（2）噪声对人的影响

主要对人的生理、心理以及作业所产生的影响。

① 噪声性耳聋（听力损失） 强的噪声可以引起耳部的不适，如耳鸣、耳痛和听力损伤，会产生暂时性耳聋或永久性耳聋。当人耳短时间暴露于强噪声环境中，会出现听力下降现象，但是当噪声消失后，经过一段时间后能恢复原来的听力，这种属于暂时性耳聋。如果长期在强噪声环境中暴露，将造成永久性耳聋。

噪声性耳聋一般发生在4000Hz频率附近，对于一般的语音（500～2000Hz）会话影响不大。老年性耳聋的特性与噪声性耳聋不同，老年性耳聋随着频率的增加而明显。每日暴露于90dB（A）以上的噪声或脉冲性噪声中，发生噪声性耳聋的危险性很大，必须采取充分的对策。

② 对神经系统的影响 噪声作用于人的中枢神经系统，使大脑皮层控制失调，引起如神经系统功能紊乱、精神障碍以及内分泌紊乱等，高噪声的工作环境，可使人出现头晕、头痛、失眠、多梦、全身乏力、记忆力减退以及恐惧、易怒、自卑甚至精神错乱。在日本，曾有过因为受不了火车噪声的刺激而精神错乱，最后自杀的例子。

③ 对心血管影响 噪声使交感神经兴奋，引起心律不齐、血压上升。噪声会加速心脏衰老，增加心肌梗死的发病率。医学专家经人体和动物实验证明，长期接触噪声可使体内肾上腺分泌增加，从而使血压上升。在平均70分贝的噪声中长期生活的人，可使其心肌梗死发病率增加30%左右，特别是夜间噪声会使发病率更高。调查发现，生活在高速

公路旁的居民，心肌梗死率增加了30％左右。调查1101名纺织女工，高血压发病率为7.2％，其中接触强度达100dB噪声者，高血压发病率达15.2％。

④ 对消化系统和内分泌系统的影响　噪声能引起食欲减退、胃收缩，唾液和胃液减少，影响脑垂体及荷尔蒙的分泌，引起孕妇早产、畸胎和死胎等后果。

⑤ 对作业效率的影响　噪声对作业效率的影响，分为思维作业和体力作业，一般认为，对于思维作业：50～60dB（A）以上会产生影响；对于体力作业：85～90dB（A）以上会产生影响；噪声对作业效率的影响有一定的特点，一般高频噪声的影响大于低频噪声，间断性（脉冲性）噪声的影响大于连续性噪声。

⑥ 对语言交流的影响　噪声影响正常会话及电话的听取率。对于室内（一般居室、寝室），为了达到100％的会话听取率，噪声应控制在45dB（A）以下，95％的听取率时，应控制在64dB（A）以下。

⑦ 对睡眠的影响　通过问卷调查和脑波、眼电图等生理指标测量分析发现，噪声使人不能入睡，降低睡眠深度，使大脑处于非休息状态。当人辗转不能入睡时，便会心态紧张，呼吸急促，脉搏跳动加剧，大脑兴奋不止，第二天就会感到疲倦，或四肢无力，从而影响到工作和学习。久而久之，就会得神经衰弱症，表现为失眠、耳鸣、疲劳。大量的研究表明：为了保持睡眠不受影响，室内夜间噪声应控制在40dB（A）以下。表2-11是部分国家的室内环境夜间噪声标准。

表2-11　部分国家的夜间室内环境噪声标准

国家	标准(室内夜间)/dB(A)
瑞典	25
捷克	40
瑞士	35～45
欧盟	30～35
日本	40
中国(建议)	理想值30、最高值50

⑧ 噪声对视力的影响　人们只知道噪声影响听力，其实噪声还影响视力。试验表明：当噪声强度达到90dB时，人的视觉细胞敏感性下降，识别弱光反应时间延长；噪声达到95dB时，有40％的人瞳孔放大，视力模糊；而噪声达到115dB时，多数人的眼球对光亮度的适应都有不同程度的减弱。所以长时间处于噪声环境中的人很容易发生眼疲劳、眼痛、眼花和视物流泪等眼损伤现象。同时，噪声还会使色觉、视野发生异常。

2.6.2 回音

由声源直接传入耳朵的声音和由于墙体等反射后传入耳朵的声音在时间上会产生差异，这时就可能出现回音现象。但是如果时差在1/20s（换算成距离约17m的传播路线差）以内，人就感觉不到回音现象了。

2.6.3 混响

混响是指声源切断后，声音在室内还能保留一段时间的现象。音乐厅等室内空间具有一定的混响时间能增加音乐效果，但混响时间必须合适，否则会产生负面效果。室内最佳混响时间与用途、室内空间大小及频率有关。混响时间严格讲是切断声源后，声压级降低60dB所需的时间，可用如下公式进行计算：

$$T=0.16V/A$$

式中：V——室容积/m^3；

A——吸音力（室内平均吸音率×室内表面积 m^2）

T——混响时间/s。

（各种物体、材料的吸音率都有数据可查）

2.6.4 室内声环境设计

（1）噪声控制

噪声控制主要从三个方面入手，即声源、声音的传递过程和声音的接收者（个人防护）。

① 控制声源是减低室内噪声最有效的方法　在建筑规划时就要考虑室外环境噪声对室内的影响，离噪声源越远，噪声强度衰减越大；在工厂要改进生产工艺和操作方法，设备连接设计合理。

② 控制噪声传播　总体布局设计合理，采用消声、隔声、吸声等局部措施。如设计两个房间的隔层时，应考虑墙、门、窗等对噪声的隔声作用；对于房间的墙和顶棚上要安装吸音材料；选择消声的建筑材料；另外，布置室内绿化或隔断，也可以用来阻挡、吸收声音的传播。

③ 注意个人防护

（2）音质设计

① 明确声音传播范围　按人在室内环境中的行为要求确定空间大小后，再根据视觉、听觉要求调查室内空间形态。不能满足声学要求时，要配以扩声系统。一般可采用几何声学作图法，判断空间形态是否存在回声、声聚焦等音质缺陷，对可能产生缺陷的界面做几何调整或采用吸声、扩散等方法加以处理。

② 避免回音　建筑室内要防止回音现象，可采取以下措施：

● 增加室内吸音效果，使用适宜的墙壁和顶棚等处的吸音材料，使声音得到充分吸收衰减。

● 使墙壁等室内构成形状设计合理，利用抛物面等特殊造型使声音能反射后集中某一处。

● 避免大规模的长方形平面和对称平面。

● 在声源和受音点之间，所有声音的路线差应控制在17m以下。

③ 选择合适的混响时间　根据房间用途和面积，选择合适混响时间及其频率特性，对有特殊要求的房间采取可变混响的方式。

（3）吸声材料的选择

噪声控制和音质设计都涉及吸声材料的合理选用，下面介绍几种常见的吸音材料：

① 多孔形吸音材（如图2-71）

● 多孔型吸音材＋壁——适合高频吸声

● 多孔型吸音材＋空气层＋壁——适合中高频吸声

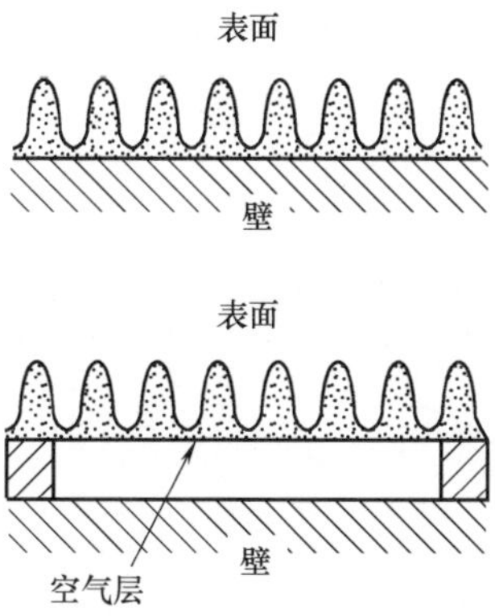

图 2-71 多孔形吸音材

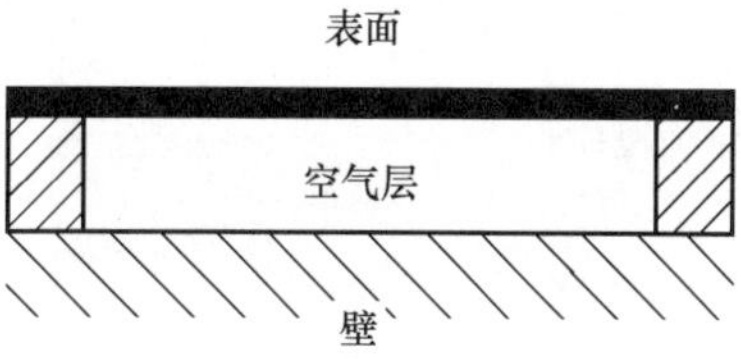

图 2-72 薄板振动形吸音材

② 薄板（膜）振动形吸音材（如图 2-72）

● 薄板＋空气层＋壁——适合中低频吸音

③ 共鸣构造形吸音材（如图 2-73），以下三种均适合中低频吸音

● 开孔板＋空气层＋壁

● 网板＋空气层＋壁

● 墙内共鸣器

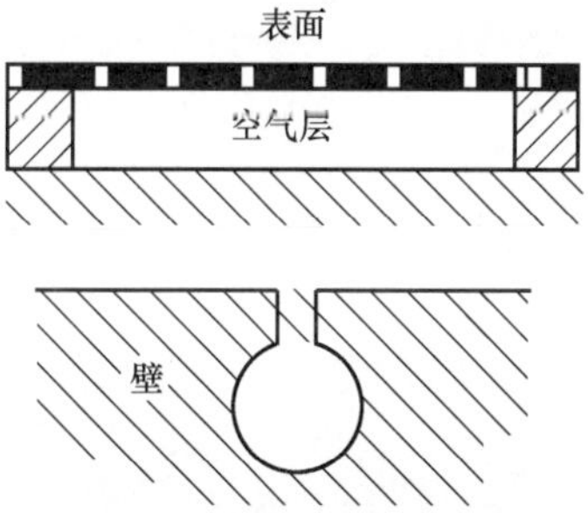

图 2-73 共鸣构造形吸音材

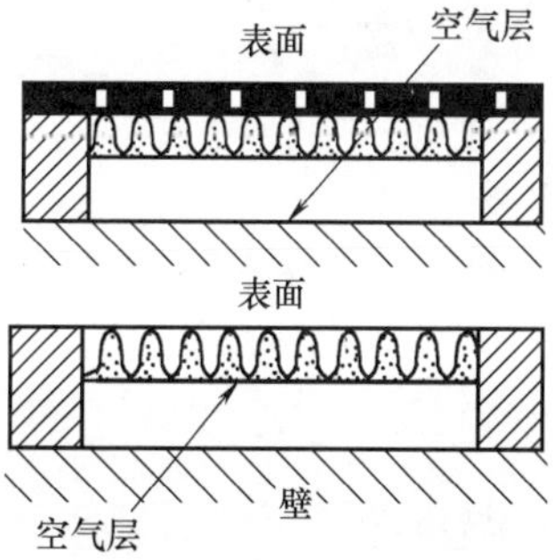

图 2-74 综合型吸音材

④ 以上三种综合型吸音材（如图 2-74）

● 开孔板＋多孔型吸音材＋空气层＋壁——适合中频吸音

● 膜＋多孔型吸音材＋空气层＋壁——适合中频吸音

2.7 触觉与环境

皮肤是人体面积最大的结构之一，具有调节体温的机制和分泌、排泄等功能，还可产生触、温、冷、痛等感觉。

2.7.1 触觉与室内环境

触觉是皮肤受到机械刺激而引起的感觉。它和视觉一样，是人们获得空间信息的主要感觉渠道，通过触觉可以辨别物体的大小、形状、软硬、冷热等。在室内及家具设计中，应该考虑触觉特性的要求。对和人体直接接触的表面，注意手感的要求，尽量选择体感好的材料；室内配件或家具局部，凡是直接接触皮肤的部位要保持光滑，无刺伤、触痛的危险。如图 2-75，室内扶手采用木质，并运用螺旋形处理，给人很好的手感。图 2-76 是芬兰设计大师阿尔瓦·阿尔托设计的帕米奥椅，不仅外观上简洁、轻便又充满雕塑美感，与人体接触的座面、扶手等处都用圆弧处理，给人以很好的触感。

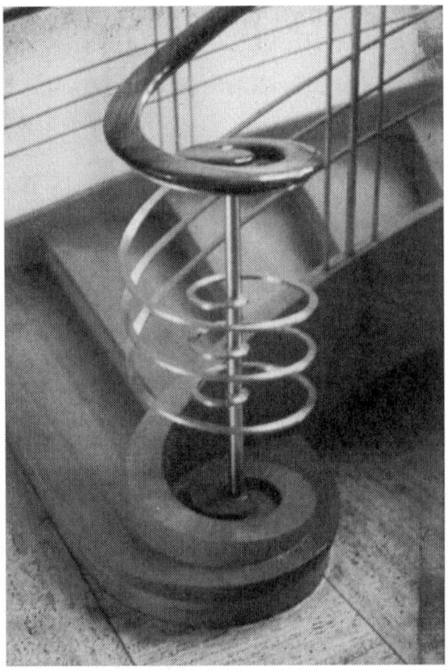

图 2-75　室内木质扶手

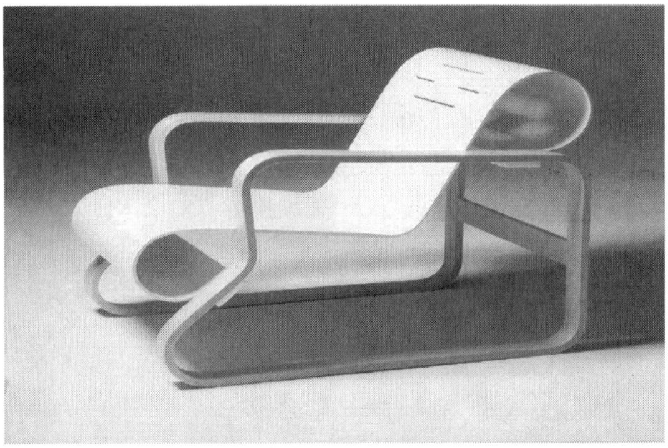

图 2-76　阿尔瓦·阿尔托设计的帕米奥椅

触觉特性对于盲人的无障碍设计也很重要。在道路边缘、建筑物入口、楼梯第一步和最后一步，以及平台的起止处、道路转弯处等地方，均应设置为盲人服务的起始和导向提示块。

2.7.2　温度觉与室内环境

人们在温度舒适的环境下从事各种活动时，工作和休息的质量都会极大提高，因此温度觉与室内热环境也是一项不容忽视的内容。

(1) 人体与环境的热交换

在普通条件下，人体的散热的 70% 是通过皮肤的传导、对流。当环境温度变化，人体散热也有明显变化。但湿度等因素也会产生影响，低湿条件下汗易蒸发，而高湿时受妨碍。在人与室内环境的热交换过程中，一般需要经过三道防线：第一皮肤，皮肤上的传导、辐射、蒸发等因人而异；第二衣着，因薄厚、面料等的差异，热交换也不同；第三房屋，与房屋结构和隔热、保温性能，供暖和通风等条件密切相关，这是室内设计时需要密切关注的问题。

(2) 热环境的评价指标

① 有效温度　是指人在不同温度、湿度、风速的作用下所产生的温度感觉指标。是以风速 0、相对湿度 100% 的条件下的温度来表达其他条件下的同等温度感觉的值。

● 温度 17.7℃，相对湿度 100%，风速 0m/s。

● 温度 22.4℃，相对湿度 70%，风速 0.5m/s。

● 温度 25℃，相对湿度 20%，风速 2.5m/s。

以上三种条件的温度感觉是相同的。故以有效温度 ET=17.7 ℃来代表这三种温湿环境。绝大部分人的舒适有效温度为 23.7～26.7℃，一般夏天大于冬天。安静时，夏天的舒适区为 19～26℃，冬天的舒适区为 17～22℃。

② 最佳温度　人们在从事各种活动时，工作和休闲的质量和效率与环境温度关系密切。在进行室内环境设计时，要根据使用目的设计环境温度，最佳温度可分为：

● 心理最佳温度（主观舒适温度）：心理上主观感觉最舒适的温度。

● 生产效率最佳温度（效率温度）：能获得最佳生产效率的温度。

● 生理最佳温度（健康温度）：从人体生理学和保健学考虑，对健康最有利的温度。

一般情况下，以主观舒适温度作为最佳温度进行评价。最佳温度与衣着、民族、地区有很大关系，但是，以上三种温度基本一致，静坐时主观舒适温度一般为 21℃±3℃。影响最佳温度的因素主要包括以下几个方面：

● 环境因素，如空气的干湿度、水蒸气压力、空气流速和热辐射等。

● 季节因素：夏天与冬天相比，感觉舒适的气温要高约 2～3℃。

● 年龄因素：随着年龄的增加，进入中老年后，末梢血液循环功能变差，身体感觉舒适的气温也有所增高。

● 生理因素：是指人的新陈代谢、肥胖程度和汗腺功能等。

● 性别差异：一般情况下，女性比男性感觉的舒适温度要高 1～2℃。这可能与人体代谢功能（发热量）以及衣着情况有关。

● 作业性质的影响：作业负荷越大，代谢越强，发热量也就越多，人体感觉也就越热，因此感觉舒适的环境气温相对要低。精神性作业的效率和体力作业效率与气温的关系不同。

(3) 室内供暖、送冷及通风

在房屋结构确定的情况下，供暖、送冷及通风就显得尤其重要。

① 供暖

● 考虑室外的热环境，根据个人、衣着、职业等因素确定室内合适的温度。

● 根据国家采暖规范确定供暖标准，室内温度可适当高一点，但不宜太高，否则从室内到室外会感觉更冷。

● 房间不同部位温度差可能很大，要注意防止温差过大，否则应采取局部采暖。

● 冬季空气干燥，供暖更增加干燥，因此应考虑保持一定的湿度。

② 送冷

● 送冷室内温度不宜太低，与室外温差一般保持在 5℃左右，不应超过 7℃。

● 应避免空调出风口对着人体。

● 应注意保持与室外新鲜空气的对流。

③ 通风

● 通风与换气的方法有自然通风和机械通风。

● 一般应尽量采用自然通风，不仅节省设备和投资，也利于健康。

● 当自然通风不能保证卫生标准或有特殊要求时，采用机械通风或空气调节。

2.8 嗅觉与环境

生活中，室内气味环境十分重要，直接影响人的情绪和工作效率。气味（香气）在有些国家已成为一种产业，研究人员关于气味对人的影响（例如，大脑的觉醒度的影响）进行过许多研究。将气味分为药味性、花香性、果实性、树脂性、腐烂性和焦臭性六大类别。日本学者还将气味尺度化，分成 7 个等级，并用数字表示，称为气味指数（见表 2-12）。另外，人能感知的几种物质空气中的最小含量见表 2-13。

表 2-12 气味指数与尺度

气味指数	语言形容	说　明
0	无味	安全无感觉
1/2	最小阈值	极微小量，通过训练的人能嗅到
1	明显	正常人能嗅到，但无不适感
2	普通	无不适感，但也无舒适感，室内允许界限
3	强	不舒适
4	剧烈	很不适
5	不能忍耐	呕吐

表 2-13 人能感知的几种物质空气中最小含量

挥发性物质	空气中含量/(mg/L)
甲醇	100
乙醇(酒精)	250
苯	5
樟脑	0.002～5
天然麝香	0.001～0.5
人造麝香	0.000005～0.001

通过以上两表可以看出，在室内环境设计时，要注意加强室内通风，保持室内空气洁净和新鲜。室内通风换气量与室内气温、人均所占空间以及挥发性物质浓度有关。室温越高、人均空间越小、气味浓度就会越大，换气量也要增大。另外，室内尽量采用自然环保类材料，配置一定的植物与花卉，以减少室内气体的污染。近年来，随着室内装修材料的丰富多彩，室内空气污染问题有明显的提高，导致室内空气品质下降，影响了人们的生活、休息，甚至危及人们的身心健康。因此，当前有必要加强对室内气味的检测与研究，以减少室内气体污染。

作业与思考题

1. 感觉和知觉的定义与基本特征是什么？
2. 什么是肌力？试对动态肌肉施力和静态肌肉施力过程进行分析。
3. 人常见的心理和行为习性有哪些？举例分析。
4. 思考分析触觉特性在室内和家具设计中的应用。
5. 对校园和寝室等生活相关的室内环境进行考察，分析视觉、听觉、触觉和嗅觉等方面的合理性。
6. 噪声对人的影响有哪些？室内如何来防治与控制噪声。

3 人体测量与数据的应用

3.1 人体测量学的由来与发展

人体测量学是一门新兴的学科，同时又具有古老的渊源。早在公元前1世纪罗马建筑师维特鲁威（Vitmvian）就已从建筑学的角度对人体尺寸作了较全面的论述，并发现人体基本上以肚脐为中心，一个站立的男子，双手侧向平伸的长度恰好就是人体的高度，双足趾和双手指尖恰好在以肚脐为中心的圆周上。文艺复兴时期，意大利著名画家达·芬奇按照维特鲁威的这一描述，绘制了著名的人体比例图（如图3-1）。

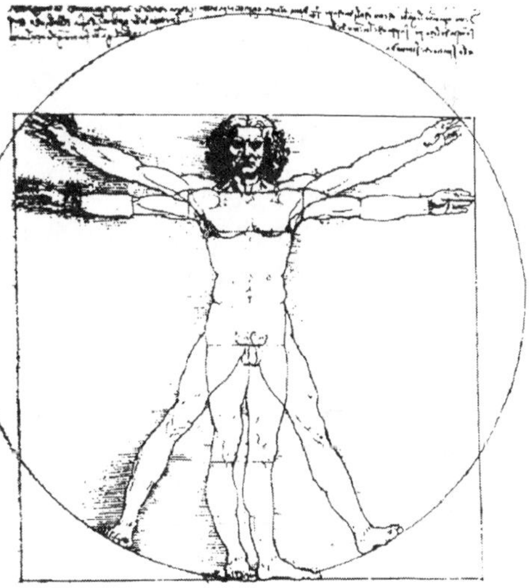

图3-1 人体比例图

最早对这个学科进行命名的是比利时数学家奎特莱特（Quitlet），他于1870年出版了《人体测量学》一书，为世界公认创建了这一学科。此后，还有许多哲学家、数学家和艺术家对人体尺寸进行了大量的研究，积累了大量数据，但这些研究大多是从美学角度来研究人体比例关系，对设计的参考价值不大。直到1940年，工业化社会的发展，为了适应工业发展的需要，人们迫切需要人体测量学知识和数据，这门学科才开始从理论学科进入到应用学科。第二次世界大战中，航空和军事工业产品的生产对人体尺寸提出了更高的要求，推动了它在军事工业上应用。此后，人体测量学的成果在军事和民用工业产品设计中，以及人们日常生活和工作环境中得到了广泛的应用和发展。

3.2 人体测量简介

3.2.1 定义

人体测量学（Anthropometry）是用测量方法研究人体特征的一门科学。它是通过测量人体各部位的尺寸来确定个体之间和群体之间在人体尺寸上的差别的一门学科。用以研究人的形态特征、生理特征及心理特征，从而为工业设计、工程设计、人类学研究以及医学等提供人体基础数据。

3.2.2 人体测量数据来源

人体测量学发展到今天，积累了大量的数据，以往的测量成果可以为我们今天所借鉴。但由于人类个体和群体的差异，生活环境的变化以及使用目的不同等，各国人体测量数据不可照搬照抄。而是应该在设计中具体问题具体分析和选用。目前，我们在设计中依据的数据来源主要有以下几个：1962 年中国建筑科学研究院发表的《人体尺度的研究》；1988 年我国颁布的国家标准 GB/T 10000—1988《中国成年人人体尺寸》；1991 年颁布的 GB/T 12985—1991《在产品设计中应用人体尺寸百分位的通则》；1992 年颁布的 GB/T 13547—1992《工作空间人体尺寸》等国家标准。

3.2.3 人体测量基本术语与条件

国标 GB/T 5703—1999 规定了人体工程学使用的成年人和青少年的人体测量术语。该标准规定，只有在被测者姿势、测量基准面、测量方向、测点等符合下列要求的前提下，测量数据才是有效的。

(1) 被测者姿势

立姿：指被测者挺胸直立，头部以眼耳平面定位，眼睛平视前方，肩部放松，上肢自然下垂，手伸直，手掌朝向体侧，手指轻贴大腿侧面，自然伸直，左、右足后跟并拢，前端分开，使两足大致呈 45°角，体重均匀分布于两足。

坐姿：指被测者挺胸坐在被调节到腓骨头高度的平面上，头部以眼耳平面定位，眼睛平视前方，左右大腿大致平行，膝弯曲大致成直角，足平放在地面上，手轻放在大腿上。

(2) 测量基准面和基准轴

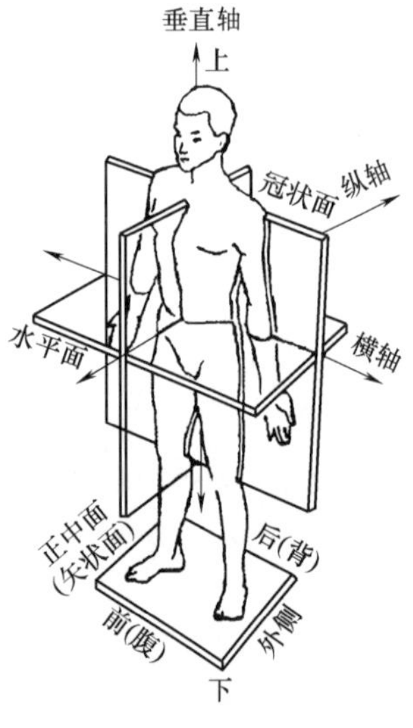

图 3-2 人体测量基准面和基准轴

人体测量均在基准面内及测量基准轴方向进行，如图 3-2 所示。

矢状面：把通过人体正中线的垂直面称为正中矢状面。其他与正中矢状面平等的平面叫矢状面。

冠状面：通过垂直轴与横轴的平面及与其平行的所有平面都称为冠状面。冠状面将人体分成前、后两个部分。

水平面：与矢状面及冠状面同时垂直的所有平面都称为水平面。水平面将人体分成上、下两个部分。

基准轴：铅垂轴、矢状轴和冠状轴。

(3) 支撑面和衣着

支撑面：站立面（地面）、平台或坐面应是平坦、水平且不可变形的。

衣着：人体测量时，被测者应裸体或尽可能少着装（穿单薄内衣），且免冠赤脚。

(4) 基本测点及测量项目

国标 GB/T 5703—1999 规定了人体工程学使用的有关人体测量参数的测点和测量项目，其中包括 7 组 47 项静态人体尺寸数据。具体测点和测量项目的定义参阅标准相关内容。

3.2.4 人体测量的主要仪器

GB/T 5704.1—1985《人体测量仪器》规定的部分人体测量工具有人体测高仪、人体测量用直角规、人体测量用弯角规、人体测量用三脚平行规、人体测量用角度计和软尺等。

(1) 人体测高仪 (如图 3-3)

用来测量身体各测点与标准参照面 (如地面或坐面) 之间直线距离的专用工具。如测量身高、坐高、立姿和坐姿的眼高以及伸手向上所及的高度等立姿和坐姿的人体各部位高度尺寸。

(2) 人体测量用直角规 (如图 3-4)

主要用来测量两点间的直线距离，特别适宜测量距离较短的不规则部位的宽度或直径。如耳、脸、手、足。

(3) 人体测量用弯角规 (如图 3-5)

用于不能直接以直尺测量的两点间距离的测量，如测量肩宽、胸厚等部位的尺寸。

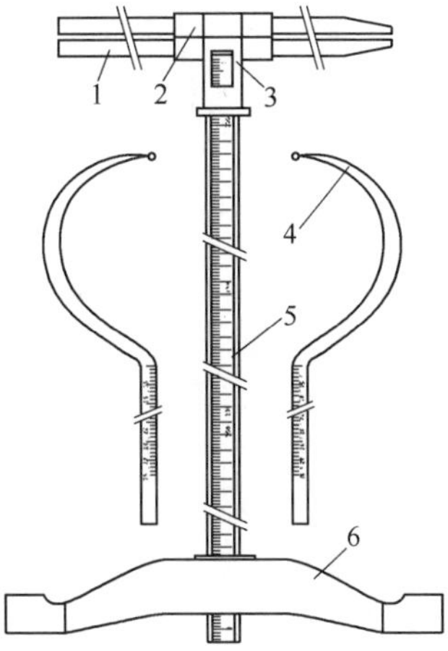

图 3-3 人体测高仪

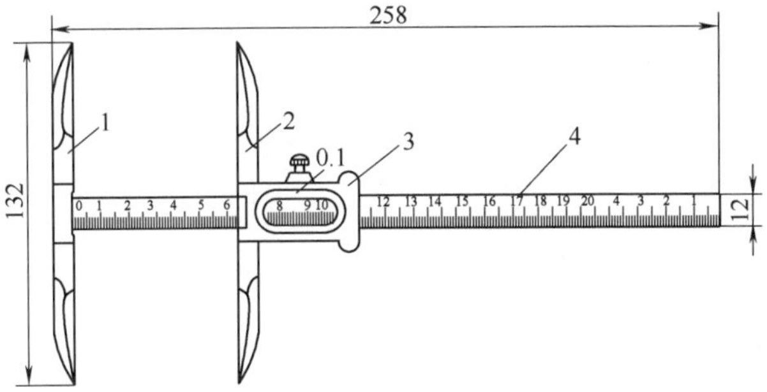

图 3-4 人体测量用直角规

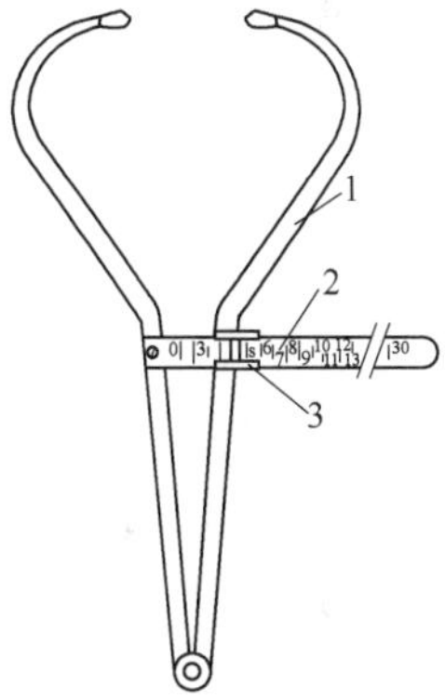

图 3-5 人体测量用弯角规

3.2.5 人体测量的方法

(1) 丈量法

主要用人体测量仪来测量人体构造尺寸，如用测高仪丈量身高、坐高、肩高等；用直尺和卡尺丈量人体的细部构造尺寸；用磅秤测量体重；用拉力器测量人体推拉力等。丈量法示例 (如图 3-6)。

(2) 摄像法

由于人体功能尺寸随着姿势而变化，故一般丈量法难以测得较准确结果，常用的方法是用照相机或摄像机等作投影测量。图 3-7 表示了摄像测量人体功能尺寸的方法。图中 a 是带有光源的投影板，板上刻有 10cm×10cm 的方格，每一方格又分成 1cm×1cm 的小方格。图中 b 是照相机或摄像机，当照相机或摄像机与投影板间的距离 L 为被测试者高度 10 倍以上时，投射光线可粗略视为平行线，即可拍摄被试者在投影板上的各种姿态，从投影板的方格数上而得知其功能尺寸。如要求其尺度的精确性，可根据被试与投影板的间距，算得修正系数 (其数值<1)，然后将投影的尺寸乘以修正系数，即可得到更为精确的

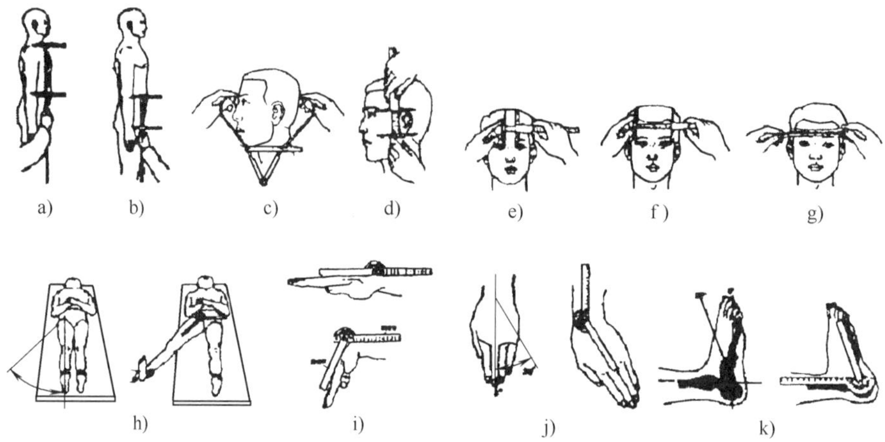

图 3-6 丈量法示例

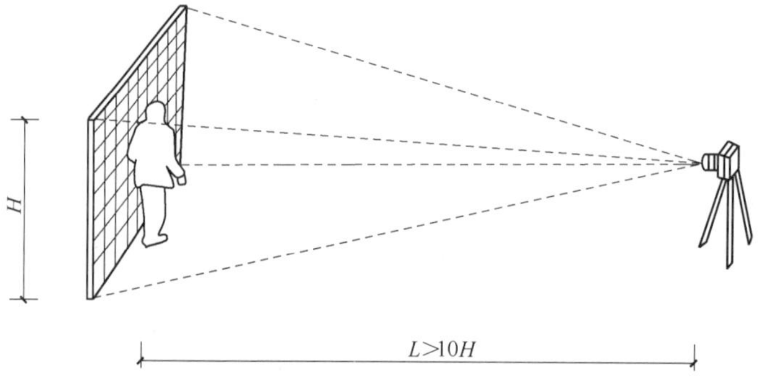

图 3-7 摄像法测量

人体功能尺寸。

(3) 问卷法

人体功能尺寸是变化的尺寸，如何使其尺寸符合人的需要，减少体力，从而达到相对的“舒适”，这就需要测得人体感到“舒适”的功能尺寸，显然它是同被试者的生理和心理特点有关。因“舒适”是被试者的主观评价，随人而异，故采用问卷法。虽然功能尺寸的测得结果是个变化值，但存在一个阈限，这个阈限就是室内设计的参考数值。如测量椅面与椅背的夹角对被试者的影响，我们通过调节脚的搁置高度和椅面与椅背的夹角的大小，询问被试者的压痛点的感觉评价，从而测得不同功能要求的较合适的椅面和椅背的“舒适”曲线。同样要测得台面或搁板的“舒适”高度或宽度，也由被试者自我调节其高度或宽度，从而测得其“舒适”的高度或宽度尺寸，供家具设计参考。

(4) 自控和遥感测试法

要想测得人体在椅面、椅背或床垫上的压力分布，从而科学地确定椅面或椅背形状，床垫中弹簧的弹力，就得依靠自动控制系统，将压力输入，由电脑测得其结果，该装置如图 3-8。要想测得运动尺寸（如楼梯踏步、煤气灶尺寸）对人的影响，就可以利用多功能生理测试仪，采用遥控方式测量人体的肌电大小，心律的变化，确定这些运动尺寸的合理数值。

图 3-8 人体静态压力测量

(5) 三维数学测量法

如图 3-9 所示，当代利用电脑 3D 全身人体扫描系统技术，对人体的各项尺寸进行精密的测量，从而为后期设计提供科学的数字依据。它是现今人体测量方法中最准确的方法。

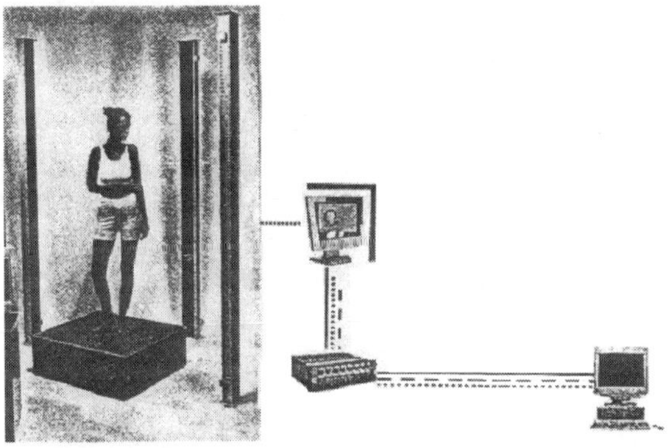

图 3-9 3D 全身人体扫描系统

3.2.6 人体测量数据的统计处理

在人体测量中，被测者通常只是一个特定群体中较少量的个体，其测量数值为离散的随机变量，不能作为设计的依据。为了获得设计所需要的群体尺寸，则必须对个体测量的数据进行统计处理，使得测量数据能反映该群体的形态特征及差异程度。在人体测量数据的统计中，一般认为人体尺寸的统计值基本符合正态分布规律，即大部分属于中间值，只有一小部分属于过大或过小的值，分布在两端。我们可以用平均值、标准差、百分位数等统计值来表述群体尺寸特征。

(1) 平均值

表示样本的测量数据集中地趋向某一个值、该值称为平均值、均值。它是数理统计中最常用的指标之一。用统计学方法计算的平均值，能说明事物的本质和特征，可用来衡量一定条件下的测量水平和概括地表现测量数据的集中情况。对于有 n 个样本的测量值：x_1，x_2，$\cdots x_n$，其均值为：

$$\overline{x}=\frac{x_1+x_2+\cdots+x_n}{n}=\frac{1}{n}\sum_{i=1}^{n}x_i$$

(2) 标准差

方差的平方根即为标准差，量纲与均值相一致，用来描述测量值对均值的波动情况。

它是表示分布的离中趋势，即测量值沿均值扩散的趋势，标准差越大，分布曲线越平缓。公式为：

$$S_D=\sqrt{\frac{\sum_{i=1}^{n}(x_i-\overline{x})^2}{n-1}}$$

（3）百分位

百分位是表示具有某一人体尺寸和小于该尺寸的人占统计对象总人数的百分比。人体测量数据常以百分位数 P_K 作为一种位置指标、一个界值。一个百分位数将群体或样本的全部测量值分为两部分，有 $K\%$的测量值等于和小于它，有（$100-K$）%的测量值大于它。在设计中最常用的是 P_5、P_{50}、P_{95} 三种百分位数。其中第 5 百分位数代表“小”身材，是指有 5%的人群身材尺寸小于此值，而有 95%的人群身材尺寸均大于此值；第 50 百分位数代表“适中”身材，是指大于和小于此人群身材尺寸的各为 50%；同样地，第 95 百分位数代表“大”身材，是指有 5%的人群身材尺寸大于此值，而有 95%的人群身材尺寸均小于此值。有关百分位的概念，有两点要特别注意：

① 人体测量中的每一个百分位数值，只表示某一项人体的尺寸，如身高、肩宽等。

② 绝对没有一个人在各种人体尺寸的数值上都处于同一百分位上。如图 3-10 所示，同一个人其身体各部位的尺寸百分位是不一样的。因此，在设计中，要分别考虑每个项目的尺寸。

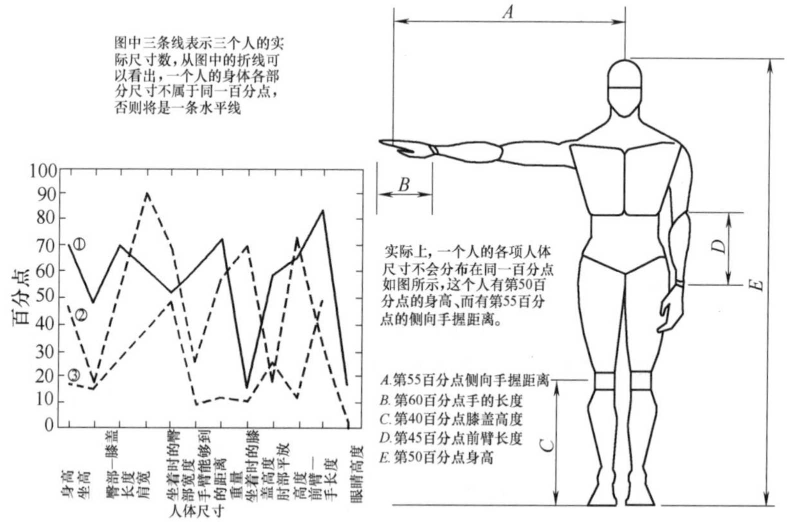

图 3-10 人体尺寸百分位分布

（4）人体尺寸的线性相关性

身高、体重、手长等是基本的人体尺寸数据，它们之间一般具有线性比例关系，可以用公式表示：$Y=aX+b$，

式中 Y——某一人体尺寸数据。

X——身高、体重、手长等基本尺寸（之一）。

a、b——常数

该公式对于不同种族、国家的人群都是适用的，但关系式中的系数 a 和 b 有所不同。图 3-11 列出了我国成年人人体各部分尺寸与身高 H 的比例关系，这样通过身高就可以大约计算出人体其他部位的尺寸。

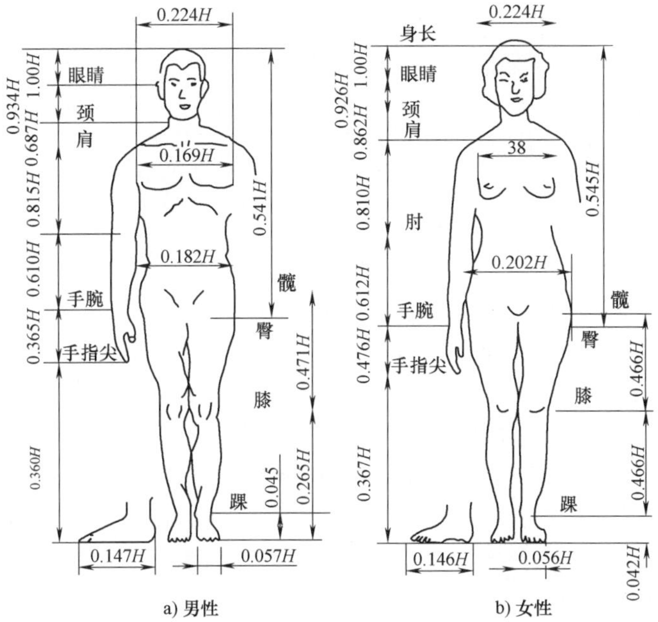

图 3-11 我国成年人人体各部分尺寸与身高 H 的比例关系

3.3 人体尺寸的差异

人体尺寸测量如仅仅是着眼于积累资料是不够的，还要进行大量的细致分析工作。由于很多复杂的因素都在影响着人体尺寸，所以个人与个人之间，群体与群体之间，在人体尺寸上存在很多差异，不了解这些就不可能合理的使用人体尺寸的数据，也就达不到预期的目的。差异的存在主要在以下几方面。

3.3.1 种族与地域差异

不同的国家，不同的种族，因地理环境、生活习惯、遗传特质的不同，人体尺寸的差异是十分明显的。如以身高为例，越南人平均身高为 160.5cm，比利时人则为 179.9cm，高差竟达 19.4cm。另外，即使是在同一国家，不同区域也有差异，寒冷地区的人平均身高均高于热带地区，平原地区的人平均身高高于山区。由表 3-1 列出的我国不同地区的人体身高、体重的平均值和标准差中即可明显看出这一差异。进行产品设计时，必须考虑不同国家、不同区域人体尺寸的差异。另一方面，随着国际间、区域间各种经贸活动的不断增大，不同民族、不同地区的人使用同一产品、同一设施的情况将越来越多，因此在设计中考虑产品的多民族的通用性也将成为一个值得注意的问题。

表 3-1 我国六个区域的人体身高、体重的平均值和标准差

项目		东北、华北区		西北区		东南区		华中区		华南区		西南区	
		均值	标准差	均值	标准差	均值	标准差	均值	标准差	均值	标准差	均值	标准差
身高/mm	男	1693	56.6	1684	53.7	1686	55.2	1669	56.3	1650	57.1	1647	56.7
	女	1586	51.8	1575	51.9	1575	50.8	1560	50.7	1549	49.7	1546	53.9
体重/kg	男	64	8.2	60	7.6	59	7.7	57	6.9	56	6.9	55	6.8
	女	55	7.7	52	7.1	51	7.2	50	6.8	49	6.5	50	6.9

3.3.2 世代差异

在过去 100 年中，人类生长加快是一个特别的问题，这大概得益于社会的不断发展，卫生、医疗、生活水平的提高以及体育运动的大力开展。子女们一般比父母长的高，这个问题在总人口的身高平均值上也可以得到证实。美国的军事部门每十年测量一次入伍新兵的身体尺寸，发现第二次世界大战入伍的人的身体尺寸超过了第一次世界大战。美国卫生福利和教育部门在 1971—1974 年所作的研究表明：大多数女性和男性的身高比 1960—1962 年国家健康调查的结果要高。据调查，欧洲的居民预计每十年身高增加 10～14mm，因此，若使用三四十年前的数据会导致相应的错误。我们在使用人体测量数据时，要考虑其测量年代，然后加以适当修正。认识这种缓慢变化与各种设备的设计、生产和发展周期之间的关系是极为重要的。

3.3.3 年龄差异

年龄造成的差异也应注意，体形随着年龄变化最为明显的时期是青少年期。人体尺寸的增长过程，一般女性在 18 岁结束，男性在 20 岁结束，男子到 30 岁才最终停止生长（如图 3-12）。此后，人体尺寸随年龄的增加而缩减一些，而体重、宽度及围长的尺寸却随年龄的增长而增加。在进行某项设计时，必须经常判断与年龄的关系，考虑工作和生活的环境适合哪些年龄组的人。在使用人体尺寸数据时，要注意不同年龄组尺寸的差别。

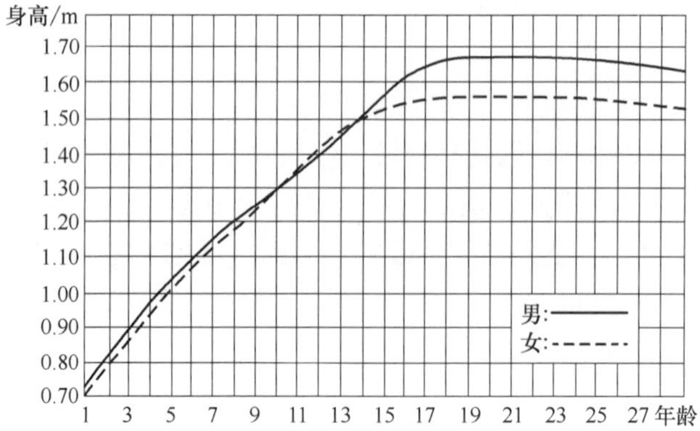

图 3-12 不同年龄阶段的人体身高

有关年龄差异的两个重要问题是关于未成年人和老年人。未成年人的问题是他们处于年龄与身体尺寸的快速变化期，对尺寸比较敏感。我国关于儿童的人体尺寸数据是缺乏的，而这些尺寸数据对于设计儿童用具、设计幼儿园和学校是非常重要的，若将安全和舒适等因素考虑在内则更是如此。儿童意外伤亡与设计不当有很大的关系。例如，据说只要儿童头部能钻过的间隔，身体就可以过去，儿童的头部则相对较大，所以我们在设计栏杆间距时，应考虑有效阻止儿童头部的通过（如图 3-13）。随着社会对儿童的逐渐重视以及先进测量设备的迅速发展，我国已于2006年展开第一次全国未成年人（4～17 岁）人体尺寸测量工作，从而弥补未成年人体尺寸数据的空白。

图 3-13 栏杆间距阻止儿童头部钻过

另一方面，老年人的尺寸数据资料也相对较少，由于生活条件的改善，人的寿命增加，现在世界上进入人口老龄化的国家越来越多，如美国的 65 岁以上人口有 4000 万，占总人口的 14%，而且每年都在增加。所以设计中涉及老年人的各种问题也应当引起重视，今后老年人的人体尺寸数据也应该逐步完善起来。在没有老年人资料的情况下，至少有两个问题应引起我们的注意：

① 不论男女，上年纪后身高均比年轻时矮，而身体的围长却会增加，所以需要更宽松的空间范围。

② 老年人肌肉力量退化，伸手够东西的能力不如年轻人。因此，手脚所能触及的空间范围要比一般年轻人小（如图 3-14）。

设计时我们务必要考虑老年人的上述特征。如家庭用具的设计，首先应当考虑到老年人的要求，尤其是厨房用具，橱柜和卫生设备等。他们使用合适了，其他人的使用一般不致发生困难（也许并不十分舒适）。反之，倘若只考虑年轻人使用舒适，老年人使用则会有相当大的困难。

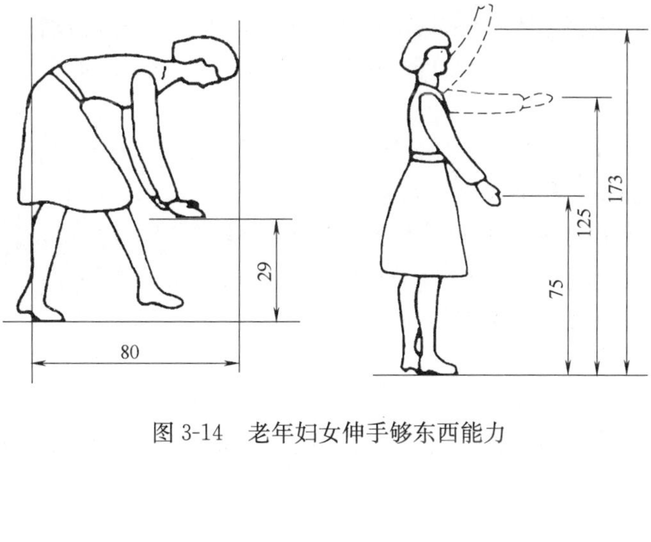

图 3-14 老年妇女伸手够东西能力

3.3.4 性别差异

3～10岁这一年龄阶段男女的差别极小，同一数值对两性均适用。从10岁开始，在男性与女性之间，人体尺寸、重量和比例关系都有明显差异。对于大多数人体尺寸，男性都比女性大些，但有四个尺寸——胸厚、臀宽、臂部及大腿周长，女性比男性的大。男女即使在身高相同的情况下，身体各部分的比例也是不同的。同整个身体相比，女性的手臂和腿较短，躯干和头占的比例较大，肩较窄，骨盆较宽。皮下脂肪厚度及脂肪层在身体上的分布，男女也有明显差别。因此，以矮小男性的人体尺寸代替女性人体尺寸使用是错误的，特别是在腿的长度尺寸有着重要作用的工作场所，如坐姿操作的工作，考虑女性的人体尺寸至关重要。

3.3.5 职业差异

不同职业的人，在身体大小及比例上也存在着差异，例如，一般体力劳动者平均身体尺寸都比脑力劳动者稍大些。在美国，工业部门的工作人员要比军队人员矮小；在我国，一般部门的工作人员要比体育运动系统的人矮小。也有一些人由于长期的职业活动改变了形体，使其某些身体特征与人们的平均值不同。对于不同职业所造成的人体尺寸差异在产品设计中必须予以注意。

另外，数据来源不同、测量方法不同、被测者具有代表性特征等因素，也常常造成测量数据的差异。了解了这些差异，在设计中充分注意它对设计中的各种问题的影响及影响的程度，从而在设计中加以修正，不可盲目的采用未经细致分析的数据。

3.4 人体尺寸

人体尺寸主要包括两类：人体结构尺寸和人体功能尺寸。

3.4.1 人体结构尺寸

人体结构尺寸是指静态的人体尺寸，是人体处于固定的标准状态下测量得到的数据。它对与人体直接接触的物体有较大关系，如家具、服装和手动工具等。主要为人们工作和生活所使用的各种设施和工具提供数据参考。图3-15标出了室内设计中常用的人体测量尺寸（包括结构尺寸和功能尺寸），可以作为建筑师、室内设计师或工业设计师在相关设计时的参考。

GB 10000—1988是1989年7月开始实施的我国成年人人体尺寸国家标准。该标准根据人机工程学要求提供了我国成年人人体尺寸的基础数据。共列出了47项我国成年人静态人体尺寸数据，按男女性别分开，且分为3个年龄段列出：18～25岁（男、女），26～35岁（男、女），36～60岁（男）、55岁（女）。适用于工业产品设计、建筑设计、家具设计、军事工业以及劳动安全保护等领域。表3-2～表3-5分别列出了GB 10000—1988部分内容。

（1）人体主要尺寸（见表3-2）

包括身高、上臂长、前臂长、大腿长、小腿长共5项人体主要尺寸数据（如图3-16）。

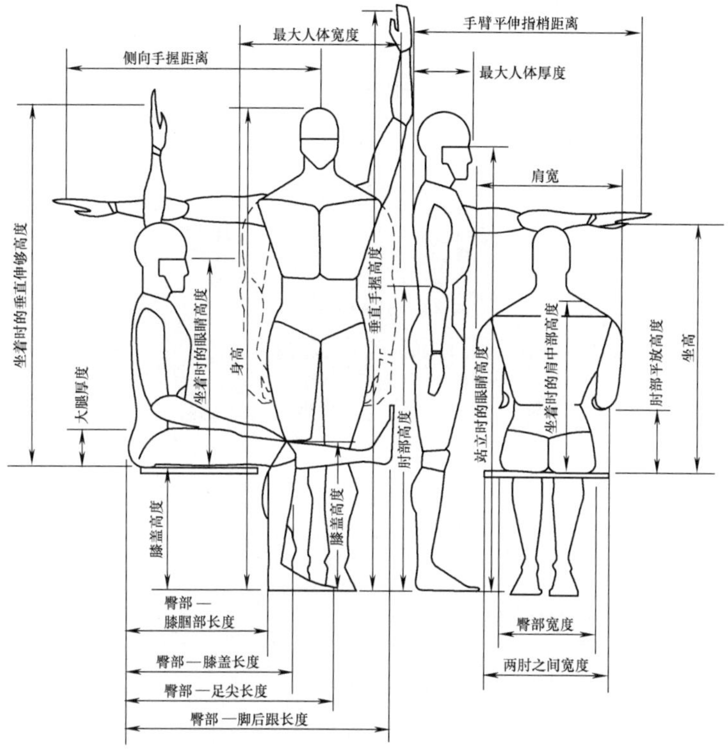

图 3-15 室内设计常用的人体测量尺寸

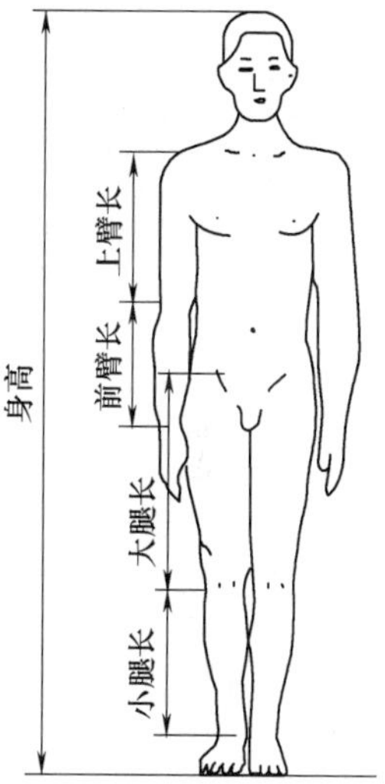

图 3-16 人体主要尺寸

表 3-2 **人体主要尺寸**

百分位数	男(18～60 岁)							女(18～55 岁)						
	1	5	10	50	90	95	99	1	5	10	50	90	95	99
身高/mm	1543	1583	1604	1678	1754	1775	1814	1449	1484	1503	1570	1640	1659	1697
上臂长/mm	279	289	294	313	333	338	349	252	262	267	284	303	308	319
前臂长/mm	206	216	220	237	253	258	268	185	193	198	213	229	234	242
大腿长/mm	413	428	436	465	496	505	523	387	402	410	438	467	476	494
小腿长/mm	324	338	344	369	396	403	419	300	313	319	344	370	376	390

(2) 立姿人体尺寸（见表 3-3）

包括眼高、肩高、肘高、手功能高、会阴高、胫骨点高共 6 项（如图 3-17）。

表 3-3 **立姿人体尺寸**

百分位数	男(18～60 岁)							女(18～55 岁)						
	1	5	10	50	90	95	99	1	5	10	50	90	95	99
眼高/mm	1436	1474	1495	1568	1643	1664	1705	1337	1371	1338	1454	1522	1541	1579
肩高/mm	1244	1281	1299	1367	1435	1455	1494	1166	1195	1211	1271	1333	1350	1385
肘高/mm	925	954	968	1024	1079	1096	1128	873	899	913	960	1009	1023	1050
手功能高/mm	656	680	693	741	787	801	828	630	650	662	704	746	757	778
会阴高/mm	701	728	741	790	840	856	887	648	673	686	732	779	792	819
胫骨点高/mm	394	409	417	444	472	481	498	363	377	384	410	437	444	459

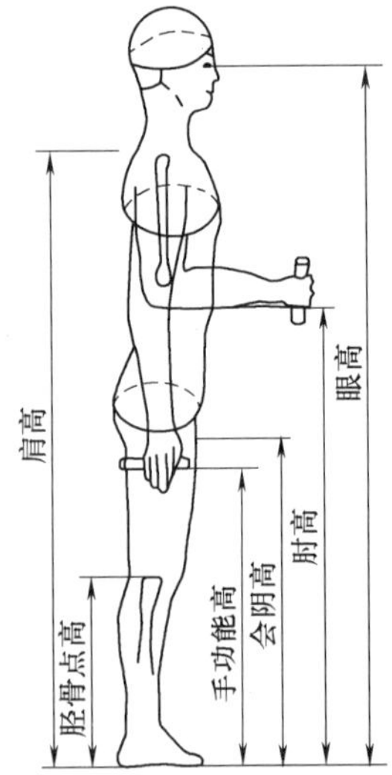

图 3-17　立姿人体尺寸

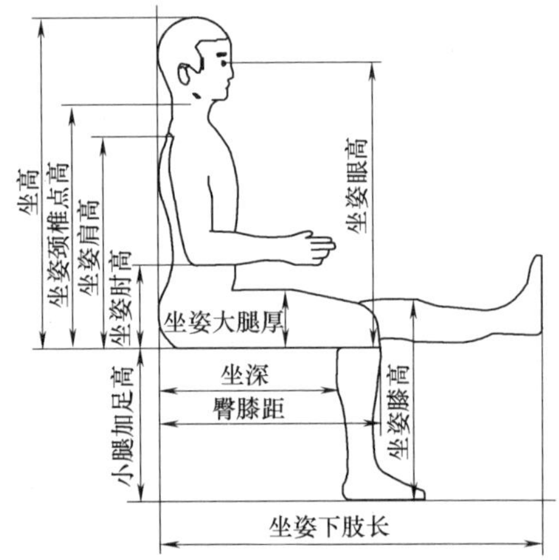

图 3-18　坐姿人体尺寸

表 3-4　　**坐姿人体尺寸**

百分位数	男(18～60 岁)							女(18～55 岁)						
	1	5	10	50	90	95	99	1	5	10	50	90	95	99
坐高/mm	836	858	870	908	947	958	979	789	809	819	855	891	901	920
坐姿颈椎点高/mm	599	615	624	657	691	701	719	563	579	587	617	648	657	675
坐姿眼高/mm	729	749	761	798	836	847	868	678	695	704	739	773	783	803
坐姿肩高/mm	539	557	566	598	631	641	659	504	518	526	556	585	594	609
坐姿肘高/mm	214	228	235	263	291	298	312	201	215	223	251	277	284	299
坐姿大腿厚/mm	103	112	116	130	146	151	160	107	113	117	130	146	151	160
坐姿膝高/mm	441	456	464	493	525	532	549	410	424	431	458	485	493	507
小腿加足高/mm	372	383	389	413	439	448	463	331	342	350	382	399	405	417
坐深/mm	407	421	429	457	486	494	510	388	401	408	433	461	469	485
臀膝距/mm	499	515	524	554	585	595	613	481	495	502	529	561	560	587
坐姿下肢长/mm	892	921	937	992	1046	1063	1096	826	851	865	912	960	975	1005

表 3-5　　**人体水平尺寸**

百分位数	男(18～60 岁)							女(18～55 岁)						
	1	5	10	50	90	95	99	1	5	10	50	90	95	99
胸宽/mm	242	253	259	280	307	315	331	219	233	239	260	289	299	319
胸厚/mm	176	186	191	212	237	245	261	159	170	176	199	230	239	260
肩宽/mm	330	344	351	375	397	403	415	304	320	328	351	371	377	387
最大肩宽/mm	383	398	405	431	460	469	486	347	363	371	397	428	438	458
臀宽/mm	273	282	288	306	327	334	346	275	290	296	317	340	346	360
坐姿臀宽/mm	284	295	300	321	347	355	369	295	310	318	344	374	382	400
坐姿两肘间宽/mm	353	371	381	422	473	489	518	326	348	360	404	460	478	509
胸围/mm	762	791	806	867	944	970	1018	717	745	760	825	919	949	1055
腰围/mm	620	650	665	735	859	895	960	622	659	680	772	904	950	1025
臀围/mm	780	805	820	875	948	970	1009	795	824	840	900	975	1000	1044

(3) 坐姿人体尺寸(见表 3-4)

包括坐高、坐姿颈椎点高、坐姿眼高、坐姿肩高、坐姿肘高、坐姿大腿厚、坐姿膝高、小腿加足高、坐深、臀膝距、坐姿下肢长共 11 项(如图 3-18)。

(4) 人体水平尺寸(见表 3-5)

包括胸宽、胸厚、肩宽、最大肩宽、臀宽、坐姿臀宽、坐姿两肘间宽、胸围、腰围、臀围共 10 项(见图 3-19)。

在使用 GB 10000—1988 表内人体尺寸数据时,应当注意两点:

① 该数据均为裸体测量的结果,在具体应用时,应根据不同地区、不同季节的着衣量适当补偿。

② 年代造成的差异 统计资料表明,近 20 年来世界各国人的平均身高逐年增加,标准 GB 10000—1988 是 1988 年前的测量数据,在使用时要考虑测量年代加以适当的修正。

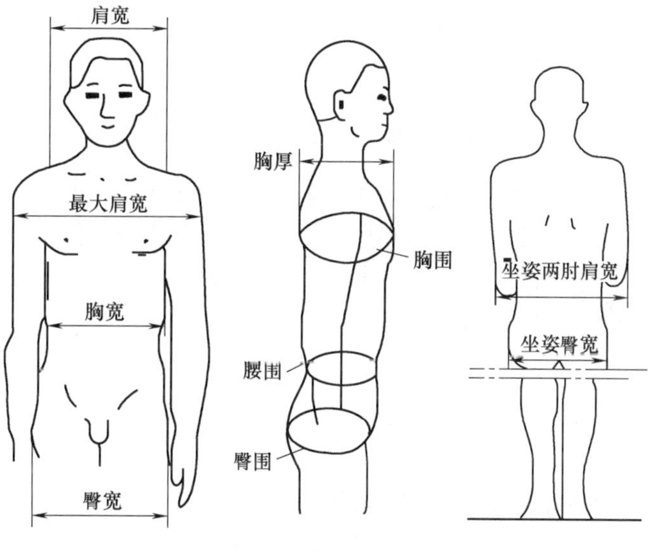

图 3-19 人体水平尺寸

3.4.2 人体功能尺寸

人体功能尺寸是指动态的人体尺寸,是人在进行某种功能活动时肢体所能达到的空间范围,它是在动态的人体状态下测得的数据。是由关节的活动、转动所产生的角度与肢体的长度协调产生的范围尺寸,它对于解决许多带有空间范围、位置的问题很有用。虽然结构尺寸对某些设计很有用处,但对于大多数的设计问题,功能尺寸可能更有广泛的用途,因为人总是在运动着,也就是说人体结构是一个活动可变的、而不是保持一定僵死不动的结构。在使用功能尺寸时强调的是在完成人体的活动时,人体各个部分是不可分的,不是独立工作的,而是协调动作。例如手所能达到的限度并不是手臂尺寸的唯一结果,它也部分受到肩的运动和躯体的旋转、背的弯曲等影响。因此,手臂功能尺寸大于其静态的结构尺寸。再如人所能通过的最小通道并不等于肩宽,因为人在向前运动中必须依赖肢体的运动。在过道宽度设计时,要考虑人走路摇摆的 5~6cm,至少要离墙壁 5cm,所以设计一个人走的过道宽约为 70cm。

图 3-20 所示，是根据结构尺寸和功能尺寸设计的驾驶室，图中：强调的是驾驶员与驾驶座位、方向盘、仪表等的物理距离；b 强调的是驾驶员身体各部位的动作关系。

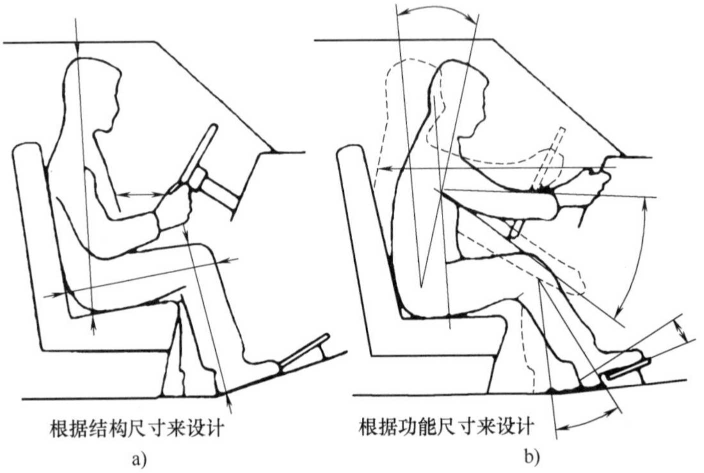

图 3-20 根据结构尺寸和功能尺寸设计的驾驶室

在设计中，对人体功能尺寸的了解和掌握是非常必要的，国家标准 GB/T 13547—1992（工作空间人体尺寸）提供了我国成年人立、坐、跪、卧、爬等作业姿势的功能尺寸（如图 3-21～图 3-23），适用于各种与人体尺寸相关的操作、维修、安全防护等工作空间的设计及其工效学评价。

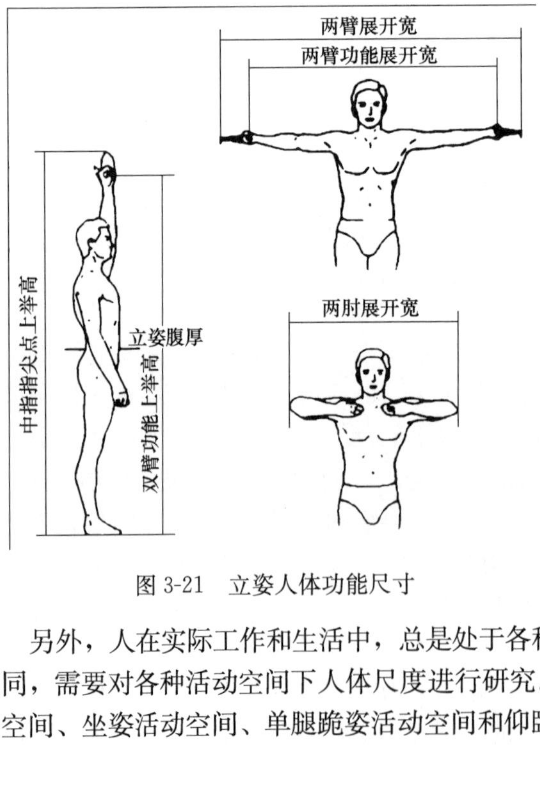

图 3-21 立姿人体功能尺寸

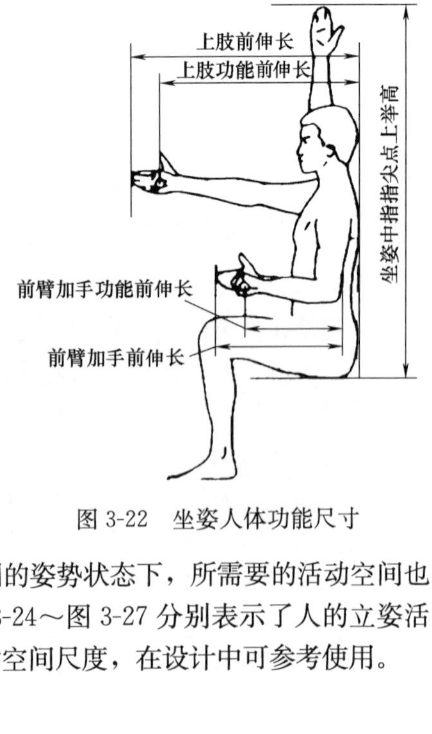

图 3-22 坐姿人体功能尺寸

另外，人在实际工作和生活中，总是处于各种不同的姿势状态下，所需要的活动空间也不同，需要对各种活动空间下人体尺度进行研究。图 3-24～图 3-27 分别表示了人的立姿活动空间、坐姿活动空间、单腿跪姿活动空间和仰卧活动空间尺度，在设计中可参考使用。

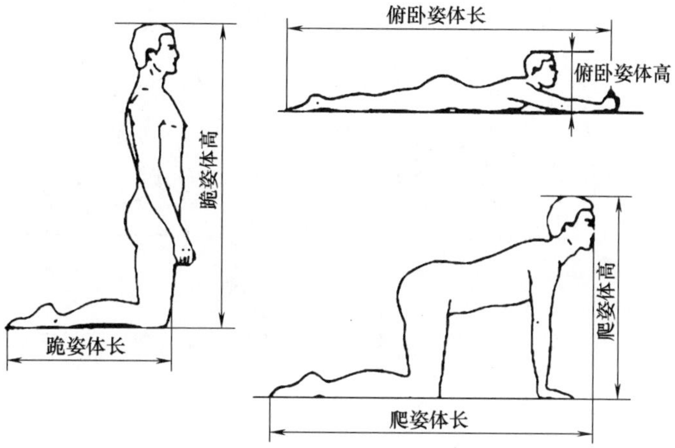

图 3-23 跪姿、俯卧姿、爬姿人体功能尺寸

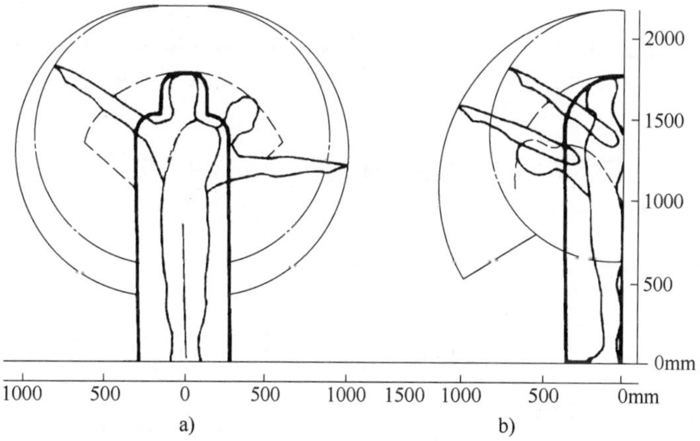

图 3-24 立姿活动空间（包括上身及手臂的可及范围，男子第 95 百分位）

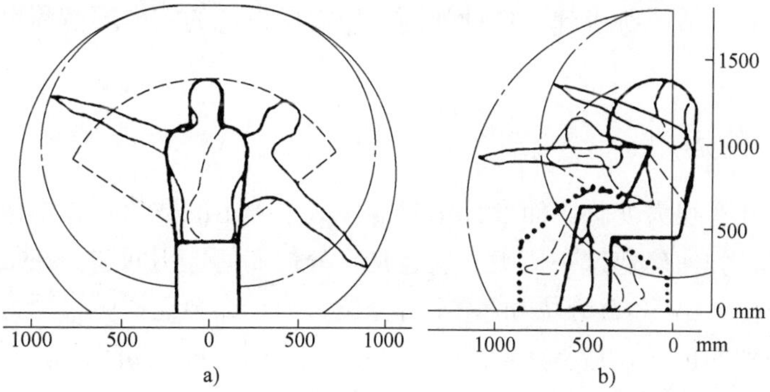

图 3-25 坐姿活动空间（包括上身、手臂和腿的活动范围，男子第 95 百分位）

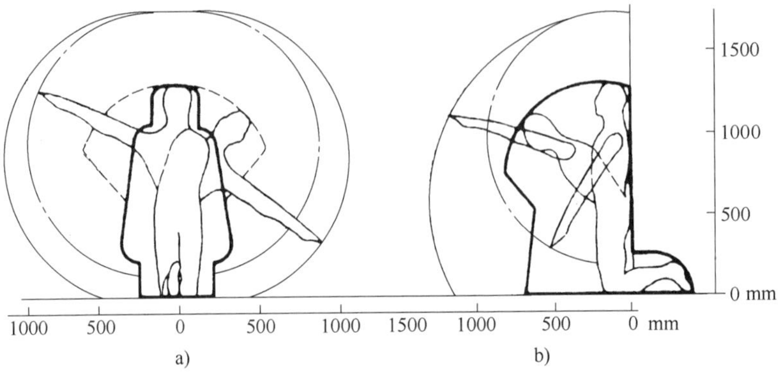

图 3-26 单腿跪姿活动空间（包括上身及手臂的活动范围，男子第 95 百分位）

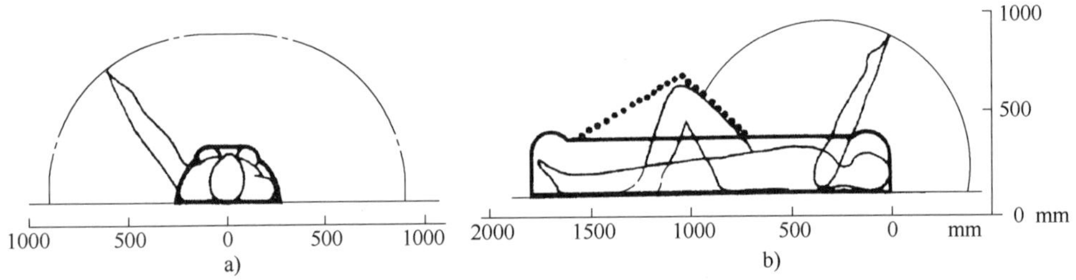

图 3-27 仰卧活动空间（包括手臂和腿的活动范围，男子第 95 百分位）

3.5 人体测量数据的选择与应用

有了完善的人体尺寸数据，还只是达到了第一步，而学会正确的使用这些数据才能说真正达到了人体工程学的目的。

3.5.1 数据的选择

选择适应设计对象的数据是很重要的，要清楚使用者的年龄、性别、职业和民族，包括我们在前述差异一节中所讲到的各种问题，使得所设计的室内环境和设施等适合使用对象的尺寸特征。

3.5.2 百分位的运用

由于人体尺寸有很大变化，而设计中只能用一个确定的数值，并不像人们一般理解的那样采用平均值，如何确定这一值呢？这就是百分位如何选用问题。在很多的数据表中只给出了第 5 百分位、第 50 百分位和第 95 百分位，为什么会这样呢，因为这三个数据是人们经常见到和用到的尺寸，最常用的是第 5 和第 95 百分位，一般不用 50 百分位，有人可能产生疑问，为什么不用平均值？我们可以举例说明：

例如，以第 50 百分位的身高尺寸来确定门的净高，这样设计的门会使 50％的人有碰头的危险。我们只能排除 0.1％的人，因为门的造价与门的高度关系不大。再比如：座位舒适的最重要的标准之一是使用者的脚要稳妥的踏在地板上，否则两腿会悬空挂着，大腿软组织会过分受压，双腿会因坐骨神经受压而导致麻木，假设小腿连脚的长度（包括鞋）的平均值是46cm，若以此为依据，则设计出的椅子会有50%的人脚踩不到地，妇女们的腿较短，使用它时会不合适。坐平面高度的尺寸不能使用平均值，而是要用较小的尺寸才合适。长腿的人坐矮椅子把腿伸出去就可以了。因此，平均值不是普遍适用的。

设计中选择合理的百分位很重要，我们应该根据设计内容和性质来选用合适的百分数据。以下几点原则可供参考：

① 最大原则　指家具产品的尺寸依据人体测量数据的最大值进行设计。容得下的距离，一般选用第95百分位的尺寸，如设计通行间距，对于95%的人能够通过的走道，而只有5%的人通行有困难，即大个子的人能够通行，对于小个子的人一定能够通行。

② 最小原则　够得着的距离，一般选用第5百分位的尺寸，如设计坐着或站着的功能高度，对于第5百分位的人够得着，则95%的人肯定够得着。如适合矮个子的椅面高度，对于第5百分位以上的人来说，只要将腿向前伸一点，也就可以了，而仅有5%的人可能脚够不着地。

③ 平均原则　目的不在于确定界限，而在于决定最佳范围时，以第50百分位人体尺寸为依据。如门铃、把手、电灯开关的高度，厨房设备高度等，这样既照顾矮个子的使用要求，也考虑高个子的需要。

④ 可调节原则　若确定百分位大小有一定困难，条件许可时，可增加一个调节尺寸，从而使大部分人的使用更合理和理想。例如采用升降椅子或可调节高度的搁板，用这些调节尺寸的措施来满足大多数人的使用要求。调节尺寸的大小是根据人体尺寸、工作性质和家具及设备的加工能力来决定的。

3.5.3 产品设计中百分位的选择

在产品设计中，百分位的选择方法是：先确定产品尺寸设计的类型，再选择采用的百分位数。国家标准《在产品设计中应用人体尺寸百分位数的通则》(GB/T 12985—1991)，将产品分为Ⅰ型、Ⅱ型、Ⅲ型三类，给出了相应的百分位选用参考。这些选用方法与前面分析的百分位选用原则是相对应的，在产品设计以外的室内外环境设计、公共设施设计、工作空间设计等同样适用。

(1) 产品设计中百分位的选择方法

①Ⅰ型产品（双限设计、可调节性设计）尺寸设计　若产品的尺寸需要调节才能适合不同身材者使用的，属于Ⅰ型产品。此类产品一般以一个大百分位数（95%或99%）和小百分位（5%或1%）的人体尺寸作为设计的依据。例如汽车驾驶员可调试座椅设计，可调节办公椅设计、腰带及落地式麦克风话筒高度设计等。

② ⅡA型产品尺寸设计（又称“大尺寸设计”）　若产品的尺寸只要适合大个子的需要，就肯定能适合身材小者的需要，就属于ⅡA型产品尺寸设计。此类产品，一般以大百分位数（95%或99%）作为设计的依据。例如：床的长、宽设计，过街天桥防护栏的高度设计，礼堂座位的宽度设计，屏风的高度设计等。

③ ⅡB型产品尺寸设计（又称“小尺寸设计”）　若产品的尺寸只要适合身材小者的需要，就肯定能适合大个子的需要，就属于ⅡB型产品尺寸设计。此类产品，一般以小百

分位数（5%或1%）作为设计的依据。例如：过街天桥防护栏的间距设计，电风扇罩子的间距，浴室上层衣柜的高度，阅览室上层书架的高度，公共汽车上踏步的高度等。

④ Ⅲ型产品尺寸设计（平均尺寸设计） 若产品尺寸与使用者的身材大小关系不大，或有一些关系，但要分别予以适应却有其他方面的种种不适宜，那就按中等身材者的需要，采用第50百分位数的人体尺寸作为产品尺寸设计的依据。例如：一般门上把手高度，公共场所休闲椅凳的高度，大多数文具的尺寸设计等。

（2）百分位选择与产品的满足度

设计Ⅰ型、Ⅱ型产品时，大百分位数有P_{90}、P_{95}、P_{99}，我们应该选用哪一个？小百分位数又该用P_{10}、P_5、P_1中的哪一个？说明这个问题以前，我们要先引进“满足度”这个概念，它是指产品尺寸所适合的使用人群占总使用人群的百分比。一般而言，产品设计希望达到较大的满足度，否则产品只适合少数人的使用，当然不符合设计的基本准则了，但必须明确的是，并非满足度越大越好，因为过大的满足度必然带来其他方面的不合理（如成本提高等）。例如：火车卧铺长度满足1900mm高的大个子需要，礼堂座位能让大胖子宽松就坐等，显然不合理。可见，合理的满足度受多种因素的影响，要综合考虑确定。基于合理的满足度，产品设计中选择人体尺寸百分位有如下一般原则：

① 一般产品，大小百分位数分别选用P_{95}或P_5，或酌情选用P_{90}或P_{10}。

② 对于涉及人的健康、安全的产品，大小百分位数分别选用P_{99}或P_1，或酌情选用P_{95}或P_5。

③ 成年男女通用的产品，大百分位数选用男性P_{90}、P_{95}、P_{99}，小百分位数选用女性P_{10}、P_5、P_1。

④ Ⅲ型产品设计选用男女P_{50}百分位数的平均值。

人体尺寸百分位数和选择产品满足度的关系见表3-6。

表3-6　人体尺寸百分位数和选择产品满足度

产品类型	产品性质	人体尺寸百分位数	满足度
Ⅰ型	涉及安全健康的产品 一般工业产品	上限值P_{99}，下限值P_1 上限值P_{95}，下限值P_5	98% 90%
ⅡA型	涉及安全健康的产品 一般工业产品	P_{99}或P_{95}（上限值） P_{90}（上限值）	99%或95% 90%
ⅡB型	涉及安全健康的产品 一般工业产品	P_1或P_5（下限值） P_{10}（下限值）	99%或95% 90%
Ⅲ型	一般工业产品	P_{50}	
男女通用 Ⅰ型Ⅱ型	各种产品	上限值P_{99}男 P_{95}男 P_{90}男 下限值P_1女 P_5女 P_{10}女	
男女通用 Ⅲ型	各种产品	（P_{50}男＋P_{50}女）/2	

3.6 室内设计中常用人体尺寸及应用

（1）身高（如图3-28）

身高是指人身体直立、眼睛向前平视时从地面到头顶的垂直距离。

应用：可用于确定通道和门的最小高度。在一般建筑规范规定中，门和门框高度都适用于 99%以上的人。同样，也可以用来确定人体上方的障碍物高度。

百分位选择：由于主要的功用是确定净空高，所以选用大百分位数据。

注意：使用时要注意穿鞋的修正量。

(2) 眼睛高度（如图 3-29）

眼睛高度是指人身体直立、眼睛向前平视时从地面到内眼角的垂直距离。

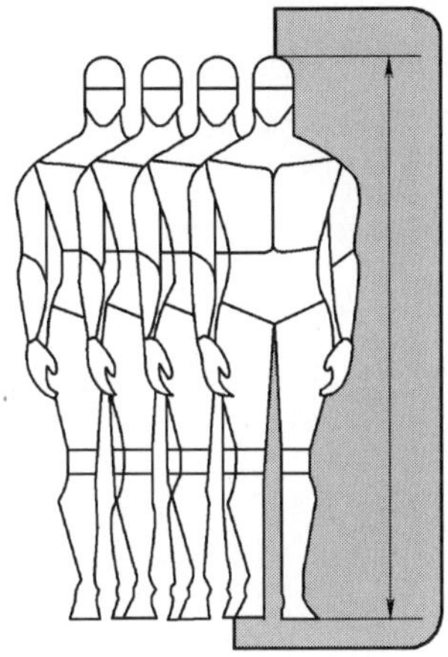

图 3-28 身高

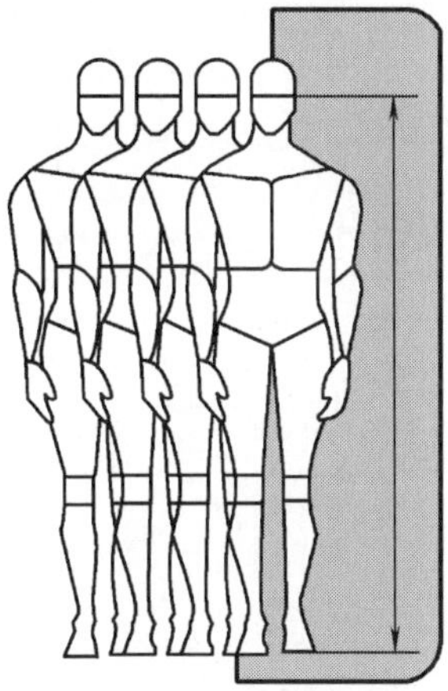

图 3-29 眼高

应用：可用于确定在剧院、礼堂、会议室等处人的视线，用于布置广告和其他展品，用于确定屏风和开敞式大办公室内隔断的高。

百分位选择：取决于使用场合的需要。例如：如果设计中的问题是决定隔断或屏风的高度，以保证隔断后面人的秘密性要求，那么隔离高度就与较高人的眼睛高度有关（应取第 95 百分位或更大）。反之，假如设计问题是允许人看到隔断里面，那么隔断高度应考虑较矮人的眼睛高度（应取第 5 百分位或更小）。

注意：立姿眼高一般不含有鞋跟的高度，故男子大约需加 2.5cm，女子大约需加 7.6cm。这些数据应该与脖子的弯曲和旋转情况以及视线角度资料结合使用，以确定不同状态、不同头部角度的视觉范围。

(3) 肘部高度（如图 3-30）

肘部高度是指从地面到人的前臂与上臂接合处可弯曲部分的距离。

应用：通常用于确定柜台、梳妆台、厨房案台、工作台以及其他站着使用的工作表面的舒适高度。通常，这些表面的高度都是凭经验估计或是根据传统做法确定的。然而，通过科学研究发现最舒适的高度是低于人的肘部高度 7.6cm。另外，休息平面的高度大约应该低于肘部高度 2.5～3.8cm。

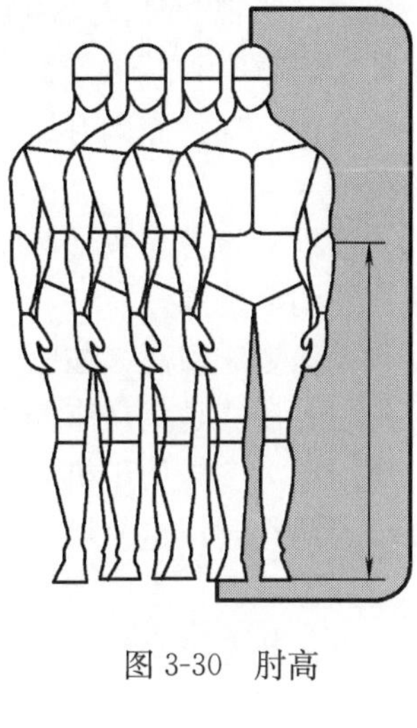

图 3-30 肘高

百分位选择：假定工作面高度确定为低于肘部高度约 7.6cm，那么从男子第 5 百分位数据到第 95 百分位数据这样一个范围都将适合中间的90%的男性使用者。考虑到第5百分位的女性肘部高度较低，这个范围的下限应取自女性第5百分位尺寸，才能对男女使用者都适应。

注意：确定上述高度时必须考虑活动的性质。

（4）挺直坐高（如图3-31）

挺直坐高是指人挺直坐着时，从座椅表面到头顶的垂直距离。

应用：用于确定座椅上方障碍物的允许高度。另外，确定办公室或其他场所的低隔断要用到这个尺寸，确定餐厅和酒吧里的火车座隔断也是适用的。

百分位选择：由于涉及间距问题，采用第95百分位的数据是比较合适的。

注意：座椅的倾斜、座椅软垫的弹性、衣服的厚度以及人坐下和站起来时的活动都是要考虑的重要因素。

（5）正常坐高（如图3-32）

正常坐高是指人放松坐着时，从座椅表面到头顶的垂直距离。

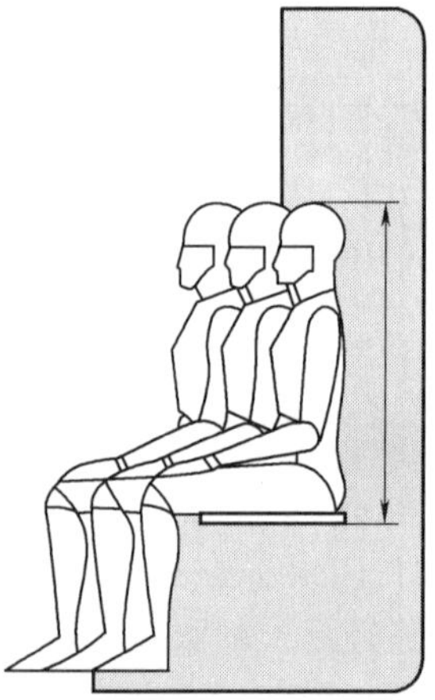

图3-31 挺直坐高

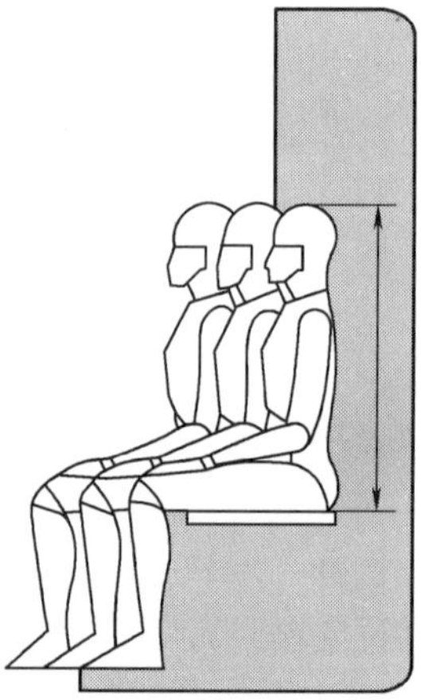

图3-32 正常坐高

（6）坐姿时眼睛高度（如图3-33）

坐姿时眼睛高度是指人的内眼角到座椅表面的垂直距离。

应用：当视线是设计问题的中心时，确定视线和最佳视区要用到这个尺寸，用于剧院、礼堂、教室和其他需要有良好视听条件的室内空间。

百分位选择：假如有适当的可调节性，就能适应从第5百分位到第95百分位或者更大的范围。

注意：应该考虑头部与眼睛的转动范围、座椅软垫的弹性、座椅面距地面的高度和可调座椅的调节范围。

（7）坐姿时肩高（如图3-34）

坐姿时肩高是指从座椅表面到脖子与肩峰之间的肩中部位置的垂直距离。

应用：大多数用于机动车辆中比较紧张的工作空间的设计中，在设计那些对视觉听觉有要求的空间时，这个尺寸有助于确定出妨碍视线的障碍物。

百分位选择：由于涉及间距问题，一般使用第95百分位的数据。

注意：要考虑座椅软垫的弹性。

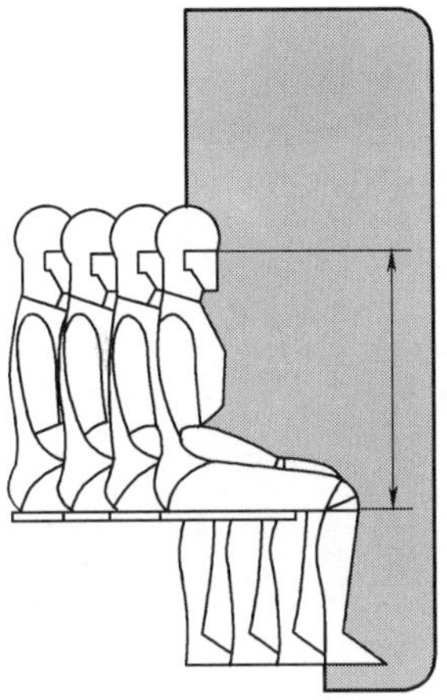
图 3-33 坐姿时眼睛高度

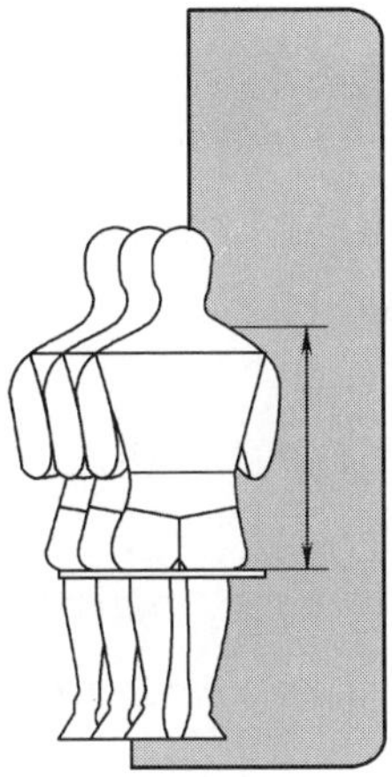
图 3-34 坐姿时肩高

(8) 肩宽（如图 3-35）

肩宽是指两个三角肌外侧的最大水平距离。

应用：肩宽数据可用于确定环绕桌子的座椅间距和影剧院、礼堂中的排椅座位间距，也可用于确定公用和专用空间的通道间距。

百分位选择：由于涉及间距问题，一般使用第 95 百分位的数据。

注意：使用这些数据要注意可能涉及的变化。要考虑衣服的厚度，对薄衣服要附加 7.9mm，对厚衣服要附加 7.6cm。还要注意，由于躯干和肩的活动，两肩之间所需的空间会加大。

(9) 两肘宽度（如图 3-36）

两肘宽度是指两肋屈曲、自然靠近身体、前臂平伸时两肋外侧面之间的水平距离。

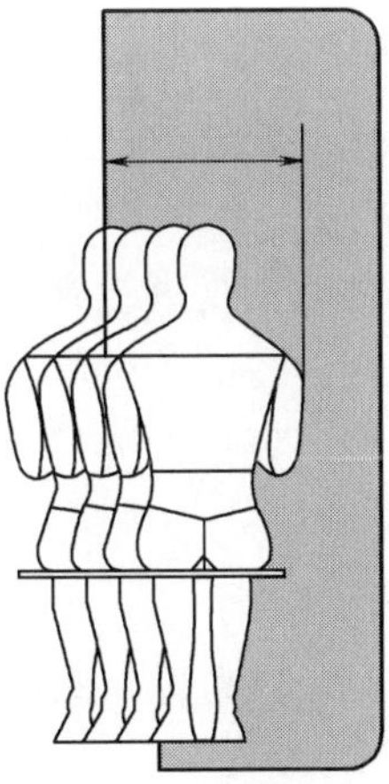
图 3-35 肩宽

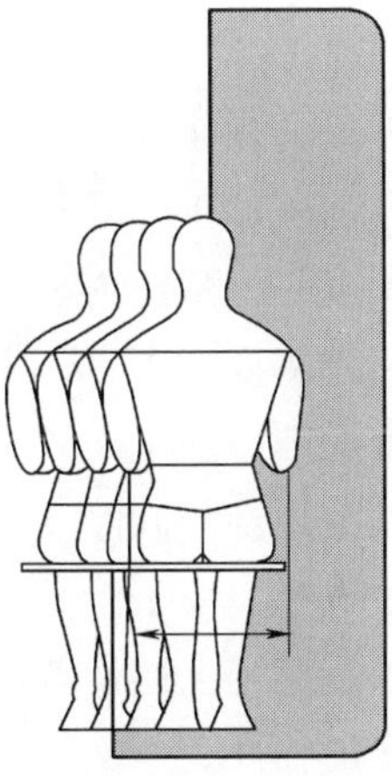
图 3-36 两肘宽度

应用：可用于确定会议桌、餐桌、柜台和牌桌周围座椅的位置。

百分位选择：由于涉及间距问题，一般使用第 95 百分位的数据。

注意：应该与肩宽尺寸结合使用。

(10) 臀部宽度（如图 3-37）

臀部宽度是指臀部最宽部分的水平尺寸。

应用：这些数据对于确定座椅内侧尺寸和设计酒吧、柜台和办公座椅极为有用。

百分位选择：由于涉及间距问题，一般使用第 95 百分位的数据。

注意：根据具体条件，与两肘之间宽度和肩宽结合使用。

(11) 肘部平放高度（如图 3-38）

肘部平放高度是指从座椅表面到肘部尖端的垂直距离。

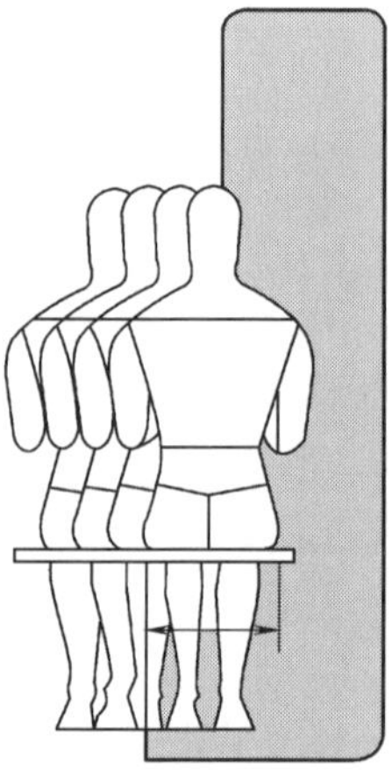

图 3-37 臀部宽度

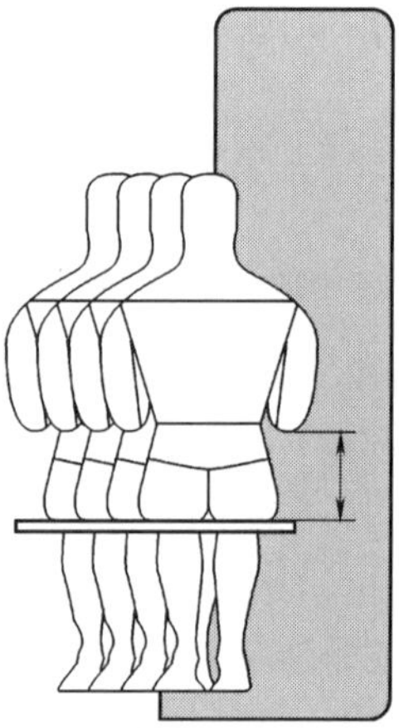

图 3-38 肘部平放高度

应用：与其他一些数据和考虑因素联系在一起，用于确定椅子扶手、工作台、书桌、餐桌和其他特殊设备的高度。

百分位选择：肘部平放高度既不涉及间距问题也不涉及伸手够物的问题，其目的只是能使手臂得到舒适的休息即可。选择第 50 百分位左右的数据是合理的。在许多情况下，这个高度在 14～27.9cm 之间，这样一个范围可以适合大部分使用者。

注意：座椅软垫的弹性、座椅表面的倾斜以及身体姿势都应予以注意。

(12) 大腿厚度（如图 3-39）

大腿厚度是指从座椅表面到大腿与腹部交接处的大腿端部之间的垂直距离。

应用：用来设计柜台、书桌、会议桌、家具及其他一些室内设备的关键尺寸，而这些设备都需要把腿放在工作面下面。特别是有直拉式抽屉的工作面，要使大腿与大腿上方的障碍物之间有适当的间隙。

百分位选择：由于涉及间距问题，应使用第 95 百分位的数据。

注意：在确定上述设备的尺寸时，其他一些因素也应该同时予以考虑，例如腿弯高度和座椅软垫的弹性。

(13) 膝盖高度（如图 3-40）

膝盖高度是指从地面到膝盖骨中点的垂直距离。

应用：确定从地面到书桌、餐桌和柜台底面距离的关键尺寸，尤其适用于使用者需要把大腿部分放在家具下面的场合。坐着的人与家具底面之间的靠近程度，决定了膝盖高度

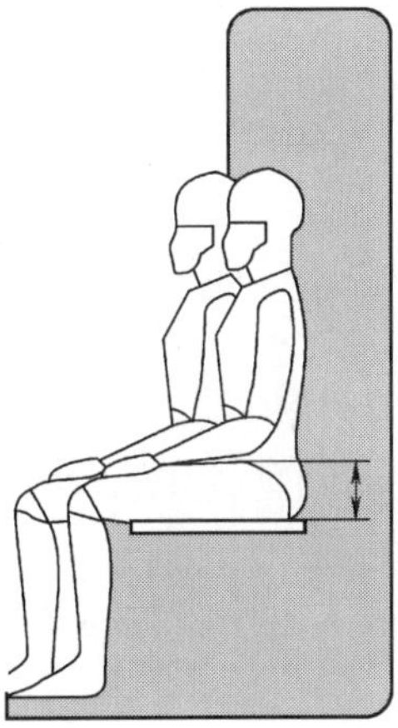

图 3-39 大腿厚度

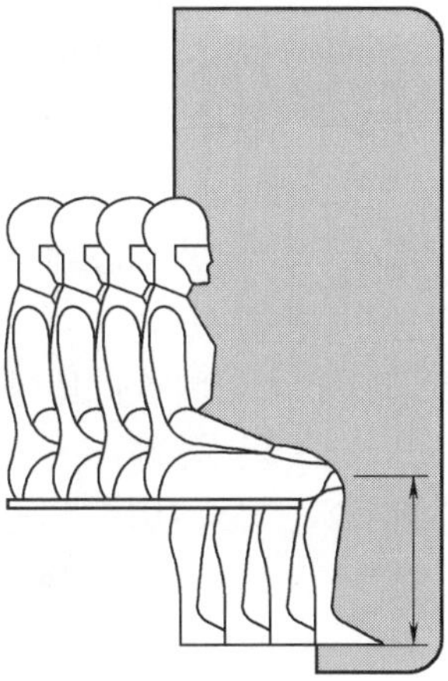

图 3-40 膝盖高度

和大腿厚度是否是关键尺寸。

百分位选择：要保证适当的间距，应选用第 95 百分位的数据。

注意：要同时考虑座椅高度和座垫的弹性。

（14）膝腘高度（如图 3-41）

膝腘高度是指人挺直身体坐着时，从地面到膝盖背后（腿弯）的垂直距离。测量时膝盖与髌骨垂直方向对正，赤裸的大腿底面与膝盖背面（腿弯）接触座椅表面。

应用：确定座椅面高度的关键尺寸，尤其对于确定座椅前缘的最大高度更为重要。

百分位选择：确定座椅高度，应选用第 5 百分位的数据，因为如果座椅太高，大腿受到压力会使人感到不舒服。

注意：选用这些数据时必须注意座垫的弹性。

（15）臀部—膝腿部长度（如图 3-42）

臀部—膝腿部长度是指由臀部最后面到小腿背面的水平距离。

应用：这个长度尺寸用于座椅的设计中，尤其适用于确定腿的位置、确定长凳和靠背椅等前面的垂直面以及确定椅面的长度。

图 3-41 膝腘高度

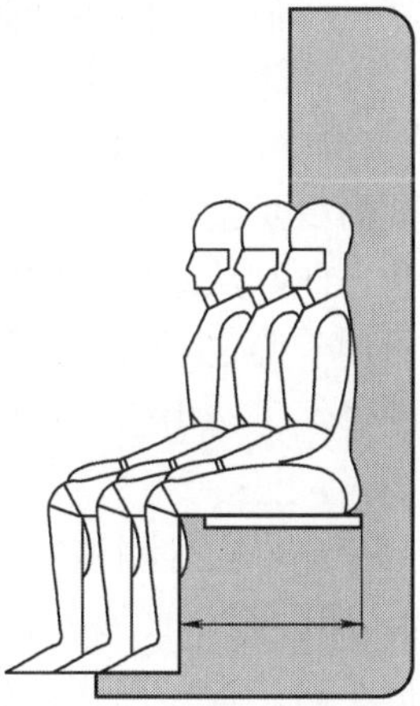

图 3-42 臀部—膝腿部长度

百分位选择：应该选用第 5 百分位的数据，这样能适应最多的使用者。

注意：要考虑椅面的倾斜度。

（16）臀部—膝盖长度（如图 3-43）

臀部—膝盖长度是指从臀部最后面到膝盖骨前面的水平距离。

应用：用于确定椅背到膝盖前方的障碍物之间的适当距离，例如用于影剧院、礼堂的固定排椅设计中。

百分位选择：由于涉及间距问题，应使用第 95 百分位的数据。

注意：这个长度比臀部—足尖长度要短，如果座椅前面的家具或其他室内设施没有放置足尖的空间，就应该使用臀部足尖长度。

（17）臀部—足尖长度（如图 3-44）

臀部—足尖长度是指从臀部最后面到脚趾尖端的水平距离。

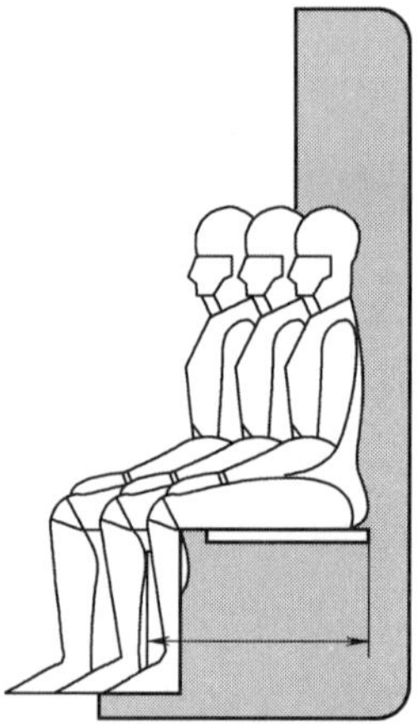

图 3-43 臀部—膝盖长度

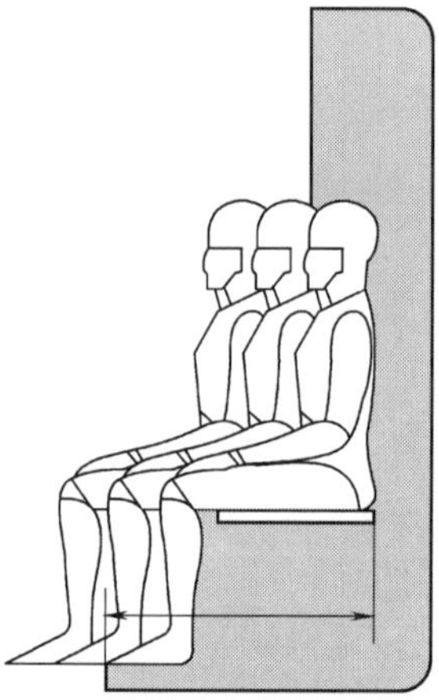

图 3-44 臀部—足尖长度

应用：用于确定椅背到膝盖前方的障碍物之间的适当距离，例如用于影剧院、礼堂的固定排椅设计中。

百分位选择：由于涉及间距问题，应使用第 95 百分位的数据。

注意：如果座椅前方的家具或其他室内设施有放脚的空间，而且间隔要求比较重要，就可以使用臀部—膝盖长度来确定合适的间距。

（18）垂直手握高度（如图 3-45）

垂直手握高度是指人站立、手握横杆，然后使横杆上升到不使人感到不舒服或拉得过紧的限度为止，此时从地面到横杆顶部的垂直距离。

应用：可用于确定开关、控制器、拉杆、把手、书架以及衣帽架等的最大高度。

百分位选择：可选用第 5 百分位的数据是合理的，这样可以同时适应小个子人和大个子人。

注意：尺寸是不穿鞋测量的，使用时要给予适当地补偿。

（19）侧向手握距离（如图 3-46）

侧向手握距离是指人直立、右手侧向平伸握住横杆，一直伸展到没有感到不舒服或拉得过紧的位置，这时从人体中线到横杆外侧面的水平距离。

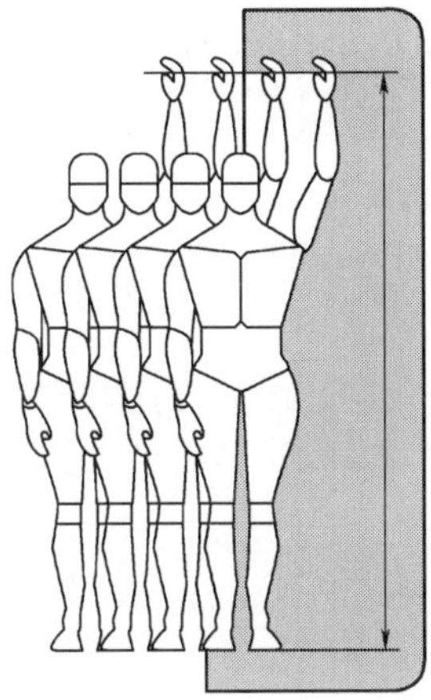

图 3-45 垂直手握高度

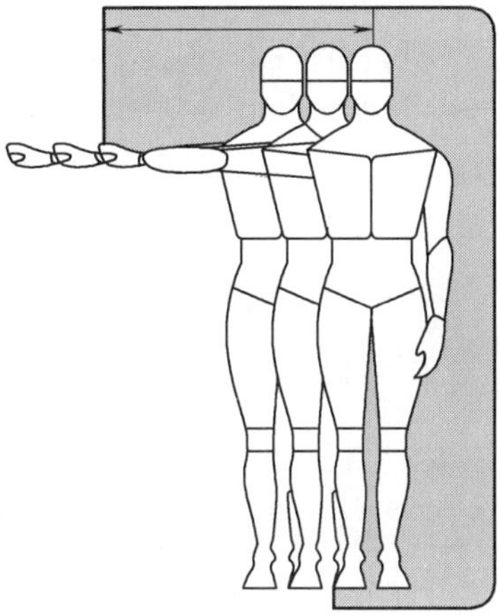

图 3-46 侧向手握距离

应用：有助于设备设计人员确定控制开关等装置的位置。

百分位选择：选用第 5 百分位的数据可以适用于大多数人。

注意：如果涉及的活动需要使用专门的手动装置、手套或其他某种特殊设备，这些都会延长使用者的一般手握距离，对于这个延长量应予以考虑。

(20) 向前手握距离（如图 3-47）

这个距离是指人肩膀靠墙直立，手臂向前平伸，食指与拇指尖接触，这时从墙到拇指梢的水平距离。

应用：有时人们需要越过某种障碍物去够一个物体或者操纵设备，这些数据可用来确定障碍物的最大尺寸，如在工作台上方安装搁板或在办公室工作桌前面的低隔断上安装小柜。

百分位选择：选用第 5 百分位的数据可以适用于大多数人。

注意：要考虑操作和工作的特点。

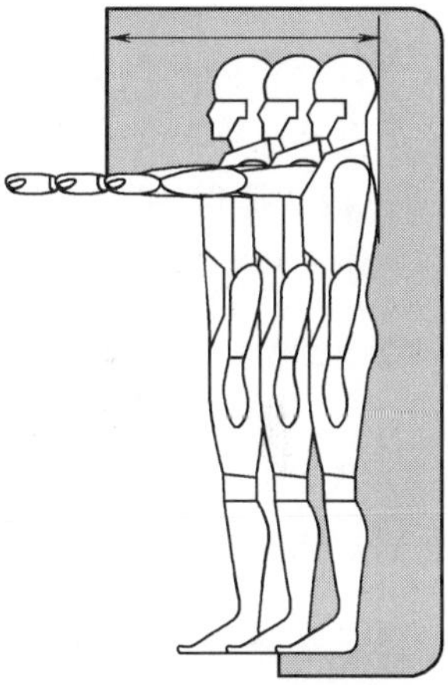

图 3-47 向前手握距离

3.7 产品功能尺寸的设定

3.7.1 产品功能尺寸确定

(1) 功能修正量

包括穿着修正量、姿势修正量。

如着衣修正量：坐姿时的坐高、眼高、肩高、肘高加 6mm，胸厚加 10mm，臀膝距加 20mm。

穿鞋修正量：身高、眼高、肩高、肘高对男子加 25mm，对女子加 20mm。

姿势修正量：立姿时的身高、眼高等减 10mm；坐姿时的坐高、眼高减 44mm。

(2) 心理修正量

指为了消除空间压抑感、恐惧感或为了美观等心理因素而加的尺寸修正量。

(3) 产品功能尺寸的确定

产品最小功能尺寸＝人体设计界限值＋功能修正量

产品最佳功能尺寸＝人体设计界限值＋功能修正量＋心理修正量

其中人体设计界限值按不同类型产品的设计要求选用百分位。

3.7.2 案例分析

(1) 船舶层高设计

船舶的最低层高设计时，男子身高 P_{95} 为 1775，鞋跟高修正量为 25mm，高度最小余裕量为 90mm。所以，船的最低层高＝1775＋(25＋90)＝1890mm。

船舶的最佳层高设计时，男子身高 P_{95} 为 1775mm，鞋跟高修正量为 25mm，高度余裕量为 90mm，高度的心理修正量为 115mm。

所以，船的最佳层高＝1775＋(25＋90)＋115＝2005mm（约 2000mm)。

(2) 公共汽车扶手高度设计

设计计算公共汽车扶手横杆的高度，并对比“抓得住”与“不碰头”两个要求是否相容。如互不相容，如何解决?

① 按“抓得住”要求设计计算：

属于 IIB 型男女通用的产品设计（小尺寸设计）问题。横杆的高度为：

$$G_1 \leqslant J_{10女} + X_1$$

式中 G_1——由“抓得住”要求确定的横杆中心的高度；

$J_{10女}$——女子“上举功能高”的第 10 百分位数（查表）(男女公用，应取女子小百位数人体尺寸，不涉及安全问题，取 $P_{10女}$ 即可)；

X_1——女子穿鞋修正量，取 20mm；

代入公式得 $G_1 \leqslant 1766+20=1786$mm

② 按“不碰头”要求设计计算：

属于ⅡA 型男女通用的产品设计（大尺寸设计）问题。横杆的高度为：

$$G_2 \geqslant H_{99男} + X_2 + r$$

G_2——由“不碰头”要求确定的横杆中心的高度；

$H_{99男}$——男子身高的第 99 百分位数（查表）(男女公用，应取男子的大百分位数人体尺寸，涉及人身安全问题，故取 $P_{99男}$）查表得：1814mm；

X_2——男子穿鞋修正量，取 25mm；

r——横杆半径，取 15mm。

代入公式得 $G_2 \geqslant 1814+25+15=1854$mm

从以上可知 G_1 要求横杆中心高度低于 1786mm，G_2 又要求横杆中心高度高于 1854mm，两者不相容，因此要通过设计来想办法协调解决。但本问题很容易找到解决的办法：横杆还可以比 1854mm 再略高些，以确保更多高个子的安全。然后在横杆上每隔 0.5m 左右挂一软性物环，手环的高度还可以比 1786mm 再略低些，让更多的小个子抓得住。

作业与思考题

1. 人体测量学的定义、相关术语及人体测量的方法有哪些？
2. 百分位的选择运用一般应遵循哪几个原则？在产品设计中如何来选择百分位？
3. 结合生活与工作实际，分析室内常用人体尺寸的应用。
4. 产品功能尺寸是如何确定的？试分析计算日常生活中常用家具的基本功能尺寸。

4 人体工程学与室内空间设计

4.1 概述

近年来人们生活质量不断提高，“以人为本，绿化环保”这一理念得到更多的重视。人人都希望室内空间与家具能得到有效的利用，并在一定程度上诱导人们的室内行为和情感发挥，从而使有限的使用空间从功能和情感上发挥最大的作用。人体工程学在室内设计领域的应用越来越多，其主要作用在于通过对人的生理和心理的正确认识，了解人与空间的相互关系，使室内环境因素适应人类活动的需要。利用人体工程学在此领域的研究成果，可以使室内空间在尺度、色彩、光线、形状、布局等的设计上更符合人的使用要求，进而达到提高室内环境质量的目标。

4.1.1 室内空间分类

室内空间是人们从事工作、生活、娱乐等重要的活动场所，人们对室内生活空间或作业空间的要求不是一个固定的尺度，它必须能从生理、心理等诸方面满足人们的各种需求。当人们的心理空间要求受到限制时，就会产生不愉快的消极反应，低劣的工作环境也会降低人们的工作效率。根据人们对室内空间的不同需要，可将其分为三类：

（1）行为空间

满足人的行为活动所需要的空间，一般根据人体动态尺度和行为活动的范围考虑的空间。如通道、出入口等。如图 4-1 所示，为了能够顺利完成炊事活动，厨房的工作通道应留有足够的空间，如单用户厨房的工作通道应至少 107cm 宽，多用户时至少 122cm 宽。既可满足正常人的需要，还可以满足轮椅用户通行的空间需要。

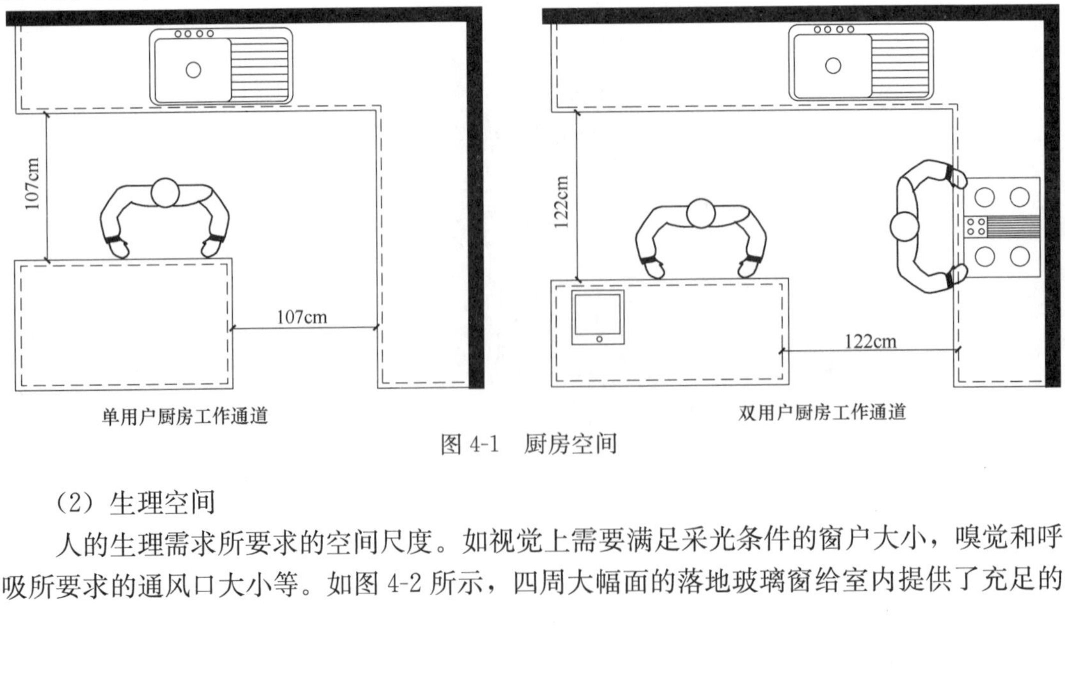

图 4-1　厨房空间

（2）生理空间

人的生理需求所要求的空间尺度。如视觉上需要满足采光条件的窗户大小，嗅觉和呼吸所要求的通风口大小等。如图 4-2 所示，四周大幅面的落地玻璃窗给室内提供了充足的光照，也使处于室内的人们可以欣赏到室外的美景，增强了室内外的交流，很好地满足了人们视觉上的空间要求。

图 4-2 满足视觉所需的窗户设计

（3）心理空间

满足人的心理需要的空间大小。包括亲密距离、个人距离、社交距离和公共距离等。不同功能空间所需的心理空间大小是不一样的。如图 4-3 是机场排队登机时的场景，人们紧挨着排队登机，这时所需要的心理空间较小。而在环境幽雅的咖啡厅或餐馆中就餐时，人们一般不愿与陌生人合用一个餐桌，此时心理空间要求则大些。

图 4-3 机场排队登机

图 4-4 落地玻璃对空间的分隔

实际应用中，行为空间、生理空间与心理空间是密不可分的，三种空间互相渗透，互相作用。如图 4-4 所示，落地玻璃隔断的使用，既限定了空间的功能分区，又在视觉上产生了空间的延伸感。

4.1.2 室内空间尺度

从人体工程学的角度来看，一个理想的作业空间设计，就是能最大限度地减少作业者的不便和不适，使作业都能方便、快捷、高效地完成。因此设计要以“人"为中心，以人在空间中的作业尺度和功能要求为主要依据。室内空间尺度主要由三部分组成：一是根据室内活动行为所确定的人体活动空间尺度；二是根据室内活动标准所确定的家具设备的空间尺度；三是根据活动者的行为心理要求所确定的空间尺度。以下是起居室、卧室、餐厅、厨房、卫生间、办公室、展览展示、视听空间等的空间尺寸，可供设计时参考。如图 4-5 至图 4-12。

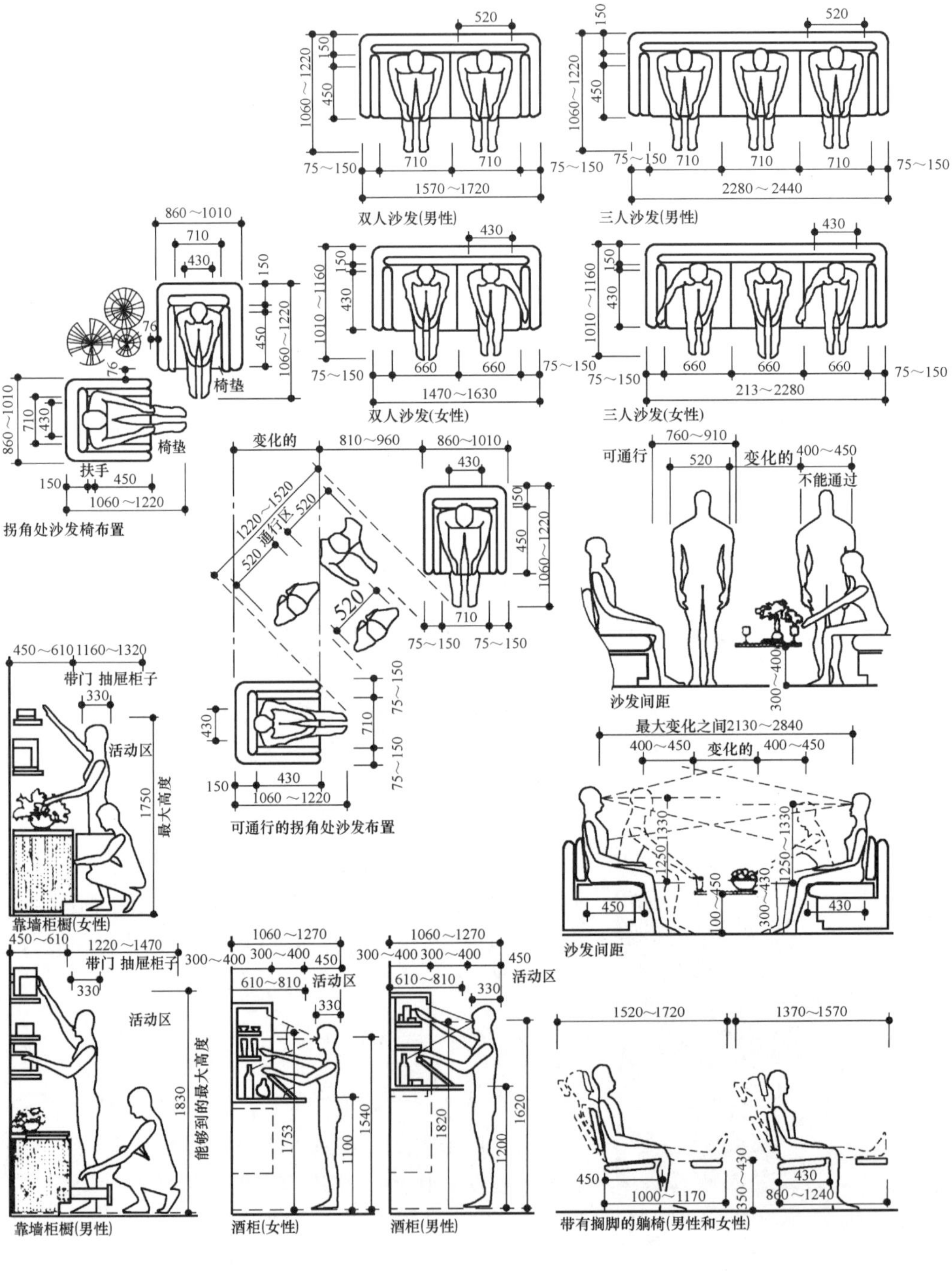

图 4-5　起居室常用人体尺度

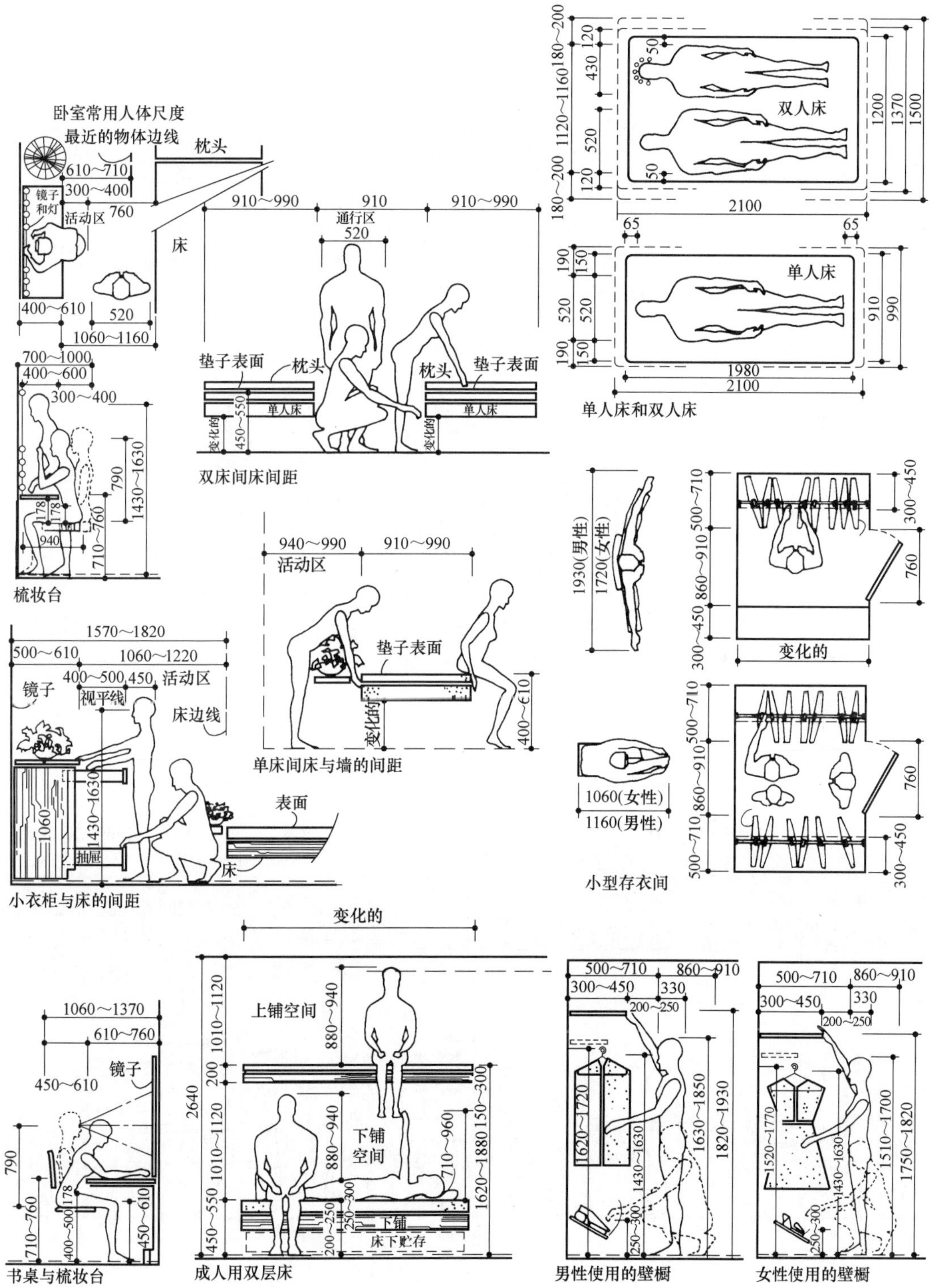

图 4-6 卧室常用人体尺度

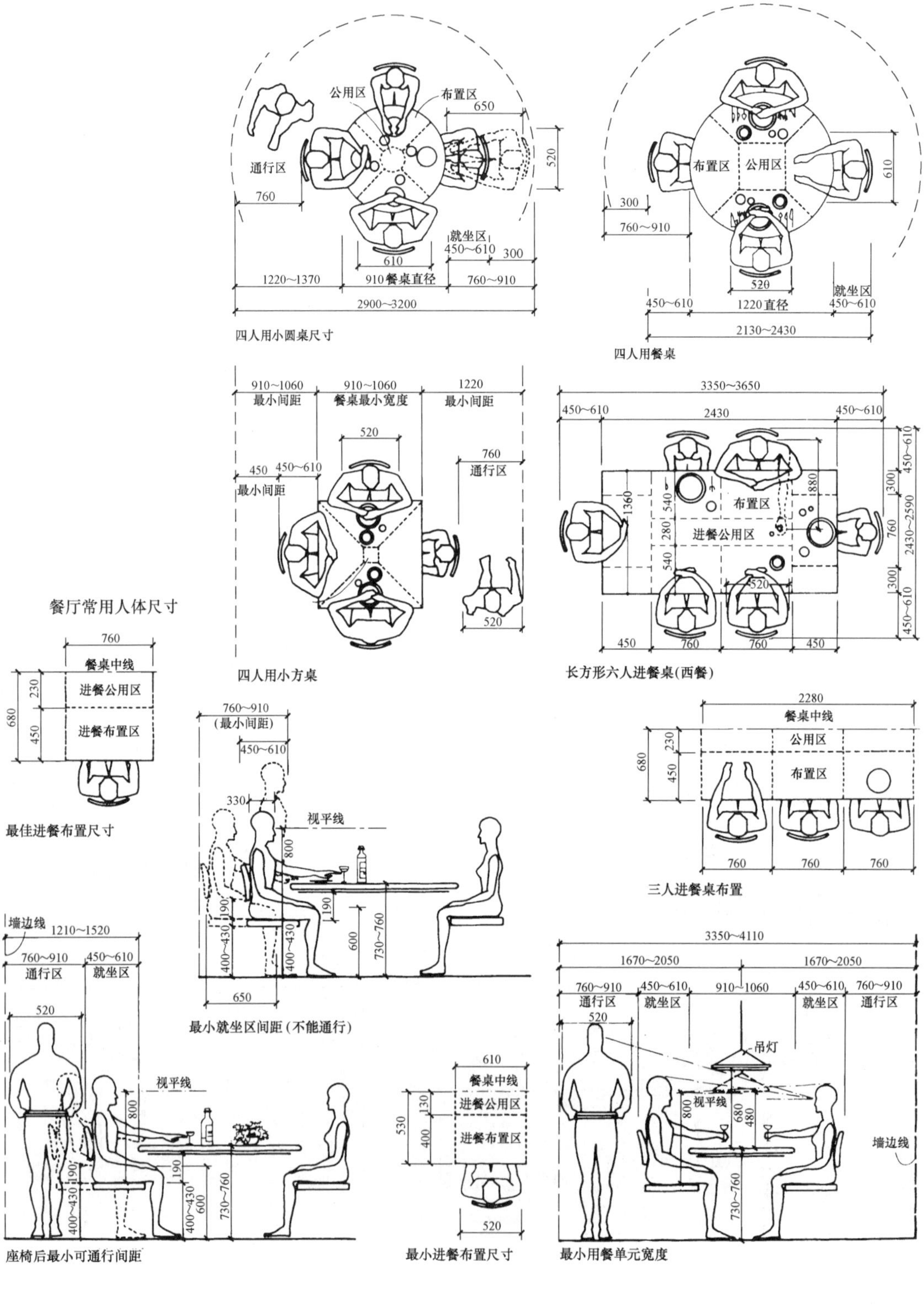

图 4-7 餐厅常用人体尺度

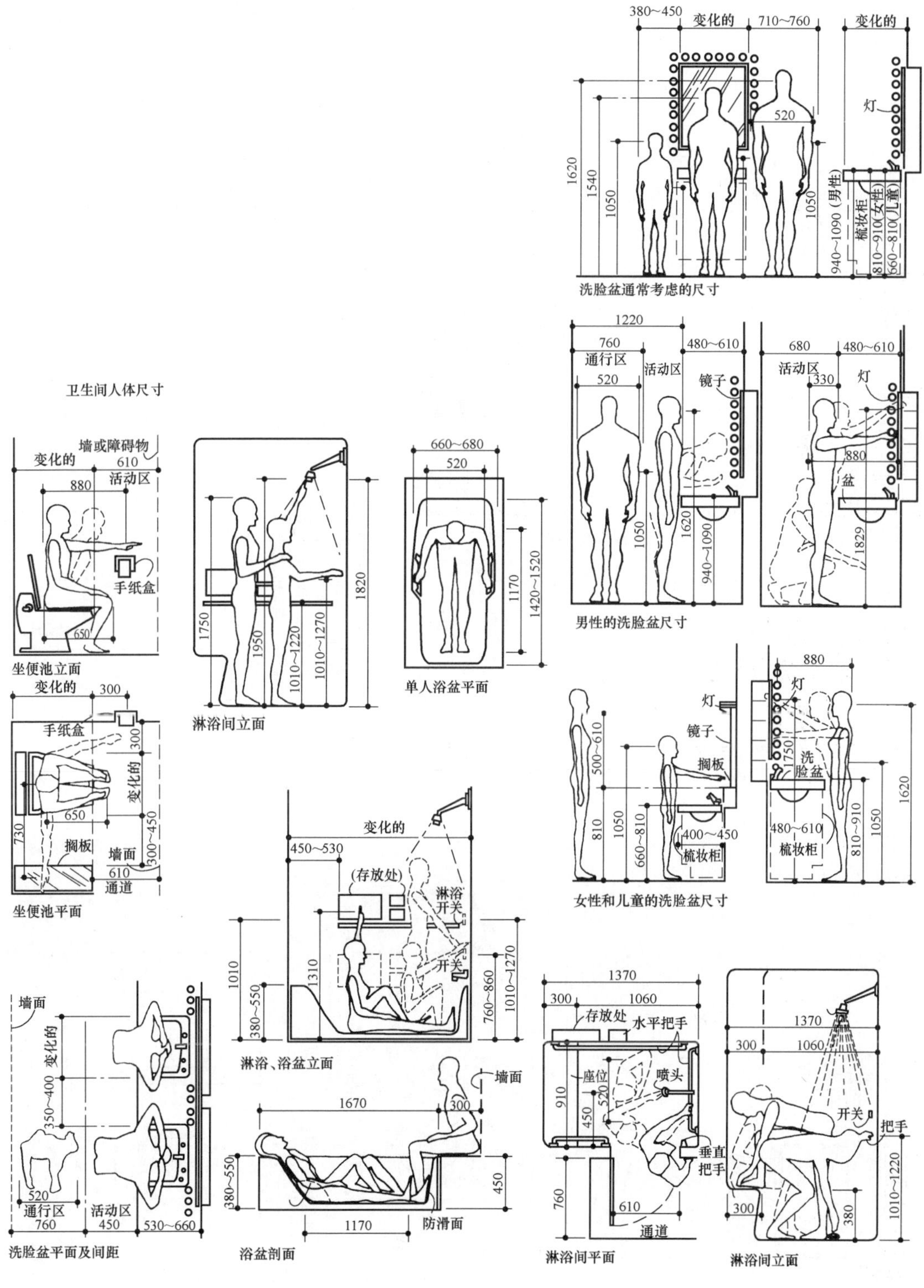

图 4-8 卫生间常用人体尺度

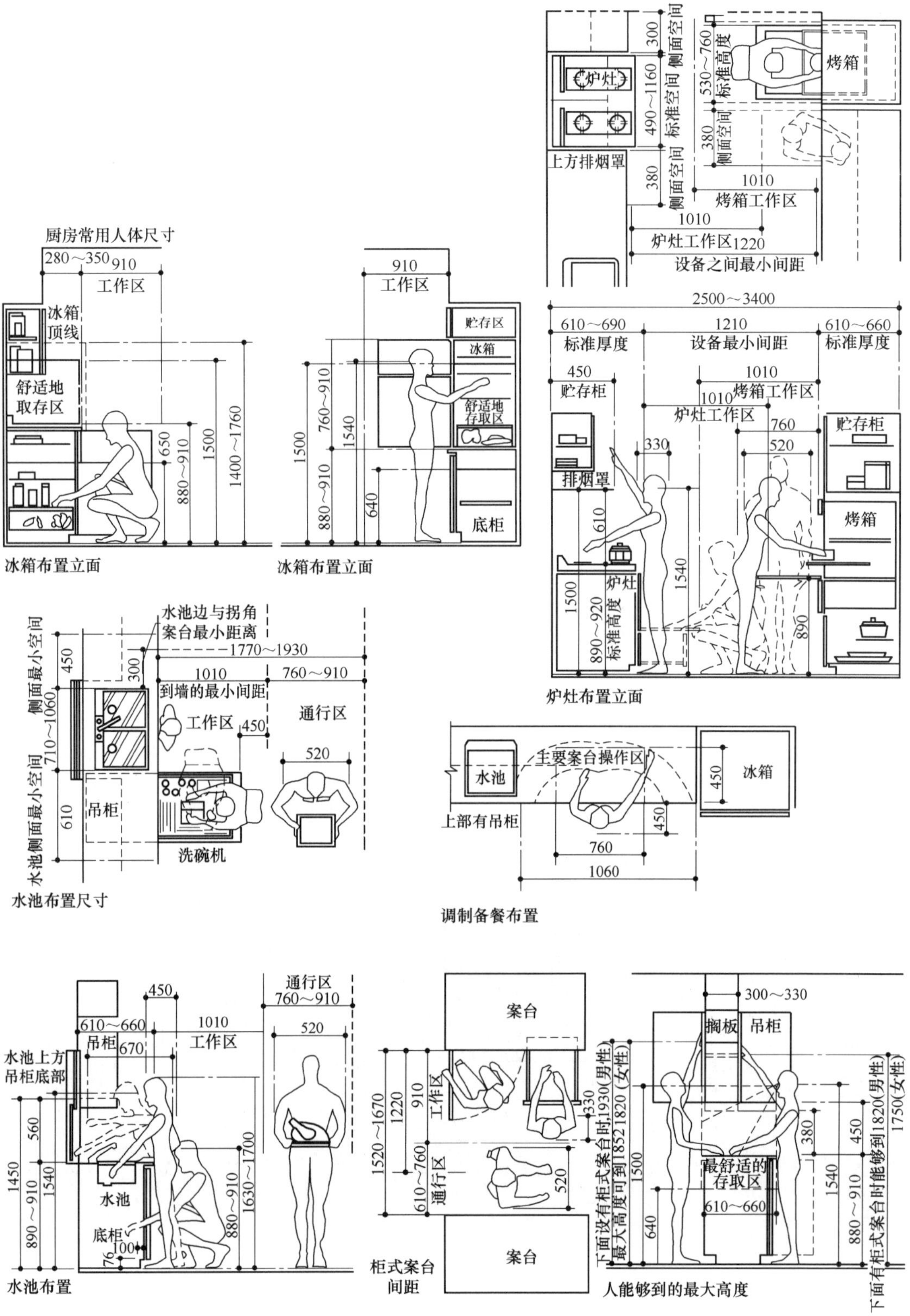

图 4-9　厨房常用人体尺度

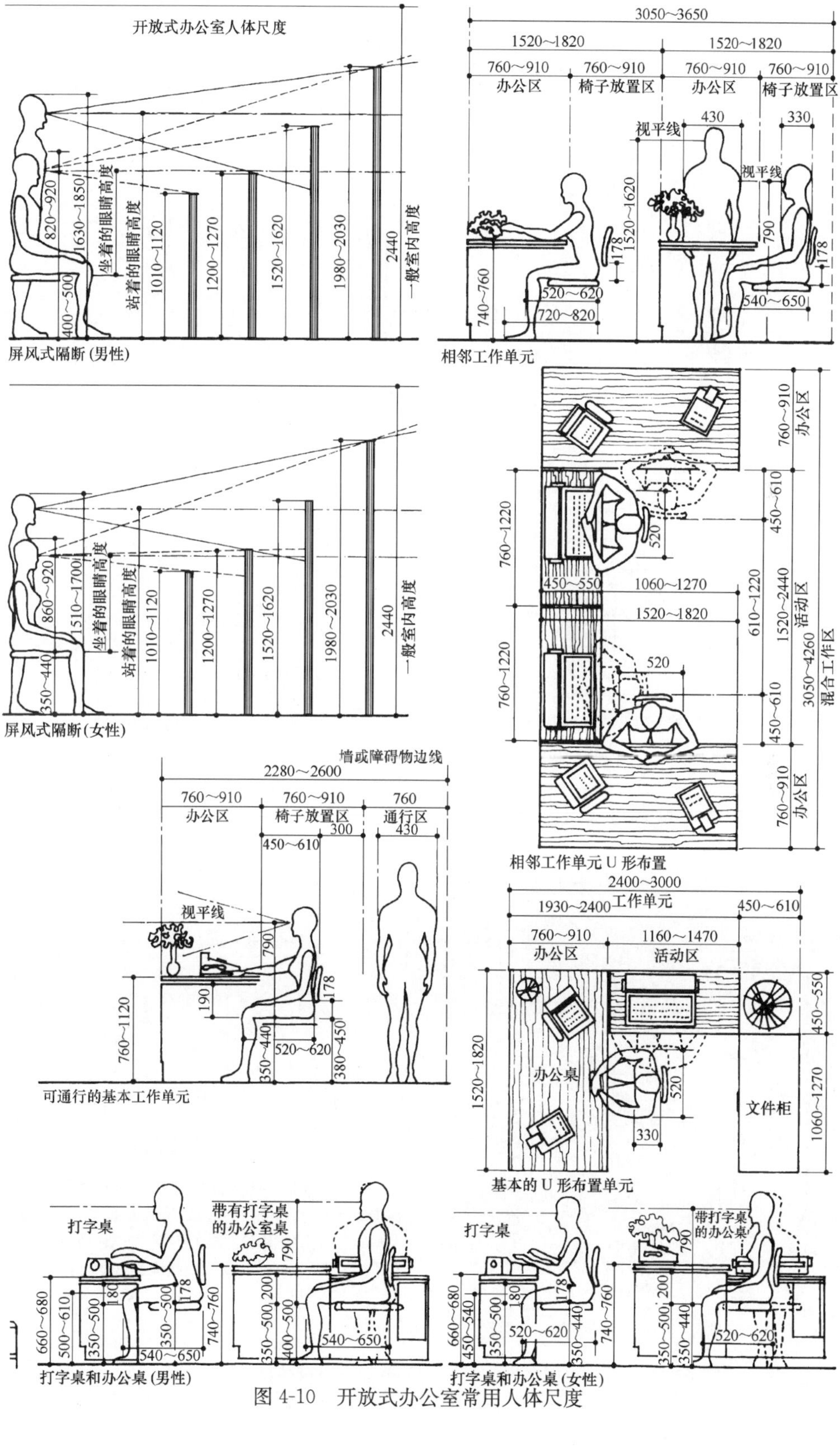

图 4-10 开放式办公室常用人体尺度

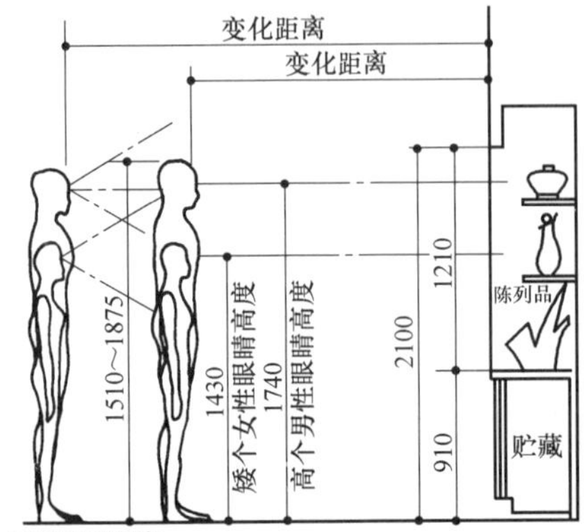

展柜陈列尺度

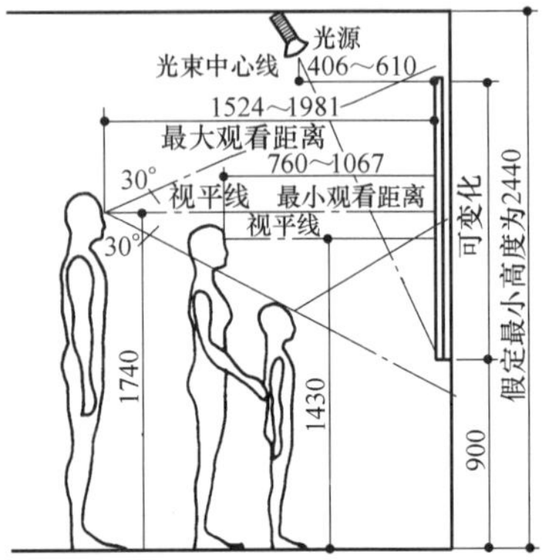

展板陈列尺度

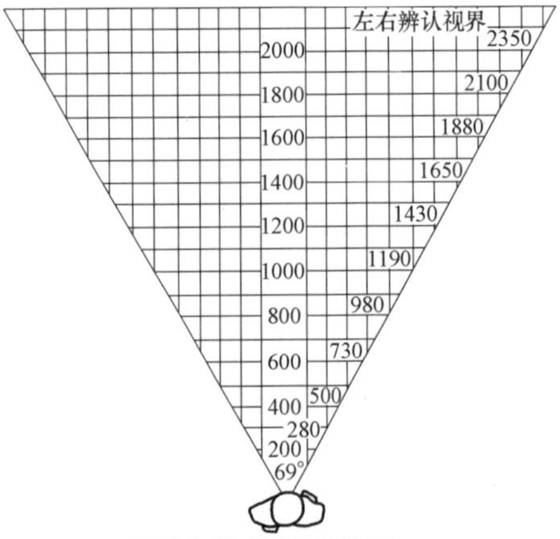

展品陈列与视野关系(水平)

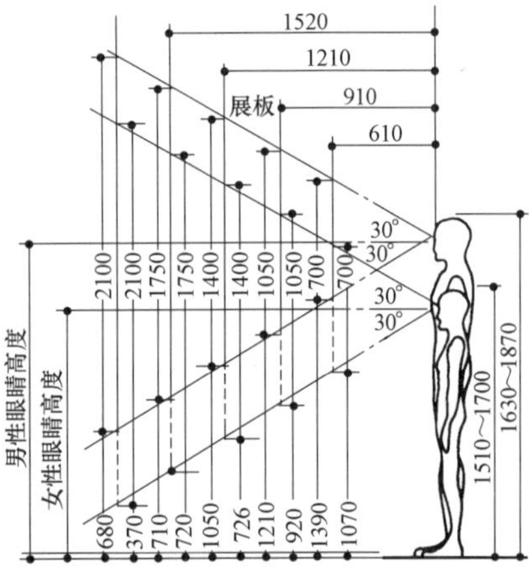

展品陈列与视野关系(垂直)

眼睛的视野

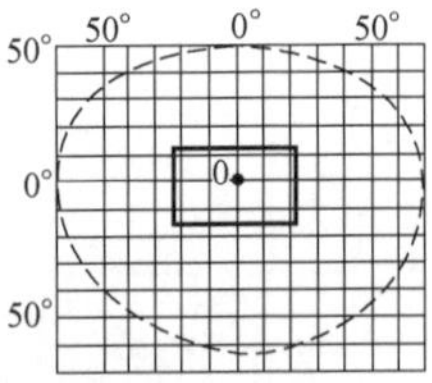

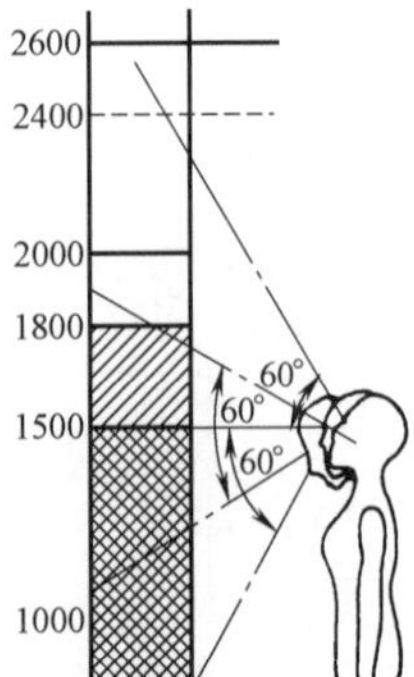

辨认视界

陈列品视距调查表

陈列品性质	陈列品高度D(mm)	视距H(mm)	D/H
图板	600	1000	1.6
	1000	1500	1.5
	1500	2000	1.3
	2000	2500	1.2
	3000	3000	1.0
	5000	4000	0.8
陈列立柜	1800	400	0.2
陈列平柜	1200	200	0.19
中型实物	2000	1000	0.5
大型实物	5000	2000	0.4

陈列位置尺度

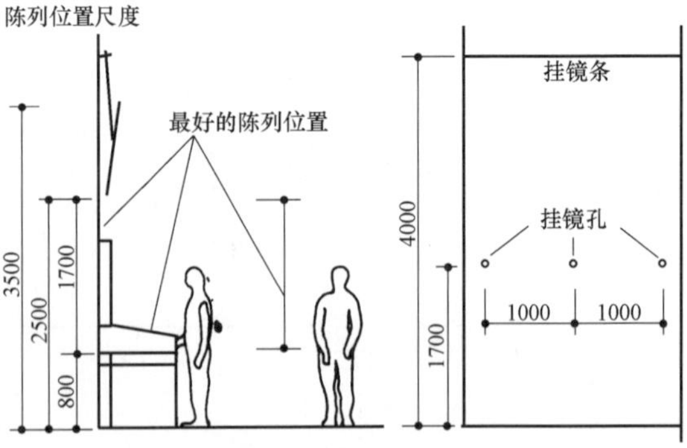

垂直面上的平面展品陈列地带一般由地面0.8m开始，高度为1.7m。高过陈列地带，即2.5m以上，通常只布置一些大型的美术作品(图画、照片)。小件或重要的展品，宜布置在观众视平线上(高1.4m左右)。挂镜条一般高度4m，挂镜孔高1.7m，间距1m。

图 4-11 展示空间常用人体尺度

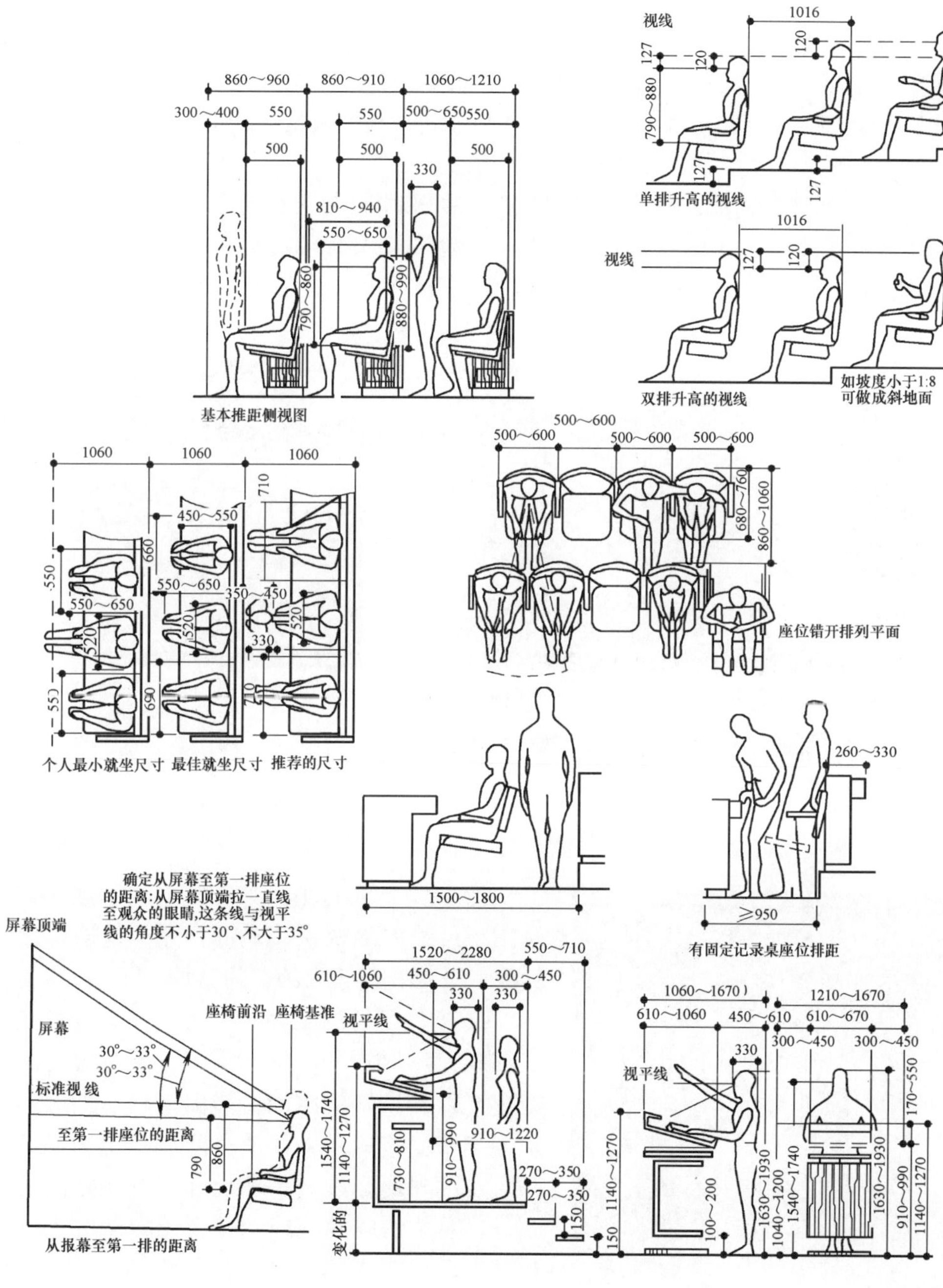

视听空间常用人体尺寸

图 4-12 视听空间常用人体尺度

4.1.3 生理与心理空间

人对室内空间的大小、方向、形状、深度、质地、冷暖、旷奥度等反应敏感，合理利用人对空间的视觉特征和心理感受，是室内设计成功与否的关键。

(1) 空间尺度的调节

对于一个相对固定的空间形态来说，不同的界面处理手法（线条、形状、光线、颜色和结构等）会产生不同的空间尺度感。设计师要利用人的视觉特性来对空间与界面进行设计与调节。下面是一些常用的室内空间调节方法：

① 形成大与小的对比　室内净高较低时，可采用较为矮小的家具、设备和装饰构件来衬托出较大的空间。如图 4-13，低矮的电视柜，使背景墙显得更高。再如图 4-14，空间中挺拔的棕榈树与座位区的高度形成了鲜明的对比，从而让人感觉就餐区空间比较开阔。

图 4-13　客厅背景墙大与小的对比

图 4-14　就餐区大与小的对比

图 4-15　阳光顶棚与墙面的延伸处理

② 局部划大为小　如在室内面积较小时，可选用小尺寸的地板拼装地面，并尽量多露出地板面积，以衬托出较大的空间感觉。

③ 空间延伸的处理　可将顶棚和墙壁交界处设计成圆弧形的平滑延伸状，通过对边界的模糊处理可以扩大知觉空间。如图 4-15，拱形的阳光顶棚与墙面连成一体，使空间显得更为高耸、开阔。也可利用开放式平面设计、空间之间的大型开口、对角的空间视线、宽阔无障碍的大窗户等让目光可以自由的延伸来扩大空间感。另外，也可运用镜子、极写实的静物画（三度空间可以使眼睛产生错觉）等来产生空间延伸的错觉。

④ 色彩和图案调节　色彩和图案会给人不同的物理和心理效应，从而起到调节空间的作用。

比如在小空间的设计中，从墙面到地面采用统一的色调，选用浅色系或冷色调的颜色，会让空间显得比实际的大。相反，在大空间里需用色彩的搭配来活跃和减少空间的空旷感。如图 4-16，在大面积使用浅色调的空间里，在茶几和沙发下放置一块红色地毯，会使整个空间显得紧凑而不冷漠。再如，大尺度的图案和花样会使人感觉空间缩小，反之，小尺度的图案和花样会感觉空间增大。在选用墙面壁纸、印花织物时一定要考虑花色的大小，小房间内应选用细小的花纹图案。

⑤ 线条的分隔调节　在同样的房间内，墙面用竖线条分隔会显得空间紧缩和高大；用水平线条划分会显得开阔和降低高度，当采用水平线条和垂直线条同时划分墙面时，所形成的方格比例也会对空间的总体比例产生“暗示”的作用，比如在卫生间贴瓷砖时采用长方形的瓷砖，横向贴具有开阔的感觉，竖向贴具有增高的感觉。如图 4-17，墙面使用横向条纹，可以产生空间的开阔感，但同时也会在视觉上产生高度压缩，如果在空间不高的情况下，不宜使用，容易让人产生低矮的感觉。

图 4-16　红色地毯对客厅空间尺度的调节

图 4-17　墙面采用横向条纹分隔对空间的调节

(2) 空间形式的心理知觉

空间形式就是室内空间各个界面限定的空间范围，不同的空间形式给人的感受是不相同的，之所以能够产生不同的心理作用，主要是因为它们各自的性格特征。

① 矩形空间　矩形空间很容易与建筑结构形式相协调，是一种最常见的空间形式。其平面具有较强的方向性，容易给人以稳定感，一般用于教室、卧室、办公室等室内空间。

② 圆拱形空间　常见的拱形空间有两种形态：一种是圆球形，底面为圆形，顶面也为圆弧形，给人以稳定的向心性、安全、集中的感觉；另一种是矩形平面拱形顶，该类型空间水平方向性较强，剖面的拱形顶具有向心流动的感觉，与正方形相比，更加丰满和圆润。

③ 自由形空间　平面、剖面、立面形式多变且不稳定，自由又复杂，具有移动的艺术感染力，没有规律可循，不易辨别方向，很容易让人产生神秘莫测、无所适从的感觉。常用于特殊的娱乐或艺术性较强的空间。如图 4-18，随意弧形的墙面设置，分隔出两个区域，活泼了空间，增强了空间的趣味感。

④ 折线形空间　折线形空间指的是平面为三角形、六边形或者是多边形的空间。三

角形空间其水平面为三角形，有扩张之势，立面上又有向上升腾之感，因此空间容易给人以向外扩散和向上升腾的感觉，空间具有一定的动感，容易给人以紧张感。如图4-19，多边形围合而成的空间，给人一种强烈的方向指示，水平面上有一种扩张的感觉，而在纵向上给人一种提升的感觉。

图4-18　弧形墙面围合而成的空间

图4-19　多边形围合而成的空间

（3）空间的旷奥度

空间旷奥度即空间的开放性与封闭性。室内空间的开敞程度与空间界面的开洞位置、大小和方向等直接相关。实践证明，长期在“封闭性”的空间里生活和工作，容易造成精神疲惫而让人感到压抑，体力和抗病能力也降低；相反，长期在宽敞通透的室内生活或工作，由于过多的受到干扰，失去应有的私密性，也会产生不良的心理感觉。因此，设计室内空间时要合理掌握空间的旷奥度。影响空间旷奥度的主要因素如下：

① 旷奥度随着虚实视觉界面的数量而变化，实的视觉界面（如顶棚、墙面、地面）的数量越多，则室内空间奥的程度越强，相反，则旷的程度越强。

② 在室内容积不变的情况下，减少顶面的面积（相对增加墙的高度），室内空间显得宽敞，反之显得压抑。

③ 在室内空间尺度不变的情况下，若改变顶棚的分格的大小，旷奥度也随之变化；另外，如果在顶棚或地面挖一个洞，形成上下空间的贯通，则室内显得宽敞。

④ 改变室内家具、陈设的数量或尺度也会改变空间的旷奥度，如减少家具等陈设，室内就显得宽敞。

⑤ 空间旷奥度还随着室内光线的照度大小，色彩的冷暖、界面质地的粗糙或光洁，室内温度高低等变化而变化。一般情况下，照度高、冷色调、质地光洁、温度偏冷，室内空间显得宽敞。

⑥ 当室内净高小于人在该空间的最大视野的垂直高度时，则空间显得压抑。当室内

宽度小于最大视野的水平宽度，则空间显得狭小。

（4）空间的安全感和亲切感

对于空旷的、边界模糊的空间，要想增加安全感和亲切感，可借用如下的方式：

① 利用实质或视觉的方式将空间分隔开来，沿着垂直于墙壁的方向放置家具，并且用作空间的隔断。

② 选择高低错落的家具，来阻断景观的延伸性。

③ 家具的配置强调区域性和围合性。

④ 选择体积厚重的家具放置在地上遮蔽地板，模糊地面的界线。

⑤ 利用对比强烈的颜色、织品和花样，来打破墙面与地板的延伸关系。

⑥ 以暖色和深色调来缩小或改变空间的尺度。

⑦ 运用厚质、粗糙的纤维来吸收声音，避免回声。

⑧ 尽量少用大片的镜面、石材和瓷砖。

⑨ 多选用木材和天然纹理的材料。

如图 4-20，用大量的织物、造型元素和色彩来增强空间的安全感和亲切感，玻璃隔断分隔空间的同时，视线上并没有隔绝，产生空间的通透和延伸感，顶棚的材质、造型和色彩与墙面和地毯相呼应，保证了空间元素的统一和完整性。

图 4-20 具亲切感的室内空间

4.2 人体工程学与居住空间的设计

居住空间设计是以满足人的物质和精神功能需求为主要目的，为人们提供安全、舒适、方便、愉快以及高质量的空间环境。如何营造一个品位高雅，让人身心放松的家居环境，是现代居住空间设计的一大课题，也是人体工程学研究的重要内容。家居活动主要表现为休息、起居、学习、饮食、家务、卫生、交通等，研究人在居住空间中的行为心理对室内设计具有重要的意义，下面就对居住空间的人体工程学作具体分析。

4.2.1 居住空间的规划

（1）居住行为空间秩序模式

人在居室内活动的行为是千变万化的，其活动程序也不能全部模拟。但我们可以用居住行为空间秩序模式来预测人们与空间关系较为密切的活动行为，这种模式是按照人的生活习性、活动特征等，将人在居室空间内的行为规律和行为特征用图表形式表达出来。

如图 4-21，这是一个居住空间关系，每一个圆圈表示一种功能空间，它可以是一个建筑实体，也可能是某种家具设备所构成的空间限定。它们之间的相对位置，也显示了户内生活功能的空间分布，它们之间连接的线，表示了两种功能关系密切的程度，可能是过道，也可能是一扇门或一个门洞。

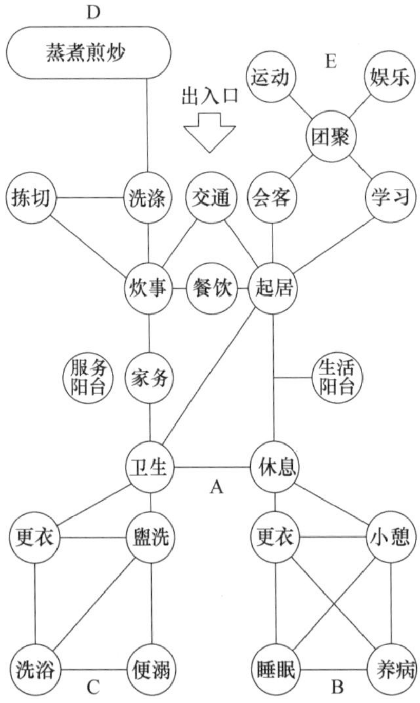

图 4-21　居室行为空间秩序模式图

图中 A 为居住行为总体空间秩序，表达的主要功能为起居、休息、家务、卫生四个部分的空间关系。从图中可以看出，休息和卫生为私密性空间，故处于尽端位置；起居和家务为开放性空间，故于通过式位置。由于居住标准的差异，居住行为的总体功能也有很大的差异。对于一般标准的住宅，交通和起居两部分可合为一体，成为一个小厅，或为一个通道。家务部分也只有一个从事食物加工的厨房，卫生部分只有一个供洗浴和便溺的卫生间，休息部分只有一个或两个卧室。在高标准住宅中，休息、卫生、家务、起居四个部分，又扩大为 B、C、D、E 四个部分，即为休息行为空间秩序模式、卫生行为空间秩序模式、家务行为空间秩序模式、起居行为空间秩序模式。扩大了休息空间，增加卧室数量；扩展了卫生空间，将盥洗与洗浴及便溺分开，成为独立的盥洗间和卫生间；扩大家务空间，成为厨房和杂务间；扩大了起居空间，成为客厅、书房、健身房及游艺室，此时的交通空间也将扩大为独立的门厅。

(2) 空间划分与流线组织

分析了人的居住行为空间秩序模式后，接下来我们要以此为依据对居住空间进行功能分区。居室功能是否合理，人们使用起来是否安全、舒适、高效，这取决于居室空间的功能划分。完整的居住空间应具备六大基本功能，即起居、饮食、洗浴、就寝、储藏、工作学习，这些功能根据其开放程度可以大体分为公、私两区；根据其活动特点可以分为动、静两区。

公共区：供起居、会客使用，如客厅、餐厅、门厅等。

私密区：供处理私人事务、睡眠、休息用，如卫生间、卧室、书房等。

动区：活动比较频繁，可以有较多的干扰源，如走廊、客厅、厨房等。

静区：要求安静，活动相对比较少，比如卧室、书房。

这些分区，各有明确的专门使用功能。在空间划分上，应明确处理各功能区的关系；在组织居室空间秩序上要符合人的行为特征和心理需求，使之使用合理而不相互干扰。

图 4-22 为住宅功能空间的组合关系，从图中我们可以看出，睡眠、学习要求静，睡眠又有私密性的要求，满足这些功能的房间或位置（如卧室、学习室或一个房间中的睡眠和学习的区域），应尽可能安排在室内空间的尽端位置，以不被室内活动穿越和干扰；而客厅和家务等开放性的空间则应当布置在居室中的通道位置，靠近门厅、门内走道等。此外，厨房应紧靠餐厅，卧室与浴厕间贴近，这样使用较为方便。

如图 4-23，为某住宅空间功能划分与流线组织图，该套户型面积约 140m^2，厨房、餐厅和客厅设置在进门的位置前端，卧室与书房设在空间的尽端，做到功能上的动静分区。

图中虚线代表的是空间的行为流线，在流线通过的位置上不宜放置物品，避免干扰居住者的行为动作。该住宅设置了两个卫生间，且洗浴空间与洗漱梳妆空间用隔断分开，既避免了全家人洗漱时的排队现象，又可保证卫生情况做到干湿分离。

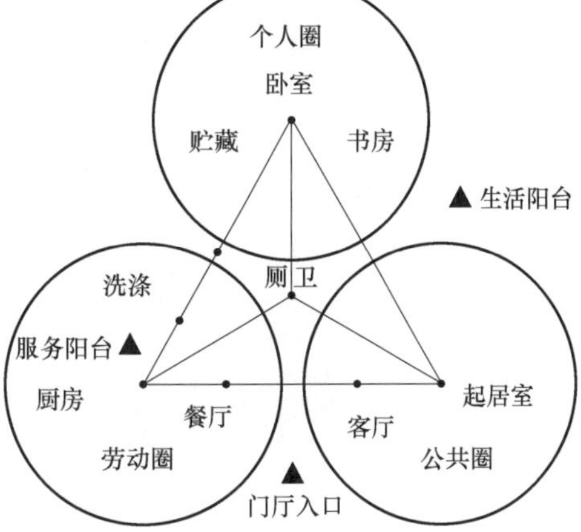

图 4-22 住宅功能空间的组合关系

（3）居住空间的平面布局

上面探讨了居住空间划分的一些基本规律，是我们进行家居平面布局的主要依据。但是现代人的生活方式日益多元化，比如卧室空间在功能上可以集休息、观赏、休闲等于一体，嵌在天花板上的电视可方便居住者躺在床上观看；厨房也不再是单纯烧饭做菜的地方，而渐渐成为人们享受美食、休闲娱乐、放松身心的场所。所以这种空间功能的模糊化和多样化与传统的居室空间平面布局截然不同，需要根据空间的建筑结构、使用者的心理特点和行为习惯等进行具体的细化和规划设计。图 4-24～图 4-26 是一些户型平面布局案例，供大家参考。

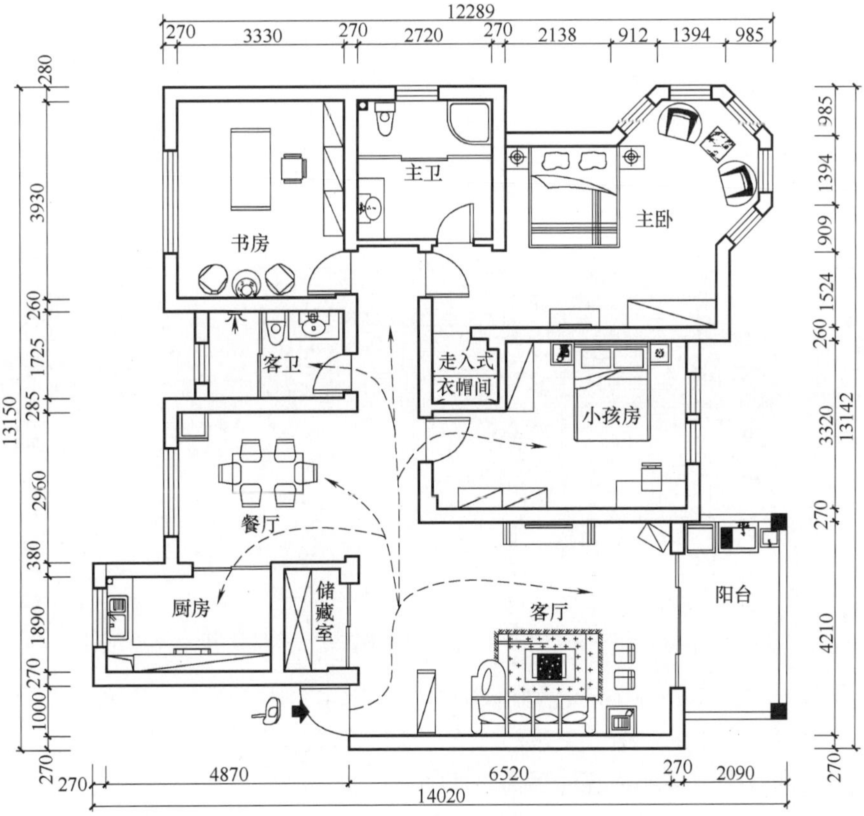

图 4-23 某住宅功能空间划分与流线组织平面图（单位：mm）

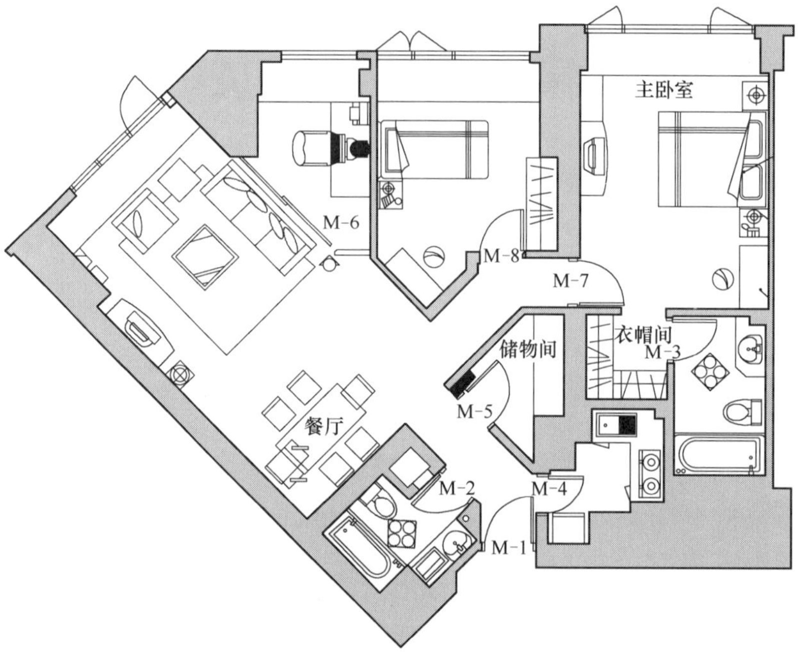

图 4-24 某户型平面布局（案例一）

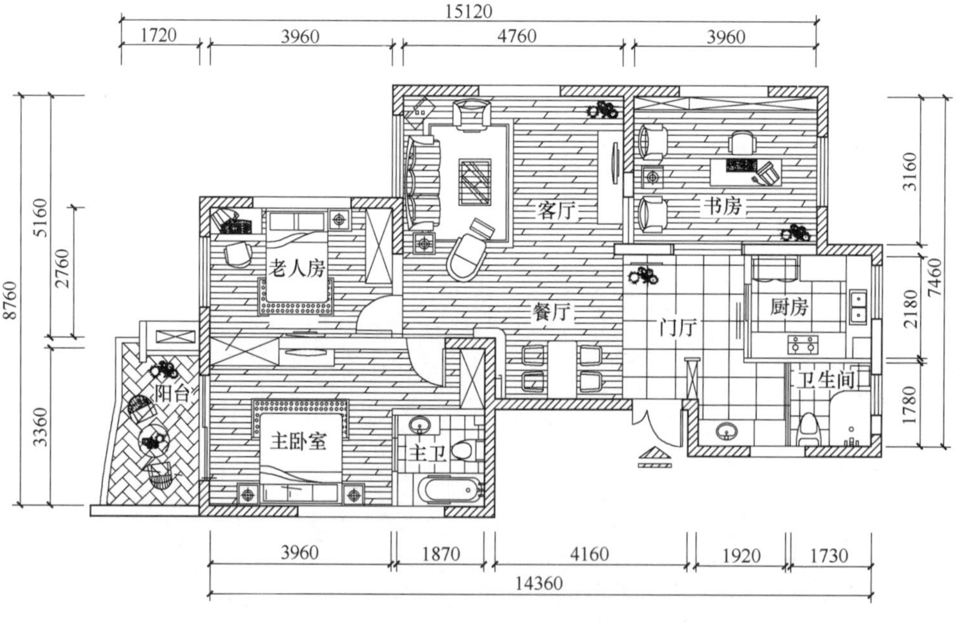

图 4-25 某户型平面布局（案例二）（单位：mm）

如图 4-24，该户型是一个不规则的小户型，空间布局较合理和流畅。入口处储藏间的设计，形成了一个小的过道，使进门往客厅走的流线明确，同时使起居室相对独立，达到了动静分区的效果。另外，客厅后面书房的设计较巧妙，不仅使客厅成为一个完整的规则形状，而且把后面的不规则小空间利用起来成为一个小的书写区域。不足之处，厨房到餐厅的距离有点远，不符合方便性原则。

如图 4-25，该户型以左右的分区来限定空间的功能分区，门厅与卫生间之间用鞋柜作为隔断，既分隔了空间又达到功能的使用要求。根据户型特点，整个空间布局合理，交通流线较通畅。主卧外设计了休闲阳台，满足了主人休闲、放松的需要。

如图 4-26，该户型总体布局较为合理，入口位置极为开敞，客厅与餐厅之间设置一个隔断，既可作为电视背景墙又可作为空间分隔的屏障，使空间通而不透。整个布局交通流线明确、通畅，但在门厅与餐厅、客厅之间没有视线阻隔的设计，让室内的人与刚进入户门的人没有一个缓和的时间，容易产生瞬间的尴尬。

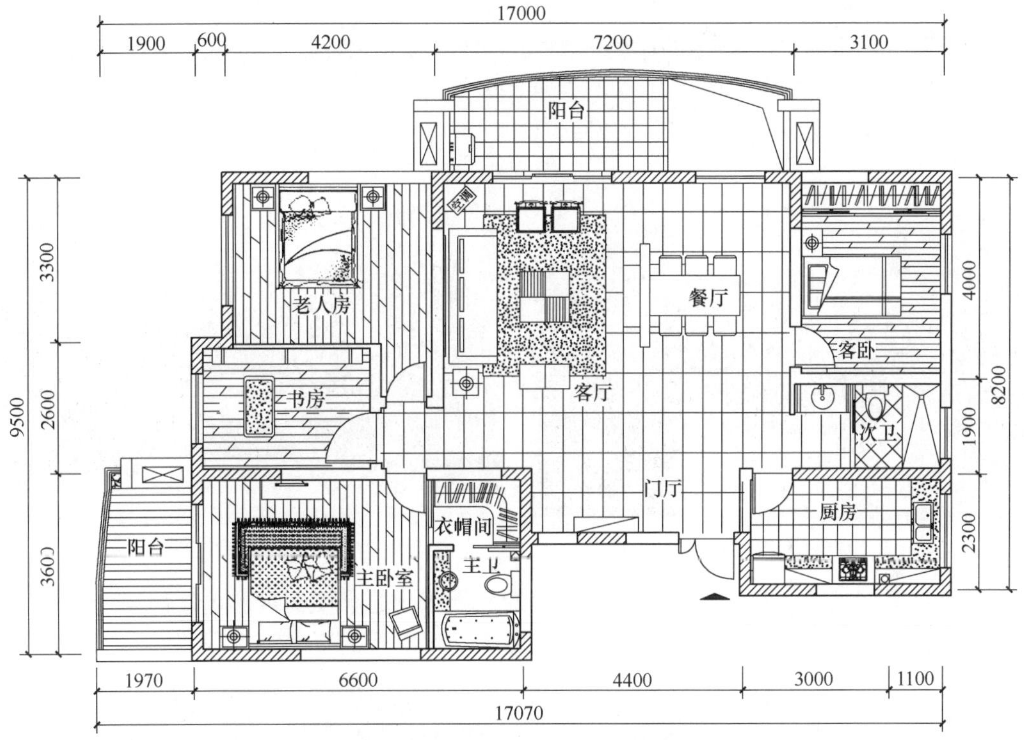

图 4-26 某户型平面布局（案例三）（单位：mm）

4.2.2 居住空间色彩与材质设计

（1）居室色彩设计

室内色彩不仅是创造视觉效果、调整气氛和表达心境的重要因素，而且具有表现性格、调节光线、调整空间、配合活动以及适应气候等诸多功能。居室色彩一般可以分为三个部分：

首先是背景色彩，常指室内固定的天花板、墙面、门窗和地板等大面积的色彩，根据面积原理，这部分色彩适于采用彩度较弱的沉静的颜色，使其充分发挥背景色彩的烘托作用；如果室内空间过高，天花板可采用略重的下沉感的色彩，地板可采用较轻的上浮性色彩，使室内的空间高度得到适当的调整；相反，如果室内空间太矮，天花板则须采用较轻的浮性色彩，地板则可采用略重的下沉感的色彩，使室内空间产生较高的感觉。如果感觉室内空间过于狭窄、拥挤，或者采光不理想，就可以采用具有后退感和明度相对高的色彩来处理墙面，使室内空间获得较为宽敞和明亮的效果。反之，如果室内空间过于宽敞、松散，就可以采用有前进感的色彩来处理墙面，使空间变得亲切而紧凑。如图 4-27，该空间的界面色彩以白色为主，令整个空间宽敞整洁，起到了很好的背景色烘托作用，但局部采用的冷色调让空间有些冷峻，缺乏亲切感，在局部宜采用冷暖的对比设计。

其次是主体色彩，指的是那些可以移动的家具和陈设部分的中等面积的色彩，它们是表现主要色彩效果的载体，这部分设计在整个室内色彩设计中极为重要。如果室内空间较为宽大时，无论是家具或是其他陈设均须采用膨胀性较大、纯度较高的色彩，使室内产生充实的感觉；如果室内空间较为拥挤、狭窄，室内家具和陈设则需采用收缩性较强、纯度较低的色彩，使室内产生宽敞的感觉。如图 4-28，在空间足够大的情况下，选用大尺寸的深色沙发充当主体色彩，突显空间的稳重、大气。

图 4-27 以白色调为背景色的家居空间

图 4-28 深色为主体色彩的家居空间

再次是强调色彩，指的是最易发生变化的陈设部分的小面积色彩，这部分色彩处理可根据性格爱好和环境需要进行设计。一般情况下，可以根据不同室内空间的采光要求，选用一些反光率较高或者较低的色彩对室内光亮进行调节。室内光线强的，可以选用反射率较低的色彩，以平衡强烈光线对视觉和心理上造成的刺激；相反，室内光线太暗时，则可采用反射率较高的色彩，使室内光线效果获得适当的改善。如图 4-29，以白色为主调的室内空间中，冷漠感油然而生，客厅中的橙色布艺沙发调节了空间气氛，绿色的抱枕与墙面的花饰呼应，活跃了空间气氛，打破了空间的单调感。

图 4-29 沙发布艺的强调色彩

对于居住空间来说，室内色彩设计常将人的心理感受与空间功能联系起来，营造一个和谐、舒适的家居环境。根据每个空间功能的不同，其色彩的设计应有所不同，常见居室空间的色彩设计如下。

起居室：是家庭群体生活的空间，也是最能体现主人性格的空间环境。其色彩设计应该是多层次组合加局部，且有对比，基调应该较为明亮、欢快。局部小面积可以采用纯度较高的色彩进行点缀，如一些艺术小品、壁挂、家具、摆设、小面积织物等，以温馨亲切、能促进家庭成员间的交流为宜。如图 4-30，红色的沙发活跃了空间的气氛，强化了空间的温馨感，而抱枕的黑色则与红色是经典的搭配。

卧室：用来睡眠和休息为主，也是私密性要求较高的场所，其色调一般温暖、宁静、柔和。多选用低彩度调和色，中彩度、中低亮度的色系也较为适用。如图 4-31，素雅的壁纸与粉红的床饰，构成了柔和温馨的卧室空间。

图 4-30 起居室的色彩设计

图 4-31 卧室的色彩设计

书房：用于阅读、书写、学习和工作的空间，色调以雅致、庄重、和谐为主调。可以采用冷色或中性色，如灰色、浅褐、浅绿、蓝绿等，尽量不要采用彩度高、对比强烈的疲劳色。可用一些字画和绿化植物来增加室内色彩的对比度。如图 4-32，棕色的书柜、书桌构成了一个宁静稳重的学习工作的空间。

图 4-32 书房的色彩设计

餐厅：是平时家人工作共同进餐或宴请亲友就餐的生活空间。餐厅的色彩以暖色调为主，橙黄、柠檬黄、乳黄等色系最能增进食欲，有利于身体健康，也可以采用浅色调的冷色，明快、干净，让人细细地品味生活。如图 4-33 有点暖暖的乳黄色餐桌椅，营造出清新愉快的就餐环境。

厨房：以明亮洁净的色调为宜，其色调一般以浅色、冷色为主，给人以干净、舒适、凉爽的感觉。另外，从使用者大多为女性的角度考虑，也可选用些女性偏爱的粉色系列，以显现个性和品位。如图 4-34，白色调的厨房环境，卫生洁净，配上暖色系的灯具，给人一种温馨浪漫的感觉。

卫浴间：以色调素雅、整洁为宜。通常以乳白色、淡绿色、淡蓝色、浅粉色等进行系列组合，以创造舒适、温暖的空间气氛。另外，在卫浴间可适当摆放些盆栽花草，既有美化空间的作用，又能给人自然、清爽的感觉。如图 4-35 带有中性色彩的墙面材质及地面色彩，与洁具的白形成鲜明的对比，空间干净整洁。

图 4-33　餐厅的色彩设计

图 4-34　厨房的色彩设计

图 4-35　卫浴间的色彩设计

（2）居室空间材质选择

居室空间中各界面以及家具、陈设等材质的选用，应考虑人们近距离长时间的视觉感受、肌肤接触以及材料给人的主观感受等特点，材质不应有尖角或过分粗糙之处；皮肤直接接触之处宜选用柔软和温暖的材质；选用木材、棉、麻、藤、竹等天然材料，易形成亲切自然的室内环境气氛，当然住宅内适量使用玻璃、金属和高分子类材料，更能显示时代气息。

在不同功能的居室空间中，材料的选择也应有所区别。家居的地面主要是人及家具、设备的支撑面，所以最基本的要求便是平整、安全，如餐厅的地面材料宜用瓷砖、木地板或石材等较易清理的铺面材料。卫生间与厨房的地面宜用地砖、花岗岩等防滑、防水、易清洁的材料。日本研究人员发现木材的自然纹理具有良好的心理效应，可使人感到安逸，起到稳定情绪的作用。因此，木质材料等生物材料是较好的室内装饰材料，质感较好，且木材有自动调温和调湿的作用，它的导热性和防滑性等肤觉特性都适合作为室内装饰材料。如图 4-36，起居室光滑的地面满足起居基本要求并具时代气息，但略显冰冷，因此在中心区域放置一块地毯来加以平衡。如图 4-37，家居墙面采用天然石材的粗糙处理，使空间显得亲近随和，给人朴实、自然的感觉。如图 4-38，木材与墙纸结合的背景墙配上柔软的

图 4-36　起居空间的材质搭配

织物，营造了一个温馨浪漫的卧室环境。

图 4-37　家居墙面的材质选择

图 4-38　卧室空间的材质搭配

4.2.3　居住空间的光环境设计

（1）居住空间的照明

居住空间的照明一般可以从整体照明、局部照明和装饰照明三个方面来考虑。具体分析如下：

① 整体照明　整体照明大体以一致的方式照亮一个房间，它使我们以一种安全的、确定的方式看清房间的每一个角落，而且让我们对整个空间的设计与颜色予以同等的关注。整体照明通常由顶棚上的照明工具发出，一般采用低度的背景灯光，不显得唐突，反而很宁静，常常有助于形成空间感。整体照明可是直接的（光向下将物体整个照亮）或是间接的（光被投向一个表面，然后大多数的光线再从这个表面反射到房间里，这个表面通常是天花板）。间接光线通常可以产生比直接光线更为柔和的效果，对于阅读和需要视力清晰的工作，整体照明往往不够亮，还必须与局部照明结合起来。

② 局部照明　在特别区域进行特别活动，如阅读、做饭、做针线、进餐、化妆等，为了达到更好的活动效果，需由局部照明来保证。光源可以高也可低，但是为了眼睛的舒适必须要有灯罩。局部照明还能造成有趣的光束以吸引人们的注意，并把人们引到活动或是温馨的气氛中。它可以用来调整心情，把一个大房间分成几个“岛屿”，或者让一个小房间看起来有几个截然不同的区域，使得房间在视觉上感觉变大了。

③ 装饰照明　装饰性照明是为创造视觉上的美感而采取的特殊照明形式。通常是为了增加人们活动的情调，或者是为了突出某一被照物的效果。一方面，光线本身所造成的和谐、平衡和韵律等效果，充分具备了动人的美感；另一方面，借助于光线的强调作用，可以使室内的雕塑、图画、花卉以及喷水池等观赏装饰呈现出格外突出的视觉效果。

（2）光环境设计

光环境质量的好坏既会影响生活，也会影响健康。住宅照明以荧光灯和白炽灯为主，荧光灯不易产生眩光，光通量高，亮度低，是比较理想的光源，适合起居室等公共活动区域。但一般荧光灯的色温较低，缺少温馨感，因此，在灯具选择时适宜暖色与冷色荧光灯搭配使用。白炽灯照度较低，色温较好，比较适合一般房间照明。

明亮的光线具有刺激性和吸引力，会激发人前行，但是容易使人出现心理和视觉上的厌倦感；晦暗的光线令人感到松弛、平静、亲密且浪漫，但也会使人感受到抑郁甚至惊恐。一般暖色系的光线容易使人感到愉悦，而冷色系的光线则让人感到平静，使空间变得更为广阔，使物体之间产生明显的分离感。我们要根据不同活动空间的照明要求来设置，从而掌控整个空间的气氛、心情和美感。各种空间常用的照明要求和方式如下：

起居室的照明应具有开阔感、宁静感、亲切感。常以一般照明与局部照明相结合，可采用吊灯或吸顶灯作为全局照明，采用射灯、筒灯、冷光灯作为局部的装饰照明，营造舒适和谐的起居环境（如图 4-39）。

餐厅照明应采用显色性好的向下投射的白炽灯，使食物色泽鲜美，有助于增进食欲（如图 4-40）。

图 4-39　起居空间的照明

图 4-40　餐厅的照明

书房照明可采用直接或半直接照明（如图 4-41）。

卧室照明应以怡静、温馨的气氛为主，借助间接或漫射的手法，制造柔和、优美的灯光环境，把卧室创造成浪漫和富有魅力的小天地（如图 4-42）。

图 4-41　书房的照明

图 4-42　卧室的照明

卫浴空间可采用防潮型的柔和的白炽灯，冷色的光线让人感到平静（如图 4-43）。

另外，厨房照明应简朴大方，可采用较高照度的吸顶荧光灯或光栅作照明；面积大时可增加局部照明。由于厨房多油污，不宜使用吊灯；楼梯和走廊灯则以导向性为主题的照明，一般采用一开即亮的白炽光源，灯具开关宜设双控开关，其光影不宜太强烈，以免产生眩光。

4.2.4 家具的选择与布置

图 4-43 卫浴空间的照明

家具的选择和布置首先要满足使用的要求，然后再按照人的视觉和心理特征来布置。选择家具时，除了要注意造型、质量和色彩外，必须考虑家具应适合人们的活动范围并符合人体健康美学的基本要求。也就是说，要根据人的活动规律，人体各部位尺寸和使用家具时的姿势来确定家具的结构、尺寸和摆放位置。如起居室是家庭群体生活的主要活动场所，是家人视听、团聚、会客、娱乐、休闲的中心，家具主要有沙发、茶几、电视柜等要素构成，这些家具的尺寸，直接影响着客厅所需的最小空间；沙发应选择柔软舒适，双腿可自由伸展的；在功能合理性上，电视机应远离窗户并靠墙摆放，以防止眩光和人为干扰。又如，儿童家具的选用不仅要安全，避免坚硬和棱角，还要在造型和色彩上符合孩子的天性，同时在布置上以周边式为宜，这样中间可以留出较大的活动空间。

图 4-44 儿童房家具的布置

如图 4-44，书桌与书柜结合成一体，沿墙布置，节约了空间的同时，也满足了功能的需要，台阶式的书柜布置以及紫色与白色的结合，清新雅致而又不失少年儿童的活泼。在空间较小情况下，可以考虑家具的多功能组合，如图 4-45 是一组书桌、书柜与睡床相结合的例子。当需要学习时，可以把台面拉出，就形成了一张书桌；而需要休息时，可以把书桌下的床拉出来。这个组合既满足功能的需要，又节约了空间，可以留出更多的空间来让孩子玩耍。

图 4-45 节约空间的家具布置

另外，家具的布置方式与布置密度并不是随意的。在摆设家具时，必须留出最基本的活动空间。如在座位上的坐、起等动作不能发生拥挤与碰撞，开门窗时不会发生碰撞家具等情况。布置家具时必须尽可能地予以保证，否则，将会给人的生活带来不便或使人产生不舒适的感觉。主要居室与家具有关的布置尺寸如表 4-1 所列，可供家具布置时参考。以下是居室家具摆放的几条原则：

① 两个较高的家具之间（例如书柜和书桌之间），一般应有 600～750mm 的间隔；

② 两个矮家具之间（例如茶几与沙发之间），一般需要 450mm；

③ 双人床的两侧，均留有 400～600mm 的空间，以保证上下床和整理被褥方便；

④ 当座椅椅背置于房间的中部时，它与墙面（椅后的其他物体）间的距离宜大于 700mm，否则在出入座位时将感到不便。若座位后还要考虑他人的通行，则在人就座后的椅位与墙面之间应留有 610mm 的距离。倘若过往的人又需端着器物穿行，则此距离还需加至 780mm。要是只留 400mm，仅可供人侧身通行。

⑤ 向外开门的橱柜及壁橱前，需留出 900mm 左右的空间。如果柜前的空间不够宽敞，而人们又常需在此活动时，采用推拉门可能是更好的方法；

⑥ 当采用折叠式家具，如沙发床、折叠桌等，应备有与家具扩充部分展开面积相适应的空间；

⑦ 若人体的平均身高以 1.7m 计算，则 1.7m 以上的柜就不宜放常用物品了。而当柜高达到 2m 以上时，则需借助外力才能顺利地取用物品；

⑧ 站在柜架前操作时，需要 600mm 左右的空间，而当人蹲在柜前操作时，则需有 800mm 左右的空间才够用。

表 4-1　主要居室与家具有关的布设尺寸

功能空间	净距名称	净距尺寸/cm
起居室	交通主线	120～180
	次交通线	40～120
	沙发与茶几间距	30
	沙发或椅前伸脚空间	45～75
	写字台或钢琴前座椅空间	90
餐室	餐桌与陈设间距	45～50
	就坐空间	50～90
	餐桌、椅周围供应交通线	45～60
	餐桌与墙壁间距	75
卧室	铺床空间	45～60
	对床空间	45～70
	五斗柜前空间	90
	更衣空间(双面)	(各)90～120
	床与衣柜之间	150

注：表中的间距尺寸仅是一般情况下采用的经验数据，在大多数情况下是适用的，在处理特殊问题时，应与相关的设计资料配合使用。

4.2.5　家居物品的整理与存放

营造正确的秩序与合理的储藏也是人体工程研究的主要内容之一，研究的目的主要是要形成高效、有序、便捷的生活方式。可以从以下几个方面更好地安排和组织物品，从而合理地设计家居储藏空间。

（1）基本原则与方法

家居物品储藏的基本原则是分门别类、各就各位、不要重复和控制藏露，这也是人体工程学所提倡的精神，可以减少重复劳动，提高家居工作效率。储藏空间设计的主要方法包括：第一，整体规划空间，预先留出储藏区域；第二，有效利用角落、楼梯下面及墙上壁橱等场所；第三，细节设计，把相似的东西归类，经常使用的东西就近放置等。

（2）生活区的储藏空间

① 厨房 “厨房是住宅的心脏”，它在住宅中所占的面积虽然不大，但却是家务活动集中而且具有多种功能的区域。当前随着人们生活水平的提高，现代化的厨房电器和厨房器具品种丰富，给厨房家务带来便利的同时，随之也带来了存储空间不足的问题。各种琳琅满目的器具和食品需要多大存储空间，哪个区域是它的最佳栖身之地？这就需要结合橱柜各操作区域，最大限度地增加食品、厨具和电器等的存储空间，合理有序地摆放各类物品，使橱柜存储空间设计更人性化，更符合厨房操作的各种行为要求。

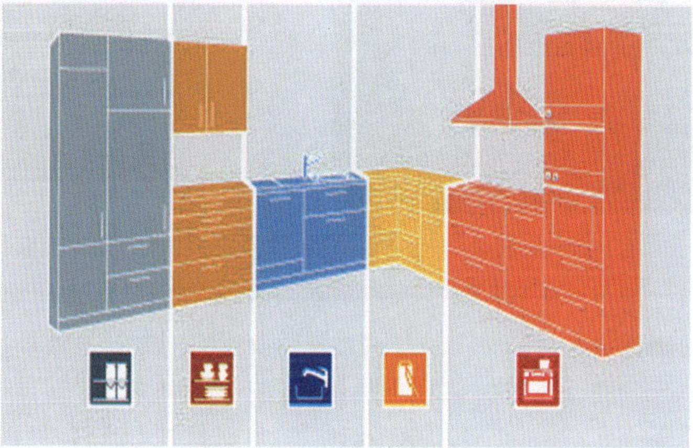

图 4-46　厨房五大操作区域

一般的厨房主要包括食品备用区、厨具存放区、清洗区、准备区和烹饪/烘烤区五大操作区域（如图 4-46），不同的区域都涉及相应的存储空间的合理设计。目前市场上的橱柜五金配件也种类繁多，像抽屉、隔板、搁架、酒杯架、餐具托、米桶、垃圾桶等抽取式部件，让存储方式更加的合理与方便。

食品备用区主要由冰箱或冰柜承担储藏功能，也可与其他一些厨具组成配套存储设计。如图 4-47，一些罐装、盒装、袋装等食品可利用拉出式柜式抽屉或金属网层架来分类存贮。

厨具存放区，可设计各种各样的橱柜、吊柜、角柜等，在充分利用贮藏空间，便利物品取放等方面作精细的推敲，如采用网栏架、拉门或层架等形式，不仅要容纳大量的物品，还

图 4-47　拉出式柜式抽屉

必须有整齐、洁净的外观，以消除常见的杂乱感。锅、盆、盘、勺类这类用品种类较多、大小不等，使用频率不同，应仔细分类存放。如拉出式金属网筐、浅盘架及各种规格的转盘（如图 4-48）。

清洗区以水槽为基本设备，一般都有配套的滤干篮、滤干器或滴水板，供滤干碗碟和蔬菜。可充分利用洗池下部柜内空间，如图 4-49，清洁用品、杂物袋、垃圾箱等存放在这一区域，方便取用。

图 4-48 存放厨具的转盘

图 4-49 洗池下部柜子存储空间

准备区下部空间多设计成带抽屉或带框门的贮藏柜（如图 4-50），有的台面下还设抽拉式的隐形台面以增加准备区的工作面又不多占厨房空间。可利用各种壁面和上部空间设置隔板架、槽板、木制或金属网框架与活动挂钩等配合储物。

图 4-50 准备区的储物空间

烹饪区以炉具和烤箱为主要设备，炉具通常是以一组大小不同的电灶、煤气灶或高频电磁灶和一个烤箱组成“两件套”，或是另外与一个微波炉组成“三件套”。现代整体橱柜对这“两件套”或“三件套”炉灶组成的标准烹调单元一般以嵌套设计为主，给人外观整洁、大方且现代的感觉。

② 衣柜 衣柜存储空间的设计主要是把衣物排列整齐，储放合理和方便取用。首先要对储放的衣物尺寸做详细了解，如大衣就应留出 1500mm 左右的高度空间，抽取式的橱架用来储藏小件衣物是很理想的，还可在衣柜内部顶端安装射灯，方便夜晚拿取衣物。如图 4-51 是步入式衣柜的存储空间，将衣物分门别类地放置在几个区域内，看起来摆放整齐有条理，方便取用。

（3）学习区的储藏空间

随着 SOHO 一族的增加，家庭办公也变得时尚起来。但家庭办公空间一般都比较小，或仅是房间的某个角落，因此，家具的选择与布置应以功能型为主，对使用方式和布局规划一定要有远虑，要提供足够的空间储藏个人办公设备、用品、纸张等。一般体积小的包括电脑、打印机、扫描仪、电话、文件架、办公用品等；体积大的包括工作台、洽谈桌以及存放文档、书籍的档案柜等。如图 4-52，由萨默兰集团设计的全方位服务工作组件，由船用胶合板制成，整体像是一个大衣柜，但里面储物空间高效有序，满足在家办公、学习的需求，关闭时，还可将工作椅嵌在里面，不占用空间。

图 4-51　步入式衣柜的存储空间

4.2.6　居住空间的安全因素

依据日本和英国等欧洲国家 20 世纪 80 年代中期的调查发现，在汽车事故、家庭事故和劳动事故中，家庭事故的死亡人数多于劳动事故，仅次于汽车事故。因为家庭是人们生活的主要场所，在这里发生着人与物、人与环境的各种相互作用关系。事故发生主要是由于某种原因导致人与物的匹配关系破坏的结果，人的因素是主要的，包括生理因素和心理因素，如大脑机能、人体疲劳、人的性格等。

图 4-52　家庭办公与储藏空间

要防止这些事故的发生，应该从几个方面采取对策。首先应在家庭、学校和社会等多方面进行安全教育；其次对不符合居室安全设计的室内建筑及家具，要尽快撤出和维修，社会要提供符合安全标准的家庭用品；此外，要对居住室内建筑材料进行定期检修，对室内电路、电梯及其他设备进行定期检修和使用管理，制定合理的使用规程。居室安全设计主要从以下几个方面进行：

（1）楼梯

楼梯倾斜度一般要在 30°以下，每跑台阶数不宜超过 16 级，最好在 8 级时设一休息平台，可提高安全性。所有台阶的宽度和高度要保证一致，室内楼梯踏面的高度为 190mm 左右，踏步宽度为 280mm 左右，踏面宽度为 286mm 左右。避免室内外楼梯只有一级的情况。最好在楼梯的起始和终止位置安装照明开关，黑暗中要能确认开关位置。楼梯应避免尖锐的边缘、开洞以及台阶与门靠太近。台阶面要有防滑处理，楼梯要设扶手。

（2）地面

居室地板用材不能太滑，也不能凹凸不平，要保证行走时的安全。在地板上搁置小块地毯时，要保证踏上后不会滑动。地板的反光系数不能太大，否则易形成眩光，影响行走的安全性。

（3）门窗

居室内门的宽度一般为762～813mm；外门为915mm。车库门标准宽度2439mm；窗应使用安全玻璃，采用双向开启。窗台最小高度762～914mm。

（4）厨房

橱柜所有边缘不应有尖角。安全的厨房应有一个小的三角空间，三边之和不小于7010mm。“U”形通道最小宽度为1219mm。操作台标准高度为915mm，深度为610mm。吊柜距操作台表面的最小距离为381mm，吊柜深度为305mm。

（5）卫生间

浴盆和淋浴地面使用防滑地面，门应使用安全玻璃。开关阀门应安装在距地面762～864mm处，喷头的控制阀应安装在距浴盆表面1219～1321mm处。毛巾架适宜设置在距喷头152mm处，在浴缸长边的墙中心安装两根457mm长的水平扶手。淋浴帘杆距浴缸底1829～1982mm，杆在浴缸范围内。浴室不要使用插销，应安装防蒸汽灯在浴室中心。厕位的长度至少为914mm，厕位的两面墙之间应留出914mm的空间。最小的地面空间为762×1067mm，窗台至少距地面1220mm，门的最小宽度为610mm。

（6）电器与天然气设备

厨房要使用阻燃材料，卫生间应使用防潮、防菌的材料。厨卫要充分换气，要使用安全插座，防止小孩手指插入，要使用漏电保护装置。

4.3 人体工程学与办公空间的设计

随着现代办公设施的不断更新，现代人的办公模式更加的多样化，相应的办公空间环境也发生了很大的变化。人在办公室中大部分时间是处于工作状态的，因此其合理性、舒适性与否成为人们普遍关注的问题，办公室的布局、通风、采光、人流线路、色调等的设计对工作人员的精神状态及工作效率影响很大。所以，对于办公空间来讲，人体工程学方面的考虑要远远大于其造型，研究的重点主要围绕人的工作能力及其限度，工作环境如何更有效的适应人的生理、心理和行为特征等。

4.3.1 办公空间中人的行为与空间性质

如果空间环境仅仅只能满足人们工作的基本生理需求是远远不够的，要营造舒适、高效的办公环境，研究人在工作过程中的心理需求，引导情绪和行为也是非常重要的。现代办公空间设计在合理使用空间的基础上，更注重最大限度地发挥人与空间的互动性和互补性，满足行为与心理的多重需求已成为设计理想办公空间的出发点。

（1）办公空间中人的行为特性

规划办公空间时，实际上是在规划一群人的行为，不充分考虑人的行为特性的规划设计，将会造成人们在空间活动中的障碍。针对办公空间来说，主要涉及以下几种行为特性：

① 对个人空间的需要　在办公空间设计中，当为个人提供的单独工作、阅读、思考、

等候等不希望与他人发生交往关系的行为空间时，应充分考虑个人空间需要的心理尺度，从而给人以舒适、安定的感受，以避开干扰，提高工作效率和质量。

② 对人际距离的需要　人们在工作中进行诸如交谈、会话等面对他人的行为时，需要考虑适当的人际距离。人际距离的大小可参考第二章人体工程学基础相应部分的内容。

③ 恰当的位置关系　人与人之间的交往关系不仅在距离上，还与交往双方身体的朝向有很大关系。R·索玛对人们在圆形或方形桌子就坐时，个人和朋友进行交谈、协作、同时作业等各种情况下，选择什么样的关系作了调查和实验，发现当交谈时多选择方桌的夹角对面就座，而工作时则更多选择较远的位置（如图 4-53 和图 4-54）。

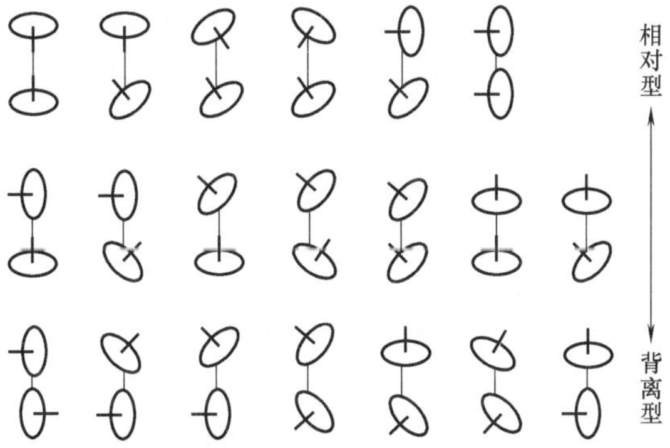

交往双方距离约60～70cm，上部分的类型为相对型，下部分则为背离型

图 4-53　交往双方的距离

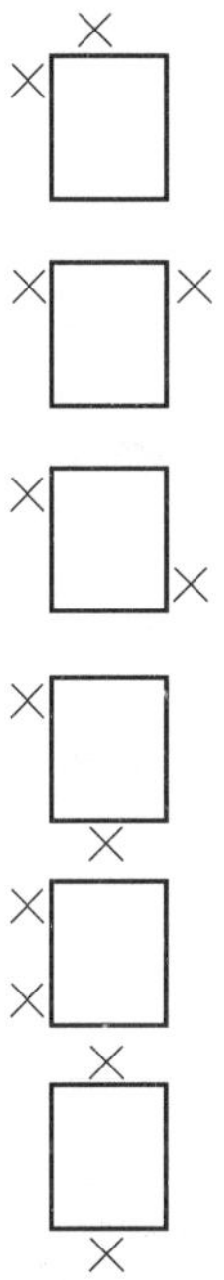

布置	条件1（会话）	条件2（协作）	条件3（同时作业）	条件4（竞争）
	42	19	3	7
	46	25	32	41
	1	5	43	20
	0	0	3	5
	11	51	7	8
	0	0	13	18
合计	100	100	100	99

根据R·索玛的调查，对矩形桌子旁的座位选择

图 4-54　座位的选择

（2）空间性质

“空间性质”是从人的行为和心理的角度来定义的。办公空间通常包容了一系列的行为，其中有个人行为，如阅读、思考、独自休息、等候等；也有群体行为，如会见、谈判、接待、协作等。要使空间充分地发生作用，就需要为不同性质的行为提供不同性质的空间，使空间的形式根据特定行为的需要而成立。办公空间中人的行为归纳起来主要有两组性质的行为：流动与停止，离心与向心。相应的也形成了两组性质的空间形式。

① 流动空间与静止空间　流动空间的尺度合理、路径便捷、无障碍、组织有序，是保证机构办公效率的条件之一。在办公空间中，当各项功能分区明确、组织有序时，人们在办公环境中的流动是自然、流畅、目的明确的。流动与静止是相对而言的，静止空间可以说是流动空间的一个节点，在空间上的动静对比、一张一弛，丰富了空间的变化，增强了空间的节奏，能调节对空间需求的心理平衡。静止空间的设计相对较为复杂，涉及空间

界面的设定、空间视觉的独立性、空间布置的稳定感、空间内容的相关性等。

② 离心空间与向心空间　空间设计中具有聚合力、能促进交往和交流的空间称为向心空间；不适合相互交往、交流，强调个人空间特性的空间则称为离心空间。对于这类空间性质的认识，在日常生活中几乎人人都有所体会，例如：公共汽车站是过往客人等候乘车而短暂停留的地点，等车的人们往往互不相识，也不需要更多的交流，候车座位的排列方式和间距都倾向离心的设计；而走进咖啡馆的通常是相识的人们聚在一起，他们娱乐、交谈、结识新朋友，空间的设计必定要考虑向心的功能。办公空间中，当人们不期望在某一空间中发生积极交往时，空间设计应趋向离心，以免造成人们相互的尴尬和被动，如等待区、个人工作空间、资料查阅室等就需要排除他人的干扰。当需要营造加强交流、鼓励交往的空间环境时，空间设计应趋于向心性，如会议室、讨论空间、小组协作空间、娱乐空间等。

4.3.2 办公空间的功能要素与布局

(1) 办公空间的功能要素

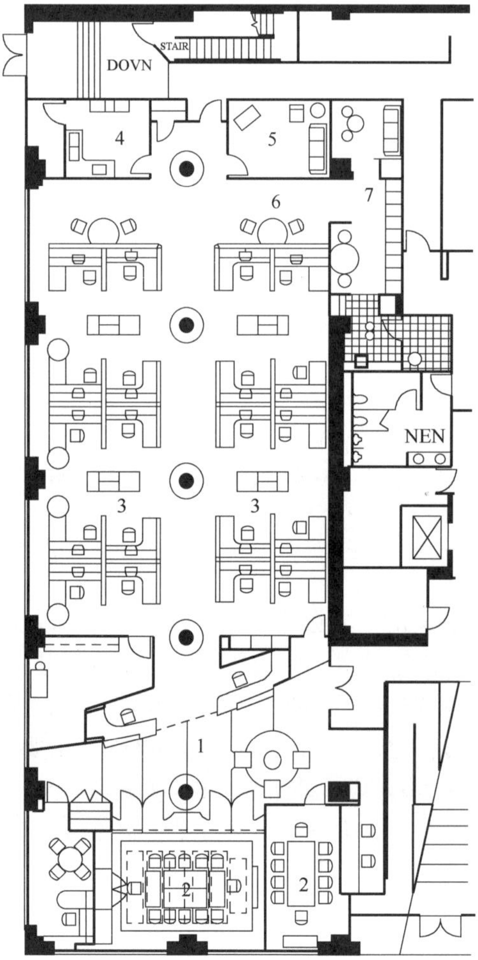

图 4-55　办公空间的平面布局

一般规模的办公空间基本应该满足的功能要素有：服务前台、接待室（或接待区）、工作区、经理或主管室、会议室、财务室、资料室、文印室、卫生间、休息室。大型的办公空间功能更加复杂，如专门的电脑室、绘图室、展示厅、开水间等。在平面规划时应根据每个空间的不同功能要求，有目的有意识地布局和设计。

(2) 办公空间的布局

主要将各种不同功能的用房进行合理的布局，形成良好的面积比，同时注意安全疏散等方面的要求。然后再根据办公室的设计要求划分室内空间，处理界面，选择布置办公家具与设施等。一般应将与对外联系较为密切的部分（如接待室、会客室等），布置在近出入口的主通道处。当办公与商场、餐饮、娱乐等组合在一起时，应把不同功能的出入口尽可能单独设置，以免干扰。一般办公空间的平面布局如图 4-55 所示。每个功能空间的布置要考虑家具、设备的尺寸以及办公人员必要的活动范围。另外，办公空间的走道不宜过长，当过长时应设置采光口，单侧设房间的走道净宽应大于 1300mm，双侧设房间的应大于 1600mm，走道净高不低于 2100mm。

下面就对办公空间的各功能区域做一些介绍：

① 门厅与接待台　目前有一些办公空间，公共部分较小，从电梯上来就进大堂，进办公室，缺乏转化的过程。一个良好的设计要有一种空间的过渡，要有一个从公共空间过渡到私属空间的过程。门厅作为进入办公空间的第一空间，是实现公共空间和私属空间的一个分隔，形成不同的节奏，同时也是对来访者的一种尊重与人性化的体现。在设计上应体现该办公空间的性质和品位，给来访者留下深刻印象（如图 4-56）。接待台应设置在办公空间出入口处，以保证外来人员的引导和公司的安全（如图 4-57）。

图 4-56　办公空间门厅的设计

图 4-57　接待台与休息等候区的设计

② 工作区　是办公空间的核心区域，一般可以分为以下几种办公方式：

封闭型办公：办公室工作区域的设置，按功能需要可整间统一安排，这种工作方式不受干扰，私密性好，但员工之间交流性差，联系不便，不利于团队协作（如图4-58）。

半开敞型办公：办公室工作区域组团分区布置，各工作位置之间、组团内部及组团之间既保证了各自工作的私密性和免干扰性，联系起来也非常方便。这种工作方式的办公区可以用灵活的隔断进行分隔，隔断的高度根据工作性质与不同要求来定，一般来讲应在办公人员坐姿视高以上（如图 4-59）。

开敞型办公：员工之间可以无障碍交流，老板对员工的工作状态一目了然，可以创造一种比较现代、轻松的工作环境（如图 4-60）。但员工的私密性差，彼此干扰大，工作效率也会受到一定的影响。

③ 会议室　是办公空间的一个重要组成部分，有时会议室还承担培训和会客的功能。会议室需要根据人数多少、会议形式、会议级别等因素来设计千变万化的座位布置形式和装饰效果。需要指出的是，会议室的席位设计，一般考虑平均出席的人数而不是最多出席人数。如图 4-61 和图 4-62 是两种常见的会议室形式。

图 4-58 博斯蒂开发的坦德姆座舱办公室

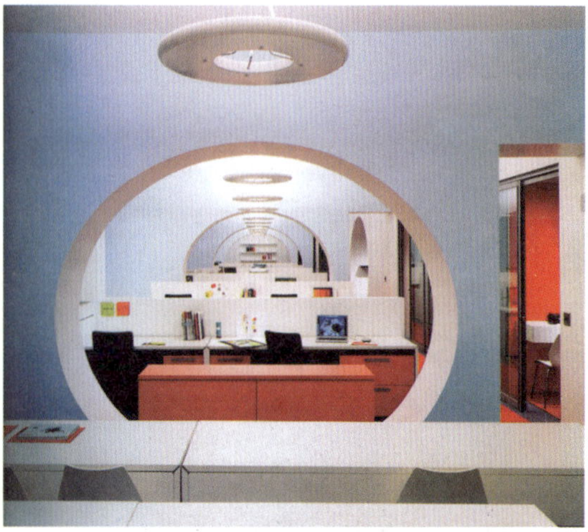

图 4-59 纽约 Duffy 设计公司的半开敞办公室

图 4-60 开敞的办公空间

图 4-61 较正式的会议室

作为公共空间，不仅要有正式的会议室等公共空间，还要有非正式的公共空间，如舒适的茶水间、刻意空出的角落等。非正式的公共空间可以让员工自然地互相碰面，其不经意中聊出来的点子常常超出一本正经的会议，同时，也使员工间的交流得以加强（如图 4-63）。

④ 经理办公室 是指主管人员的专用、独用办公室。宽敞独用的办公室空间容易与办公人员的级别地位直接联系起来，给来访的客人印象深刻，即他们所接触的对象是重要的或高位的官员。主管人员办公室可根据工作性质、访问者人数与频繁程度确定面积和装饰风格。一般来说，主管人员办公室，面积最小不得小于 10m^2，上限则因其是否附设专用会议室、卫生间、会客空间和档案存放处等因素而定。如图 4-64 是典型的主管人员办公室。

图 4-62 自由形式的会议室

图 4-63 员工休息区

图 4-64 主管人员的办公室

4.3.3 办公家具的选择

办公家具一般包括工作台（可以放置电脑、打印机、电话等设备）、工作椅、文件柜等。整体办公家具在现代办公空间中流行开来，它们安装方便、使用灵活，可以进行多种方式的组合，如图 4-65 所示，普罗菲斯设计的拥有带翻转的小工作台可以根据不同环境的需要任意组合。

此外，办公家具在细节的设计上也更多地体现人体工程学的因素。图 4-66 是普罗菲斯设计的办公家具，使用者可根据需要升起或降低隔断。可移动家具也受到越来越多的工作人员的欢迎。如图 4-67 是乔：源于英国的移动桌子标准组件系统，器官造型、移动的底座和古怪的形状，这在 1994 年推出来备受关注。现在许多家具公司推出了形式灵活的矮隔断家具，将数件办公桌以隔断方式相连形成一个小组，在办公环境中可根据需要布局，将这些小组以直排或斜排的方法巧妙组合（如图 4-68）。

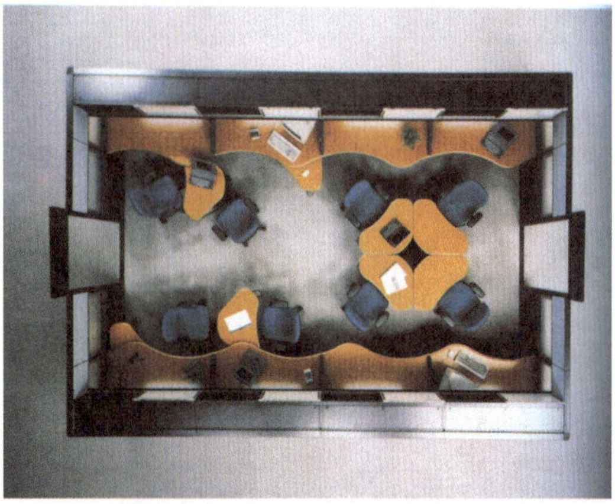

图 4-65　普罗菲斯设计的工作台

图 4-66　可调节的办公家具隔断

图 4-67　乔：源于英国的移动桌子

图 4-68 形式灵活的矮隔断家具

4.3.4 办公空间的环境设计

(1) 办公空间的物理环境

主要指室内声、光、热、空气质量等物理因素，现代办公室的室内环境设计十分重视各项设施、设备的合理选用和配置，以创造符合人们卫生要求和舒适程度的室内物理环境。表 4-2 所列为办公室室内物理环境各项标准定量要求的参考数据。

表 4-2 办公室室内物理环境相关标准

内 容	卫生标准(适应标准)	舒 适 标 准
温度/℃	17～18(空调)	坐姿 24～27(夏)20～23(冬) 轻活动 20～25(夏)18～20(冬)
气流	<0.5(空调)	<0.5
相对湿度/%	40～70	50～60
CO_2 含量/%	<0.1	<0.1
CO 含量/(mg/kg)	<10	<10
空气量/(m^3/人)	>10	>10～13
换气量/(m^3/人·时)	—	30
照明/lx	75、150、300(自一般至精细要求)	100～200、300～500、1000～3000(同前)
噪声/dB	<55	<50
浮游粉尘/(mg/ m^3)	<0.15	<0.15

从室内设计与装修构造和人体工程学的角度，办公室内风口位置的合理布置、门窗的密封性和选用合适的窗帘遮阳来控制日照，消除眩光，避免阳光引起的晃眼和日照带来的辐射热，界面选材的隔声与吸声效果等，都与办公室内物理环境的整体品质密切相关。

(2) 办公空间的视觉环境

办公空间的视觉环境会影响到工作人员的心理感受和舒适性，从而直接关系到工作效率。这里主要介绍一下照明环境的设计。办公室的照明对于工作质量和效率有极大的关系，在一个明亮开敞的环境中工作，可以使枯燥变为愉快。现代办公楼一般进深较大，办公室在相当程度上需要依靠人工照明来创造良好的视觉环境。照度设计要做到工作面无反光、照度均匀、光源稳定不闪烁，此外，还要注意整个办公空间的明暗差等。具体设计时，以下方法可以参考和借鉴：

① 办公室的一般照明宜设计在工作区的两侧，采用荧光灯时宜使灯具纵轴与水平视线平行。不宜将灯具布置在工作位置的正前方。

② 办公室照明灯具宜采用荧光灯，灯管安装方向要垂直于视线方向，照度要在500～750lx为宜。

③ 光源亮度在200cd/m^2 以上时，要使用遮光罩。

④ 总体光源功率一定时，低功率多点照明比高功率集中照明更合理。

⑤ 视觉作业的邻近表面以及房间内的装饰表现宜采用无光泽的装饰材料。

⑥ 当难以确定工作位置时，可选用发光面积大，亮度低的双向蝙蝠翼式配光灯具。

⑦ 在有计算机终端设备的办公用房内，应避免在屏幕上出现人和物（如灯具、家具、窗等）的映像。

⑧ 经理办公室照明要考虑写字台的照度、会客空间的照度及必要的电气设备。

⑨ 会议室照明要考虑会议桌上方的照明为主要照明。使人产生中心和集中感觉。照度要合适，周围加设辅助照明。

⑩ 以集会为主的礼堂舞台区照明，可采用顶灯配以台前安装的辅助照明，并使平均垂直照度不小于300lx。

4.4 人体工程学与商业空间的设计

商业空间的设计就是根据人的商业行为特性和表现，运用各种室内设计手段，综合解决购物和销售两者的关系，创造一个适合消费者和经营者各自需要的店堂空间环境。主要是以独特的空间造型、新颖的商品陈列、五光十色的照明设计以及变幻无穷的展示家具设计等，来吸引顾客驻足观看和购买，从而达到商业盈利的最终目的。

4.4.1 消费心理与购物环境

(1) 购物的心理过程

消费者的购物心理直接驱使购物行为，购物心理过程可分为如下3个过程：

① 认识过程　是对商品的注意、引起兴趣、产生联想、激起欲望的过程。这个过程中，商品本身和空间环境起诱导作用。如舒适、美观的空间装饰、以人为本的服务体系、生动别致的橱窗展示、商品的陈列、品牌以及宣传效应等，都应使消费者感到身心愉悦，产生消费的欲望。

② 情感过程　是指在认知的基础上消费者经过一系列的比较、分析、思考直到做出判断的心理过程。购物环境对消费者的情绪有直接影响，从而直接影响其购买欲望。当顾客步入一个装潢典雅、温湿度适宜的商店时，情绪会随环境改变而变得舒畅、愉快。环境的积极诱导最容易激起顾客的兴奋和认同，从而产生消费冲动。此外，商品对人的情绪也有影响。

③ 意志过程 通过认识和情感的心理过程，使消费者有了明确的购买目的，最终实现购买的心理决定过程。商品的购买欲与人们对商品的生理和心理需要有关，需要是购买的最原始动机。当这些需要得到满足之后，则开始转向更高层次的心理需要。就目前的市场情况而言，消费者不但想得到所需商品，而且更希望挑选自己满意的商品，还要求购物过程的舒适感，去自己喜欢的商店购物。

（2）购物心理对购物环境的要求

人们的购物心理和行为多种多样，但共同点是“求好、求廉、求新、求实、求美、求便”，即“物美价廉，购物方便”。购物心理对环境的要求主要有以下 5 点：

① 购物环境便捷性 就近购物，方便快捷，省时省钱，这是消费者的最佳选择。因此，交通便利和人口密集的区域往往作为商场业主“选址”的首要选择。此外，商业空间内部交通线路设计的合理性也决定了购物环境的方便性。

② 购物环境可选择性 “货比三家”是众所周知的道理，也说明了消费者在消费过程中，存在着比较、选择的过程，而这一过程的满足则促进消费的形成，这说明购物环境中存在着比较、选择的重要性。所以大型的购物环境中应具备多家商店、多种品牌、多种商品、多方面信息等，以便产生商业聚集效应。如图 4-69，同类商品集中摆放，便于顾客选择。

③ 购物环境的识别性 在同一地区，同一条街上，经营相同商品的店家会有很多。如何使顾客能找到他所信任的店家，这就产生商店识别性问题。只有设计独特的商店标识和门面、富有创意的橱窗和广告以及富有创意的购物环境，才会给消费者留下深刻的记忆。同时，正因为每个商店的独特性、新颖感和可识别性，才形成商业街丰富的商业氛围。如图 4-70，简洁、醒目的门面设计，能给顾客留下深刻印象。

图 4-69 同类商品的集中摆放

④ 购物环境的舒适性 舒适的购物环境，能提高消费者的光顾次数和停留时间，也为接触商品提供了机会。创造美观舒适的购物环境，主要体现在：视觉的愉悦感、身体触觉的舒适感、优雅的声学效果等。如图 4-71 某超市的购物环境，宽敞有序的通道，色彩鲜艳的小海报，品类丰富的商品，给人舒适的购物体验。

⑤ 购物环境安全性 商业空间在设计上追求舒适性的前提是保证商业空间在使用上的安全性，国家对公共建筑的室内环境有明确的规范要求，必须严格按照规范实施。首先，要考虑设备安装设计的安全性；其次，空间设计中要避免可能对顾客造成伤害的系列问题；最后，空间设计中应避免引起顾客心理恐惧和不安全的因素。

4.4.2 商业空间形式与特点

商业空间形式与所销售的商品密切相关，不同店堂空间满足不同消费者、不同场合的需要。常见的空间形式有以下几种：

图 4-70　可识别的门面设计

图 4-71　超市的购物环境

（1）购物中心

购物中心多由一家或几家大中型商场或商城和各类商业空间及配套设施组成，一般集中在一幢或几幢大的建筑中，采用以室内为主的复合建筑空间类型。其特点是集百货、超市、专卖、餐饮、停车场、娱乐、休闲为一体，具有多功能性，能满足消费者多元化的消费需要（如图 4-72）。

购物中心的设计，应考虑不同类型的商业空间的特点，在空间处理上，应考虑客流

图 4-72　购物中心

量、疏散、导向性、休息等功能，平面布局合理，空间层次分明，展示陈列独具个性，照度、光照度等物理环境适宜。

在开放区的功能布局上应考虑以下几个因素：

① 宽敞的交通线路　穿行在开放区的人流较大，由于和主入口、公共区域太近，所以必须留出足够的人流疏散面积，一般考虑5～8人并排穿行的距离，以每人正常比例80cm自由宽度为准，大约需要4～6m宽度的交通线，每个货区内的交通尺度最小为1m。

② 明显的购物导向　集中安排的货区很容易让顾客迷路，为了方便购物，应该在入口处设置明显的货区分布示意图，并且在主通道和各个货区设置导向标牌，也可以通过地面材质的变化引导顾客行进。

③ 充足的光照度　一般开放区的顶棚层高在3～5m，明亮的店面形象是很重要的商场条件。购物中心的大厅正常光照度一般在500～1000lx。除了大厅的普通照明外，商品的局部照明是突出表现商品的关键，局部照明光照度一般在1000lx以上。

④ 适量的储藏面积　开放区货区商品种类和数量较多，一定要有足够的储藏面积，便于货品的补充。储藏面积一般设计在靠墙或柱的位置，在不影响顾客视线的情况下与展柜有机地结合，并能形成装饰背景。

⑤ 分区的收款台和打包台　为方便顾客在开放区购物，应该设置多处收款台和打包台。在服装区还应有若干试衣间。

(2) 超级市场

超级市场的经营方式为开架售货，顾客直接在货柜前挑选商品，商品展示和陈列更加条理化、科学化，集中式收款台设计在出口处，不仅方便顾客购物，而且降低了营销成本。大型超市以商品种类多、价格低廉、购物方便等优势吸引了众多的消费者。超市在空间设计上，应简洁、明亮，功能分区科学、合理，陈列有序、视觉感强，诱发顾客的购买欲（如图4-73）。

图4-73　超级市场

(3) 商业街

商业街具有突出的时代性和现代感，它不仅仅是一个购物方便的处所，而且是集娱乐、文化活动、街道表演、城市景观为一体，用来满足各阶层人们游憩、饮食及获取信息等多种目的的地方（如图 4-74）。

图 4-74　商业街

商业街大部分为步行街，是居民购物与活动的场所，它既要满足人的活动需要，同时又要适应群体聚会活动的需要。商业街往往对入口广场与街道的设施辅以景观化的设计，从环境心理学分析，环境与商业具有互为推动、促进的作用，即安全、舒适、美观的环境能引起人们“闲逛”的兴趣，从而提高商业营利。同时，优美的环境又得依靠商业的发展来维护和提高。

（4）中小型商店（百货店、专卖店和连锁店）

中小型商店是商业空间形式最主要的一种类型，经营各种门类的商品。它最大的特点是具有很强的灵活性和专业性，它不仅能使经营的商品随市场经济不断调节或转向，而且店堂的外装修也具有很大的灵活性。

中小型商店的面积一般都不大，这类商店多数和其他性质的建筑物合建，或本身就是由其他建筑物改建的。除了下面一二层外，上部多为住宅、办公室或小型旅店，所以这类建筑称为“商住楼”、“综合楼”，其建筑空间造型取决于上部建筑的性质。

由于中小型商店的经营商品种类繁多，也就形成了各种性质的商业空间，那么这类商店的店堂环境也是千差万别的。室内大小和形态各不相同，室内功能布局不同，商品展示和陈列方法不同，装修材料等级相差很大，室内环境气氛各异，均无统一的格调和标准。图 4-75 是一个服装专卖店，其别致的衣服陈列方式和新颖的店内环境，展示了特有的服装品牌气质。

4.4.3　顾客行为与店堂环境识别导向系统

店堂空间是整个商业空间的内部环境。其空间组织和环境氛围的创造，离不开人的商业行为和知觉要求。

（1）顾客在店堂中的行为

通过对顾客在店内行为追踪调查，记录顾客行为的途径、触摸商品、取出商品、试用商品的行为次数，制成顾客行为内容频率图。如图 4-76 为顾客的行为频率图，总结出顾客在店堂内的行为主要有七种表现：

① 顾客的行为只发生在入口周围。

图 4-75 服装专卖店

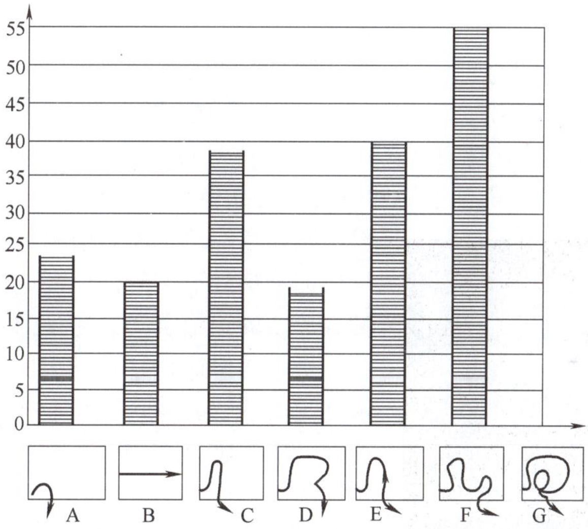

图 4-76 顾客的行为频率图

② 顾客从一个入口到另一个入口，从店堂穿过。

③ 顾客环绕店内一周。

④ 顾客迂回绕店一周，不停留。

⑤ 顾客行为在局部空间，并在某个位置附近停留时间较长。

⑥ 顾客在店内的步行轨迹曲折迂回，并在多处停留。

⑦ 顾客在店内回游次数多。

由图可以看出，第六种的回游型，能够遍及店内各个角落，增强顾客了解商品、触摸商品的可能性，是店堂设计中较理想的一种形式。增加顾客的回游性和行为内容频率，表现在店堂空间设计上，使空间有很好的吸引力，使店堂空间形式状态与顾客行为的两者关系，都处在比较满意、比较协调的情况下。

(2) 店堂识别导向系统

如何将顾客吸引入店堂，并使顾客在店内有较多的停留、进一步触摸商品、取出商品、试用商品，从而达到成交目的，这是经营者建造商店的根本目的，也是引导潜在购物的根本途径，这就涉及店堂识别与导向系统的问题。

易识别的商业室内环境有利于人们形成清晰的记忆和店堂形象，对于购物行为的定向、交往和找到要去的目的地起着积极的作用。同时，易识别的室内环境还使人在情绪上感到安全和安定。心理学家认为，辨别自身在环境中的位置是人的基本生物特性之一。一个方向混乱的环境，往往会使人感到很大的精神压力。

流线需要引导，人的注意力一次能涉及的范围不超过6～7个目及物，楼层面积大的营业厅，即使有明确的指示图，对于生疏顾客来说还是难以把握诸多柜台的空间位置，常常为找下一个货位或楼梯、出口而费心。那么，如何能将顾客引入店堂？这主要是通过诱导视线、诱导路线、诱导方向三方面来实现的。

① 诱导视线　一是店面的完美造型，二是通过门前标志识别。步行者对造型完美、独具特色且识别性强的商店，往往视觉反应敏感，随之诱发人们“逛店”的猎奇和购物欲望。主要的视觉导向有文字导向、图形导向、摄影导向、灯光导向、商品陈列导向以及空间导向等。

② 诱导路线和方向　指商店具有吸引购物者在连续购物运动中的注意力，并导向商店购物的流线。购物者在商业街中的运动行为一般为连续性的，步行在连续店铺门面前，如果店铺具有特色和魅力，或在临街门前有凹进、底层架空等变化，将导致购物者运动的转折、滞留与间歇，随之吸引注意力和诱发进入欲望。

图4-77　入口凹进的门面设计

诱导空间位于商店前沿，包括店铺门面凹进后形成的临街外部宅间、广场、骑楼和底层店面凹进拓空形成的边缘空间，它是商业街连续空间的中止或转折，是最活跃且具魅力的中介空间，形成可停留驻足的购物环境，有利于招徕顾客（如图4-77）。另外，内外都不一定有明显界限，室内空间与室外街面之间的渗透形成边缘空间，便于人们集散、驻留。商业建筑前广场成为有一定容量吸引人进入店堂的集中活动场所，其中空地、水池、休息座椅、视觉范围内的雕塑物等构成为人们稍事休息的场所，也为出入商店的大量人流提供集散区域。如何将顾客引入店堂内部纵深处，使之在店内回游，这就是内部导向的问题。

当购物者进入商店内部，会根据商品的陈设导向逻辑，在方便的视线范围内做出反应。人们对方向的选择一般不是出于无意识行动，而是受外界信息刺激所吸引。导向系统功能给可能有目的的人们达到自己选择必需购买物品的目的。他们常常选择较短的路径，要求快速迅捷。对于无明确购物目的的顾客，其行走路线无固定模式，显得随机和无秩序。当行走者被不断变化的空间景观系列和商品陈列序列所吸引时，就会感到他正朝向某个特定目标前进，或是被引向某个特定目的地。

4.4.4 商品展示与陈列及店堂空间设计

（1）商品的展示与陈列

商品的展示与陈列主要考虑到人体尺度和视觉的相关要求。按顾客在货架前常规的观看距离和角度，有效视线范围一般在 70～180cm。根据尺度和视觉原理，通常把货架划分成三个区域：印象陈列空间、主要陈列空间和搭配陈列空间，如图 4-78 所示。对敞开式售货的自选商场来说，顾客识别和选取商品的有效范围一般在地面以上 60～200cm，顾客选取商品频率最高的范围约在 90～180cm。图 4-79 是各类陈列设备的有效高度，可供设计时参考。

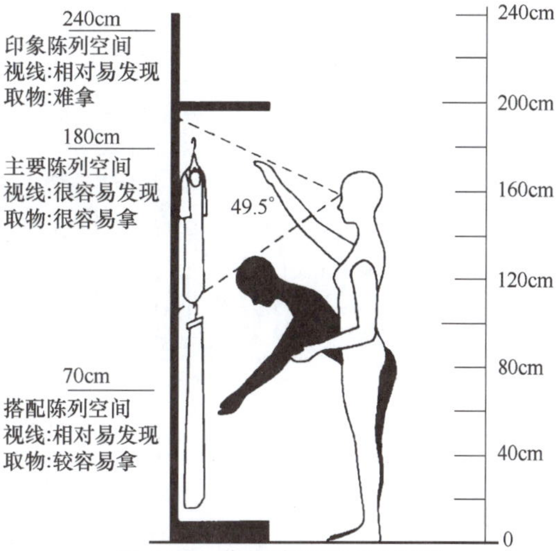

图 4-78 货架陈列的三个区域

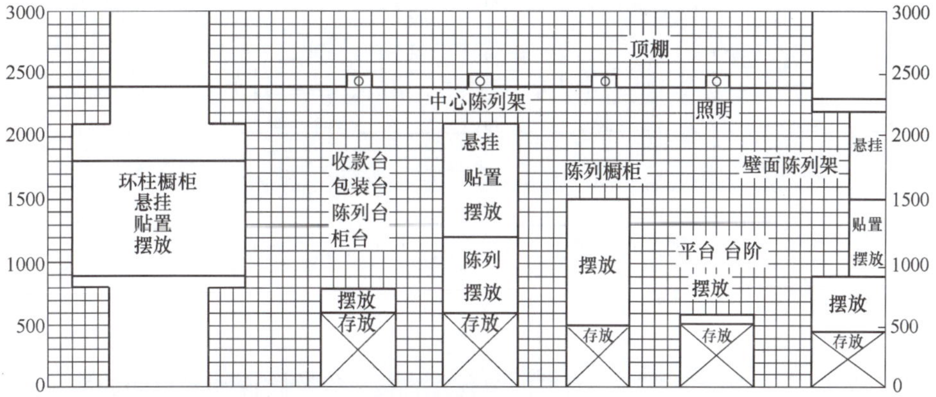

图 4-79 各类陈列设备有效高度（单位：mm）

图 4-80 某商店的橱窗展示

用于商品展示与陈列的设备主要有橱窗、陈列柜（台）和货架等。其尺寸、造型、结构以及各部分之间的比例等都符合人体生理、心理要求，便能达到操作简便、减轻体力消耗、提高劳动效率的目的。如图 4-80 是某商店的橱窗展示，模特和其他道具的布置，使服装得到了很好的展示，另外，墙面和雨篷的造型设计，增加了商店的现代感。图 4-81 是常见商店柜台、货架及收款台等设备的尺寸和空间通道尺度，可供参考。

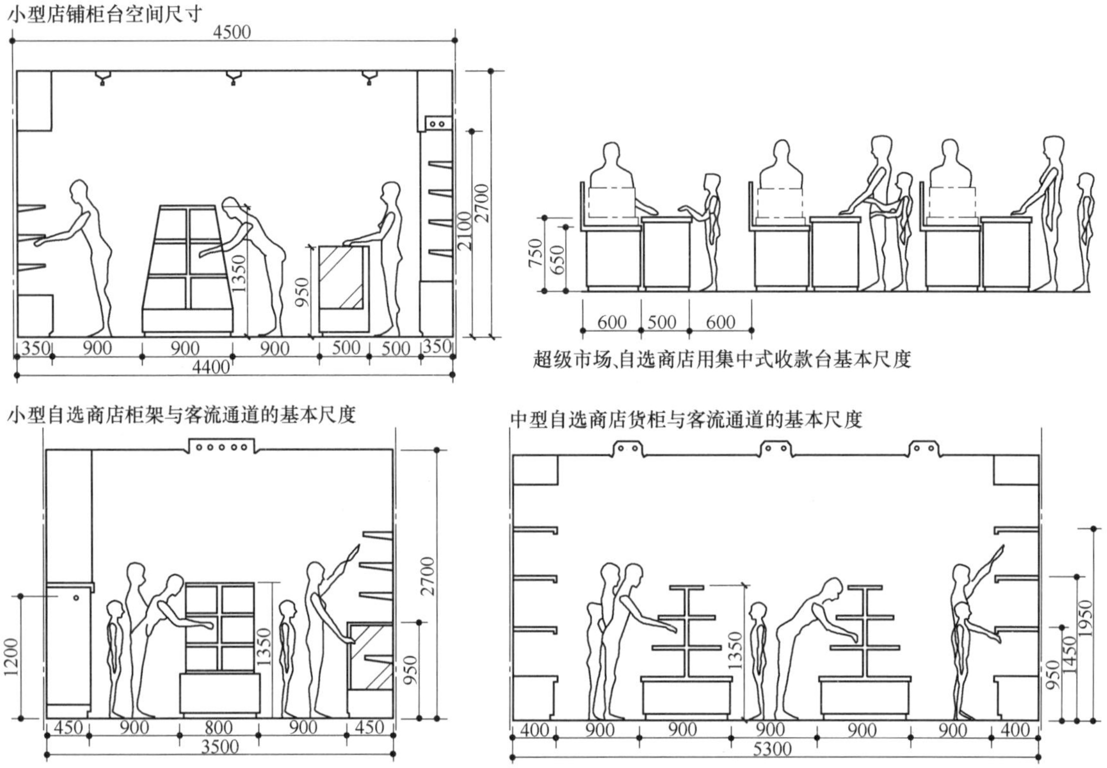

图 4-81 陈列设备与空间尺度（单位：mm）

（2）店堂通道

店堂通道的形状是购物的视觉导向，通道的宽度将直接影响顾客购物，太宽了造成面积的浪费，太小了，会产生拥挤。通道的位置将直接决定购物面和售货面的面积大小。

确定通道的宽度要考虑顾客购物、观看货柜和货架里的商品、行走活动的需要，还需考虑商品数量、品质和种类。按顾客在柜台前空间距离为 40cm，每股人流宽 55cm，两边都有货柜时，其通道宽为 W，顾客股数为 N，则

$$W=2\times40+55\times N(\text{cm})$$

一般人流数为 2～4 股，宽为 110cm～220cm，则通道宽约为 190cm～300cm。

一般顾客购物面积与售货面积的比例约为 1∶1，对于大型商业空间，考虑顾客的休闲需要，故顾客的活动面应适当增加。

（3）店堂环境氛围

店堂环境氛围的创造，是根据商店的性质、规模和顾客的行为及心理要求，通过店堂空间形态及其围合界面的设计与装修，橱窗、货架、货柜的布置和店堂人流组织，店堂内光环境和色环境的创造来实现的。

为了突出商品，方便顾客购物，店堂空间形态应简洁，多数为矩形空间。空间围合界面设计时，重点是顶棚，特别是大型商场，这是烘托店堂环境氛围的重要因素。其次是地面设计，多数采用防滑地砖或石材，尤其是大型商场；高档专业商店可采用木地板或地毯

等，墙面一般不作重点处理，要结合橱窗和货架统一考虑。陈列柜、货架布置要结合通道，考虑购物行为和空间形态布置。

室内光环境设计要结合店堂空间大小，商品性质，采用环境照明（结合店堂空间）、局部照明（结合商品）和艺术照明（结合景点）。室内色彩环境的创造，对于大多数商店，特别是大型百货商店、超级市场、自选商场等店堂，宜采用冷色调。而某些专业商店（如服装店）宜采用暖色调，使顾客有温馨的感觉。

4.5 人体工程学与展示空间的设计

在展示活动中，空间实质是构成了一种人与展品的对话关系，如何提供一种合理有效的人与人、人与物的交流方式，确保展商能传递或观众能接受足够的展示信息，这些都要从人体工程学角度加以解决。就展示空间设计而言，不仅要充分研究其流动、时间和满足观看等基本特性，同时也要细致分析观众活动、观看的行为方式、空间各部分的比例尺度与人在空间中的行为和感知方式相对应等，最终创造一种合乎展示活动需要的人性化空间。

4.5.1 观展行为与特征

（1）观展行为表现

观展行为是指人们为了观赏与求知而参加的一项社会公众的信息传播交流活动。它的完成要依赖于三个客观构成条件：即展品、观众和展示空间。

① 观看　观看在观展活动中，应占主导地位。它不仅是观众接受信息的主要方式，也是展示空间中，视觉刺激的主观反应，同时明确地提出主体的动机与目的。其心理过程如下：

无意→注目→兴趣→审视→思考→比较→记忆

在不同的场合，具体的表现形式也不尽相同。

② 走动　走动是指在观展过程中，为适应连续性观看的需要，所产生行为空间状态推移。走动有两种情况，一是在观展过程中的移动，这是无意识的调整自己的位置，如前后、左右，这就要求展品前留有足够的停留空间。二是有目的寻找要观看的内容而作的位置变化，这就要求同一类展品布置应有连续性。

③休息　观展是一种紧张的学习过程，时间长了就要休息。这就要求展品的陈列，要有一定的间隔，同一类展品的展线不宜太长，以便观众停留或休息。

④交流　在观展期间，观众相互间对话和议论，以及与讲解员和服务员的交流是人际间信息沟通的必不可少的一种形式。

（2）观展行为特性

展厅中人的行为的变化过程、分布的规律以及秩序感的表现，都是体现观展行为的特性。观展行为系数是按下面的形式作变化的：

驻留→走动→聚集→分散

从这一过程中就可发现观展行为具有以下几个特性：

① 秩序特性　观展行为是依据展示空间秩序和展示序列的安排所表现出来的时间的规律性与一定的倾向性；它是一种行为状态对客观环境的刺激作用的一种反应。这就表明展示空间秩序对研究行为模式和空间模式有一定的作用。

② 流动特性　行为的流动导致展示空间流程。人在展示空间里，受展品内容和有关导向的作用而按一定方式在流动。其流动的途径、流动方向选择的倾向、流线交叉点的位置的定位，均是展示空间设计、展品陈列、导向系统设计的依据。

③ 分布特性　在展示空间系统中，由于展品内容、个人因素、人际影响，使观众在展厅空间里的流动呈走动、滞留和聚集等各种现象。这种分布特点提示室内设计师，在展示空间设计和展品布置时，要根据人的分布行为，调整展示空间大小，或按展品的性质进行功能分区，这不仅能提高空间使用效率，而且能满足人的行为舒适性要求。

（3）观展行为习性

如何根据人的习性，设计观众流动途径、调整前进方向，设计展品陈列环境，这是室内设计师的职责。

① 求知性　这是观众的行为动机之一，要求在展品内容选择与陈列上，是观众不熟悉的东西。

② 猎奇性　这是人的行为本能，这要求展品的布展有特色，能吸引观众。

③ 渐进性　人对知识的追求是一个渐进的过程，这要求展品的选择有一个完整的，而在展示时则分段或分区按一定秩序布展。

④ 抄近路　这也是人们行为本能，这要求展品布置时，要满足观众的这一特点，少迂回，否则观众会绕道走过而不看展品。

⑤ 向左拐和向右看　多数观众进入展厅习惯向左拐（当观众较多时），而我国的文字书写是上下或从左到右，故展品的陈列次序，最好是从左到右，以便观众阅读，而展品的序言，最好设在入口的左端。

⑥ 向光性　这是人的本能，故展品陈列时，要有足够的亮度，又要避免眩光、陈列的背景要暗一点，故展厅最好采用高侧光或顶光，照度不够时，再加局部照明，避免展厅环境照度水平过高影响观展。

4.5.2　展厅的定位特性

人在广阔的展示空间里能明确自身的位置，主要依靠对展厅的定位特性有较好的记忆，从而能判断下一个寻找目标和确定转折点的前进方向，以及原有的入口所在。

展厅的定位特性有三点：

（1）特定的空间位置

人的定位是相对于参照物而言。如果展示空间的大小、形态都一个样，则观众就很难从空间上判断自己处在哪一个空间环境中。如果展品的陈列环境也是一个样，则观众也很难从陈列环境中得到判断。相反，不同展示空间有着自己的特点，或在同一空间里及局部形态中有一定的标识，这也有助于观众判断自身的位置。这就要求展厅的空间设计应有一定的特点和标识系统。

(2) 便捷路线

要使观众较快地明确自身位置，这就要求展线设计更简洁，不要过分曲折，否则会造成“迷宫”，使观众多走回头路。

(3) 特殊视点

展厅中的特殊视点是指展示空间中的特殊位置和该位置的特殊形态和标识。主要在三个位置：

① 出入口　展厅的出入口，展馆的出入口，其形态和标识要有显著的特点。以便观众记忆，特别是入口，要求很明显的标志。由于展厅大，展线长，往往出口和入口不在同一位置，如果没有鲜明的导向标识，常使观众找不到原有入口，找不到自己车辆停放位置。

② 前进中的判断点　如果展品内容很多，展线很长，观众常常要选择自己喜欢的内容，绕道某些展品，缩短参观路线，这就要求展品陈列时，不仅每区、每厅有一定的序号和标识，还要求在同一展厅里，每一段展线，在起始点有一个明确的判断点，以便观众选择。

③ 转折点　当展线较长需要转折时，在前后、左右、上下的方向判断点，也应有显著的特点并设指示标识。

4.5.3 展示布局

展示布局涉及展区方位、展区面积的大小及其与走道面积的比例和布局类型等问题。

① 展区方向　展区方向是根据整个展览馆的功能流动关系确定。具体落实到展馆基地上的时候，还要考虑基地环境、交通情况以及相邻建筑的关系等因素，这是总体设计问题。

在同一展厅中的展区定位，即展位的确定，要看整个展厅的展示内容。相互独立的展位，则要看其重要程度，确定不同地段和展出次序。对贸易型的展览会，就如同商场一样，各展位皆想抢占好的“市口”，这就需要协调。对于同一类型的展示，特别是教育型的展示空间，则根据教育的顺序及连贯性来确定其方位。

② 展区面积及其与通道面积比　由于展览性质不同，展示内容差异，观众人数多少等因素，通道面积和展览面积之比例也不相同，大体上是 1∶3 左右。具体情况如下：

观赏型的美术展：约 1∶4；

专业贸易型展览：约 1∶1～1∶2；

巨幅挂件展区：约 1∶4～1∶6；

精致小件展区：约 1∶20。

为适应不同陈列内容的需要，在展示独立设计时，应尽量设计成大空间，以便根据陈列内容的性质和规模，确定陈列室的布置方式。

③ 布局类型　展示的布局要根据不同的展示内容，满足不同观展路线的要求，以保证展示的灵活性。常见的展示布局有串联式、放射式、放射串联式、走道式和大厅式。各种布局的特点如图 4-82 所示。

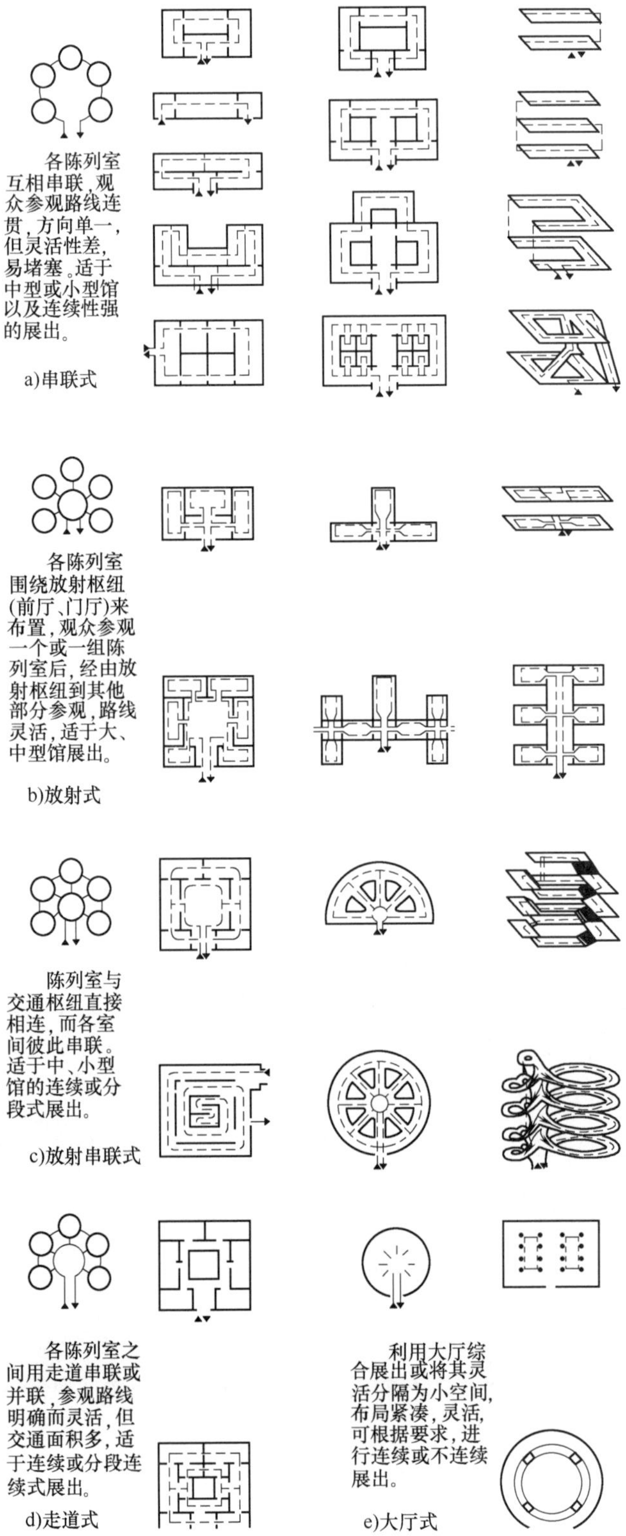

图 4-82　展示布局的类型

4.5.4 展示尺度和陈列中的视觉关系

（1）人流与通道尺度

一般展示空间的通道宽度，是按人流股数计算的（每股人流以 60cm 计）：最窄处应能通过 3～5 股人流；最宽处可通行 8～10 股人流；需要环视的展品、周围至少应有 2m 左右宽的通道，低于这些标准，可能会造成人流堵塞，或损坏展品。如图 4-83 为展示中常用的通道尺寸示意图。如图 4-84 展示中人流与通道的关系。

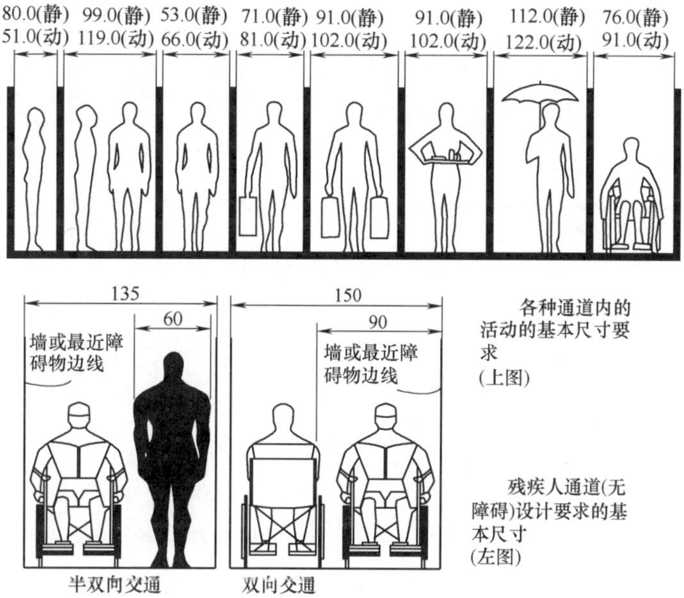

图 4-83　展示中常用的通道尺寸示意图（单位：mm）

（2）展品陈列尺度

展品的陈列是展厅设计的主要内容，展品的布局好坏直接影响展示效果。展品的陈列尺度要根据人体尺度与展柜和展板的关系（如图 4-85），以及展品与人的视野关系（如图 4-86、图 4-87）等来确定，并保持与展品之间有一个合适的距离。

（3）展示中的视觉关系

展示中的视觉关系除了展品陈设的远近和高低，以及采取水平方向还是垂直方向作为观看的流线外，还包括展品陈设的密度以及光线设置的方向、位置和明暗程度等问题。例如展品横向的水平陈列比竖向的垂立陈列更适合于观众的视觉移动规律，横向的流程线路也易诱导观看人流的移动，避免人流的堵塞。陈列密度同展厅

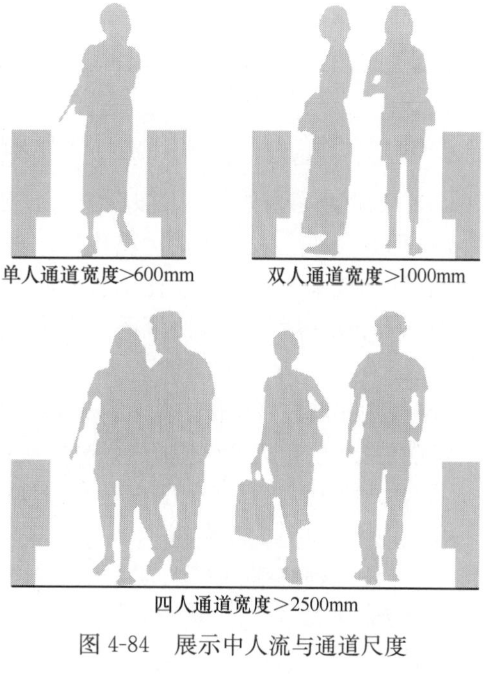

图 4-84　展示中人流与通道尺度

空间的大小以及展品的大小、视距的远近和参观人数的多少直接相关，应根据具体的情况而定。

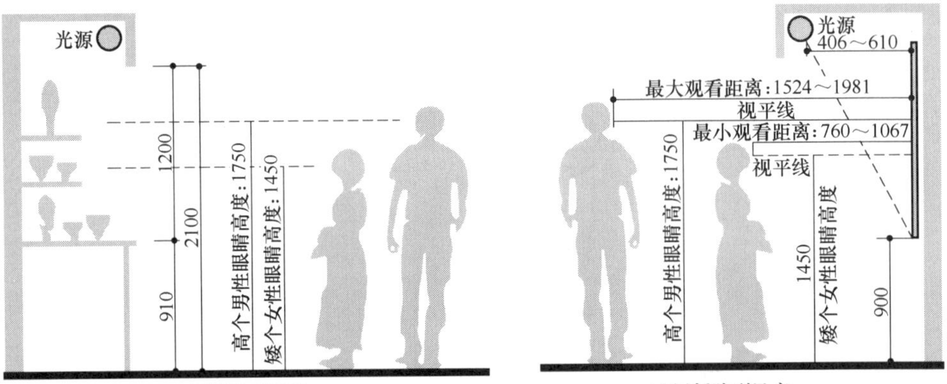

a) 展柜陈列尺度　　b) 展板陈列尺度

图 4-85　展柜与展板陈列尺度（单位：mm）

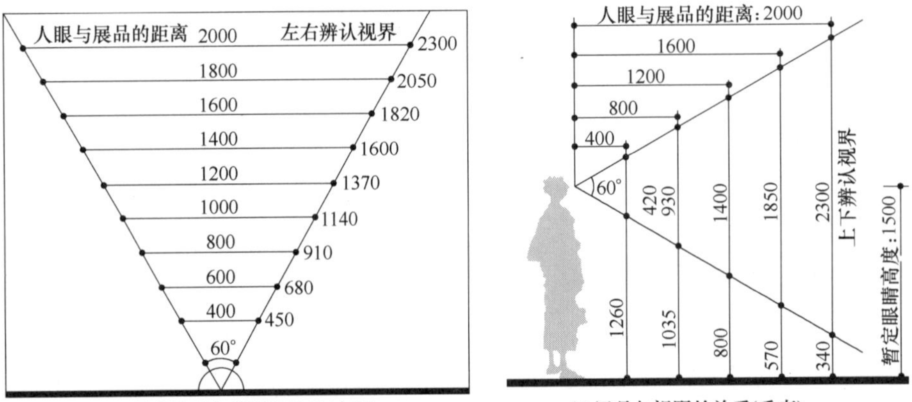

a) 展品陈列与视野的关系(水平)　　b) 展品与视野的关系(垂直)

图 4-86　展品与视野的关系（单位：mm）

① 人的视觉运动规律　人眼视线习惯于由左至右，由上至下运动。因此，展示内容的次序排列亦应适应人的视觉运动特征，平面布局秩序通常按顺时针方向组织。

人眼的视线水平方向运动比垂直方向快；眼球上下运动比左右运动容易产生疲劳，两眼的运动方向和速度是同步协调的；人眼对所视物的直线轮廓比曲线轮廓更易接受。

② 视区分布　水平方向视区：

水平视角 10°以内是最佳视区，人眼的识别力最强。

人眼在中心视角为 20°范围内是瞬息视区，可在极短的时间内识别物体形象。

人眼在中心视角为 30°范围内是有效视区，需集中精力才能识别物象。

人眼在中心视角 120°范围内为最大视区，对处于此视区边缘的物象，需要投入相当的注意力才能识别清晰。人若将其头部转动，最大视区范围可扩展到 220°左右。

垂直方向视区：

人眼的最佳视区在视平线以下约 10°左右，视平线以上 10°至视平线以下 30°范围为良好视区，视平线以上 60°至视平线以下 70°为最大视区。

从对视觉的科学分析中我们得出如下几种视觉运动规律。如以人体尺度来确定展示中的陈列高度以及墙面和板面上的展示陈列区域，一般是从距地面 80cm 起，上至高约 320cm；因人视觉的限制，展品陈列高度不宜超过 350cm；经常运用的展示高度是在 80～250cm 之间的区域。墙面和板面上最佳陈列区域是在标准视线高以上 20cm、以下 40cm 之间这个 60cm 宽的水平区域、如果以我国人体的标准高度 167cm 计，最佳陈列高度应为 127～187cm、重点展示的展品在此区域易获得良好的效果。

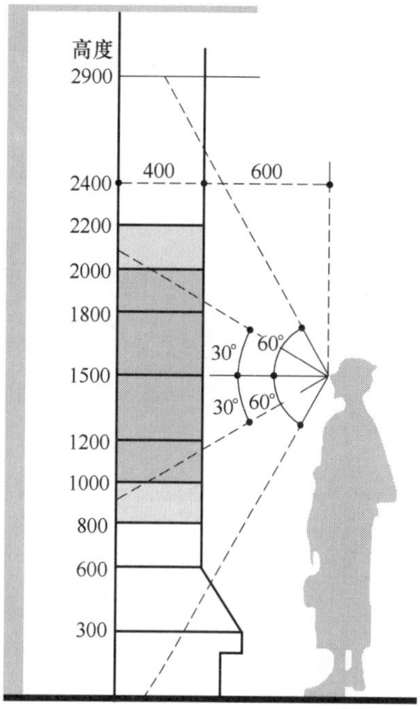

图 4-87 展品、视距与辨认视界的关系（单位：mm）

展示陈列中还应根据人的视觉范围的限定。注意处理好视角与视距问题。一般来讲，能使观者看到展品全貌的正常竖向视角通常为 26°、能使观者看清展品全貌的正常横向视角为 45°。观看墙面和展板上的平面展品，应使主视线与墙面、板面或画面垂直，才能得到最佳的展示效果。视距一般是展品高度的 1.5～2 倍，展品小，视距也小；反之，视距也就大。

此外，在一般情况下，人的视线总是习惯性地沿着一定顺序流动，如自左向右、自上而下，由前往后，由中心向四周等。可根据视觉流程和最舒适的视域尺度，来选定展品在展示中的最佳的部位。

4.5.5 展示环境

展示环境主要涉及展厅里的光、色环境，温、湿环境，安全防护以及休闲等因素。

（1）光环境

展厅中的光环境设计主要包括自然采光和人工照明。由于自然采光有不同时间的变化。光线的移动变化常常影响物体的视觉效果，难以维持恒常的光照质量标准。因此，对于展示照明来讲，一般很少完全以自然光源为主要依据来考虑展示的视觉效果。即使是在白天，也必须以强烈的人工照明来保持恒常不变的光照效果。另外，自然采光在展示中的最大问题是眩光。这种眩光随着展示外界自然光线的强弱或移动而增减或变化，严重影响着展品的陈列效果。因而在展示照明设计中，一般以人工照明作为主要考虑对象，其恒常性和自由性可使展示得到充分的表现。

一般来说，展示空间较多采用高侧光和顶光，其照明环境必须满足以下要求：

① 展品表面照度一般在 200～2000lx，光敏度的展品表面照度不小于 120lx。各类展

品照度最低值见表 4-3。

② 保证展品照度与展厅一般照度之比不小于 3∶1，防止光影互相干扰，影响视线。

③ 采用玻璃布置展品时，应保证柜内照度高于一般照度 20%，防止产生镜像。

④ 灯具布置要注意其显色性，发光效率，投光形式及产生的视觉效果等各因素。在设计中应考虑有足够的导轨灯来补充照度不够或充实展厅气氛。如图 4-88 为防止展品反射的布灯位置。

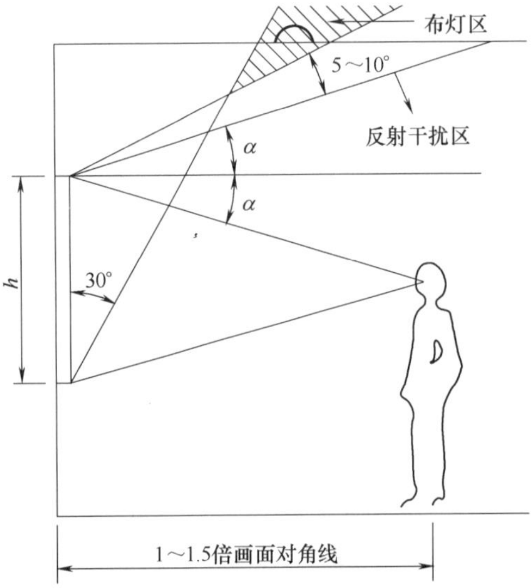

图 4-88 防止展品反射的布灯位置

(2) 色彩环境

为了烘托展品，减少视觉疲劳，展厅空间界面的色彩多采用中性色，少数则采用冷色系。色彩设计应遵循如下原则：一应该有色彩基调，不可太花哨；二要有助于展示主题内容的表达，表现某种情调和气氛；三要有助于突出展品，色彩与展品为互补色或对比色；四要有益于观众参观，不过于刺激和不伤害观众的视觉器官；五要符合观众的欣赏习惯，设计师要了解观众对色彩的喜好和禁忌；六要有意识、有针对性地使用色彩，例如运用绿色营造宁静的气氛或消除疲劳，使用紫色让人获得安全感，使用蓝色使人富有理智，使用藕荷色体现妩媚和柔情等。

表 4-3 各类展品所需照度最低值

展品种类	天然采光照度系数 e/%	人工照明照度标准/lx	
		荧光灯	白炽灯
中国古画	2～3	150～250	100～150
油画、青铜器、精密仪器	1.5～2.5	150～225	85～125
中国画、版画、手稿、印刷品、照片、雕塑、工艺品、纺织品、小型动物标本	1.5～2	150～200	85～125
一般动植物标本、机器零部件、农产品	1～1.5	100～150	75～85
大型机器、交电设备、冶金产品、大型农产品	1	100～150	60～75

(3) 温、湿环境

大多数展厅不考虑展品的温度和湿度的要求，而考虑观众的热环境要求。条件许可时则采用空调系统。而对于永久陈列的展厅，如博物馆的展厅，特别是收藏贵重物品、书画等，为防止温度和湿度的变化而影响展品，则需采用空调系统，一般认为温度在 20～30℃，相对湿度不大于 75%时比较合适。

① 展示的温度标准　在国际上，博物馆和画廊的室温要求恒定在 18～22℃，昼夜温差不超过 1℃。一般展馆的展厅也应将温度控制在 16～18℃之间。假如室内太冷，会降低观众的参观兴趣。相反，如果太热，会造成观众血液加快、心跳加速和出汗，导致情绪烦躁，甚至中断参观，影响参观效果。在这种情况下，就需要使用空调器或风机来调节控制

室温。

展厅的湿度标准：博物馆与画廊的室内相对湿度一般为40%，不应超过60%。假如湿度过小，由于室内干燥会导致纸质展品崩裂、油画油彩碎脱，也会使观众口干舌燥，妨碍参观。一般湿度过大，例如超过80%，馆内纸、木和竹质展品就会逐渐腐烂、发霉；而且也会使观众感到闷热、出汗、心烦意乱，降低参观的兴趣。根据经验，室内相对湿度如果控制在44%左右，对观众来讲是最舒适的。

② 展厅对空气质量的要求　室内空气质量对人来说是个非常关键的问题。污浊的空气对人的眼睛、皮肤和呼吸道都会产生强烈的刺激，可导致支气管炎、过敏性哮喘、肺炎和肺水肿；有毒气体会损伤人体呼吸系统和神经系统，甚至使人丧命。展厅的空气应该是清新的、无污染的、流通的，并含有大量氧气，能迅速将观众大量呼出的二氧化碳和其他有害气体排出室外。展示过程中使用的煤气、氯气、氮气、氢气等，要确保不泄漏，避免燃烧或爆炸。应确保室内的化学性污染、物理性污染、生物性污染与放射性污染都不存在，或者都低于国家规定的标准。优良的空气质量对观众和展场工作人员的情绪和身心健康都是十分重要的。

在人流聚集的展示空间环境中，空气必须是流动的，其流速应控制在0.7m/s左右。当室内湿度每增加0.3℃时，室内空气流速就需要增加0.1m/s。否则，温度升高，湿度也随之加大，观众就会感到闷热难耐，丧失继续参观的兴致。

(4) 休闲问题

展厅的休闲问题，不仅指观众休息室，而更多的是公共部分的空间，要有休闲的环境氛围及有关的公共设施。在大型的展示活动场所，还应该设置一些休息座椅以及向观众提供饮料的地方。

4.5.6 常用展具及其尺度

展具类型主要有展台、展架、展柜、展板、灯箱等。其基本尺寸如表4-4所示。大面积摆放展品的展台造型包括平直式、斜边式和阶梯式三种类型。矮展台的高度范围约为50～100mm，高展台高度范围约为150～400mm，通常为200mm，展台宽度范围约为600～1500mm，常见宽度为700～900mm。高展柜的高度约为1800～2400mm，长度约为1600～2000mm，宽度约为450～900mm。

表4-4　常用展具基本尺寸参考值

道具类别		长度/mm	宽度或深度/mm	高度/mm	
				总高度	底部至地面高度
展台	高展台	400～1600	400～1400	—	400～1400
	矮展台	—	700～900	—	100～300
展柜	高展柜	1800～2400	450～1500	1800～2200	400～800
	平展柜	1200～1500	700～1500	1050～1200	400～800
屏障	屏风	>2000	>100	3000	800
	展板	600～1800	—	1800～2400	800
	隔板	2000～4000	—	—	2000～3500

续表

道具类别		长度/mm	宽度或深度/mm	高度/mm	
				总高度	底部至地面高度
标牌	标题牌	900～2400	20～40	—	—
	说明牌	400～1200	—	800～1400	—
	广告牌	＞1500	—		＞2000
	小标签	70～200	—		50～120
方向标		—	—	1600～2200	—
栏杆柱		直径约15～30，柱底座直径约150～300		550～900	—

随着现代商业展示内容的丰富，展具已成为现代家具业中的一个专业化的家具类型。商业展示家具主要有：商品陈列地柜，商品陈列高柜，陈列架，展示台，展示橱窗，展示挂架，收款台、接待台、屏风、展台、展柜、组合式展示家具等，商业展示家具的设计与制作也与特定的展示商品和内容一致，同时工业化标准部件、现场组装是商业展示家具的主要制造工艺，人体工程学是商业展示家具在造型尺度、视觉、触觉设计上的主要依据。

作业与思考题

1. 什么是居住行为空间秩序模式图？找一些家居空间平面图和效果图，对平面布局的合理性进行分析，并对家居空间的色彩、光环境等进行人体工程学的设计分析。
2. 办公空间的工作区设计主要有哪几种形式，试对每种形式的优缺点进行分析。
3. 分析购物的心理过程以及购物心理对购物环境的要求。
4. 分析商业空间商品展示与陈列与人体尺度和视觉的关系。
5. 分析观展的行为习性，并对展示陈列中的尺度和视觉关系进行分析。

5 人体工程学与家具设计

在漫长的家具发展历程中，对于家具的造型设计，特别是对人体机能的适应性方面，大多仅通过直觉的使用效果来判断，或凭习惯和经验来考虑，对不同用途、不同功能的家具，没有一个客观的科学定性分析。如一些宫廷家具，不管是欧洲国王，还是中国皇帝使用的家具，虽然精雕细刻，造型复杂，但在使用上让人感到舒适的却不多，有些甚至是违反人体机能的。20 世纪 70 年代以来，随着人体工程学深入人类工作、生活的各个领域，其在家具设计中的应用研究也日臻成熟，越来越受到广泛关注。

现代家具设计最重要的因素就是“以人为本”，进一步以科学的观点研究家具与人体的相互作用，基于人性化的设计开发，力求以人体动作姿势和身体结构特征为依据进行家具的合理化设计，从“机械设计”走向“生命设计”。现代家具的设计早已超越单纯实用的需求层面，而是建立在对人体的构造，尺度、体感、动作、心理等人体机能特征的充分理解和研究的基础上来进行的系统化设计。从而使现代家具的尺度、造型、色彩及其布置方式更符合人体生理、心理及人体各部分的活动规律，以便达到安全、实用、方便、舒适和美观等目的。

5.1 人体基本动作分析

人体是一个多变的结构，其动作也是千变万化的。从家具设计的角度来看，合理的依据人体在一定姿势下的生理、身体结构和特点来设计家具，能调整人的体力损耗、减少肌肉的疲劳，从而极大地提高工作效率。因此在家具设计中对人体动作的研究显得十分必要。与家具设计密切相关的人体基本动作主要是立、坐、卧。

立：人体站立是一种最基本的自然姿态，是由骨骼和无数关节支撑而成。当人直立进行各种活动时，由于人体的骨骼结构和骨肉运动时处在变换和调节状态中，所以人们可以作较大幅度的活动和较长时间的工作，如果人体活动长期处于一种单一的行为和动作时，他的一部分关节和肌肉就长期地处于紧张状态，就极易感到疲劳。人体在站立活动中，活动变化最少的应属腰椎及其附属的肌肉部分，因此人的腰部最易感到疲劳，这就需要人们经常活动腰部和改变站的姿态。

坐：当人体站立过久时，他就需要坐下来休息，另外，人们的活动和工作也有相当大的部分是坐着进行的，因此需要更多地研究人坐着活动时骨骼和肌肉的关系。当人坐下休息时，人体的躯干结构就不能保持原有的平衡，人体必须依靠适当的坐平面和靠背倾斜面来得到支撑和保持躯干的平衡，使人体骨骼、肌肉在人坐下来时能获得合理的放松，因此，坐椅及相关配套家具设计的合理性就直接影响人体坐姿的舒适度。

卧：卧姿是人希望得到最好的休息状态，不管站立和坐，人的脊椎骨骼和骨肉总是受到压迫和处于一定的收缩状态，躺卧却能使脊椎骨骼的受压状态得到真正的松弛，从而得到最好的休息。因此，床垫的优劣直接影响人睡眠、休息的质量。

家具产品本身是为人使用的，我们把人的工作、学习、休息等生活行为分解成各种姿势模型，以此来研究家具设计，根据人的立位、坐位和卧位的基准点来规范家具的基本尺度及与家具间的相互关系。如设计座椅高度时，就是以人的坐位（坐骨结节点）基准点为准进行测量和设计，高度通常定在390～420mm之间，因为高度小于380mm，人的膝盖就会因拱起而引起不舒适的感觉，且起立时显得困难；若大于人体下肢长度时，体压分散至大腿部分，使大腿内侧受压，小腿肿胀等。另外，座面的宽度、深度、倾斜度、靠背弯曲度等都充分考虑了人体的尺度及各部位的动作规律。

5.2 人体工程学与坐卧类家具的设计

坐卧类家具是指与人体直接接触，起着支承人体活动的一类家具，如椅、凳、沙发、床榻等。坐、卧是人们日常生活的主要行为之一，当人处于办公、休息、进餐、开会等各种活动时，无不是在坐、卧状态下进行的。如何坐的舒服、睡得安宁和提高工作效率等是坐卧类家具设计的重点。这些问题需要从人体工程学角度加以分析来得到合理解决。

5.2.1 人体坐姿与座椅的设计

人类最早使用座椅完全是权力地位的象征，坐的功能是次要的。直到20世纪初，人们才开始认识到坐着工作可以提高工作效率，减轻劳动强度。不论在工作、在家中、在公共汽车或在其他的任何地方，每个人在他的一生中总有很大的一部分时间是花在座位上面。座椅对人体有如下好处：

① 减轻腿部和全身的肌肉负荷，降低人体能量消耗。

② 腿部血管内静压降低，血液易于向心脏回流循环，能缓解疲劳。

③ 有利于身体的稳定和情绪安定。对脑力劳动或非脑力型精细操作，视觉作业更适宜。

④ 解放了双脚，使腿脚能参与操作，还能利用靠背发挥腿脚的蹬力。

当前，大多数办公室人员、脑力劳动者、部分体力劳动者都采用坐姿工作。随着技术的进步，越来越多的体力劳动者也将采取坐姿工作，虽然坐下工作对人体有益，但不正确的坐姿也会影响人们的健康。因此，近年来座椅的研究设计受到了广泛的重视。

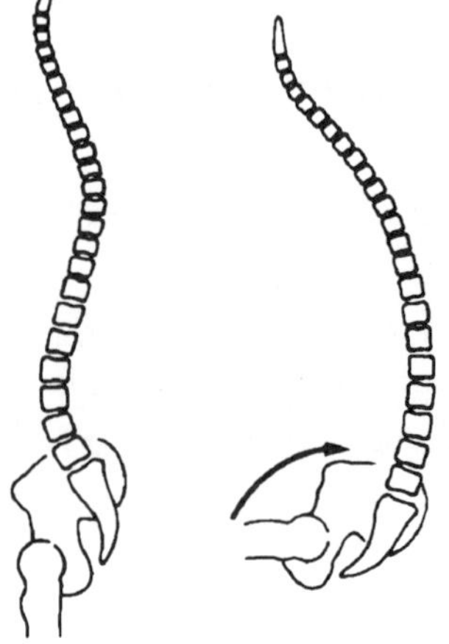

图5-1 站姿（左）和坐姿（右）时脊柱形状

5.2.1.1 坐姿的生理特征

人最自然的姿势是直立站姿，直立站姿时脊柱基本是呈S形，此时的椎间盘内压力较均匀，受力较小。当人坐下时，骨盆向后方倾转，因而使背下端的骶骨也倾转，使脊柱由S形（正常形）向拱形变化（如图5-1），这样使脊柱的椎间盘受很大压力，从而导致腰痛等疾病。另外，坐面设计不妥，会使大腿受压迫，阻碍下肢的血液循环，造成下肢麻木。这些对于坐姿的舒适性会产生明显的不利。

从坐姿生理特征分析，不正确的坐姿不但不能减轻腰的负荷，反而加重负荷。许多人建议人应直腰坐，以保持脊柱的自然S形，从而有利于降低椎间盘的内压力，但此时背部肌肉负荷会增大。相反，弯腰坐有利于肌肉放松，但增加了椎间盘的内压力。由此我们可以发现，肌肉和椎间盘对坐姿的要求是矛盾的。因此，我们要设计合理的靠背来倚靠，即要降低椎间盘的内压力，也要让人背部肌肉得到合理的放松。

研究表明，第三和第四腰椎间所受的压力最大，若将人体直立时第三和第四腰椎之间所承受的压力定为100%，其他不同姿势状态下的相对压力如图5-2，从图中可以看出坐姿的椎间盘内压力明显增大，直腰坐和弯腰坐分别为140%和190%。因此，坐姿对下半身（下肢）有利，而对上半身无利。设计座椅时，要尽可能减小椎间盘的内压力，研究脊柱的姿势对椅子的设计极其重要。在椅子的人体工程学研究中，需要对椅子进行各种尺寸和角度的测试（如图5-3），以满足不同坐姿状态下的使用要求和舒适性。

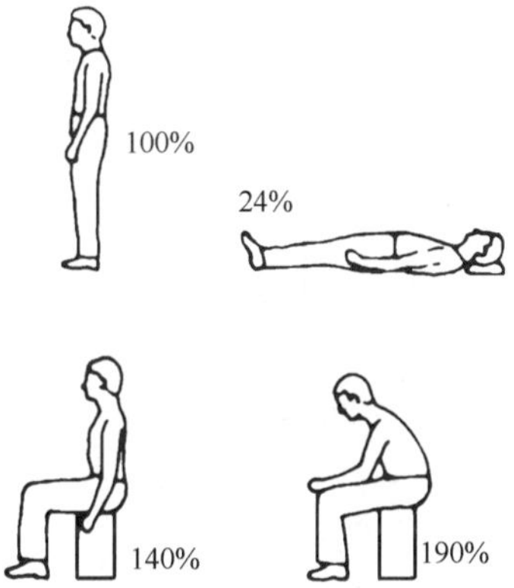

图5-2　不同姿势状态下的椎间盘内压力（第三和第四腰椎间的相对内压力）

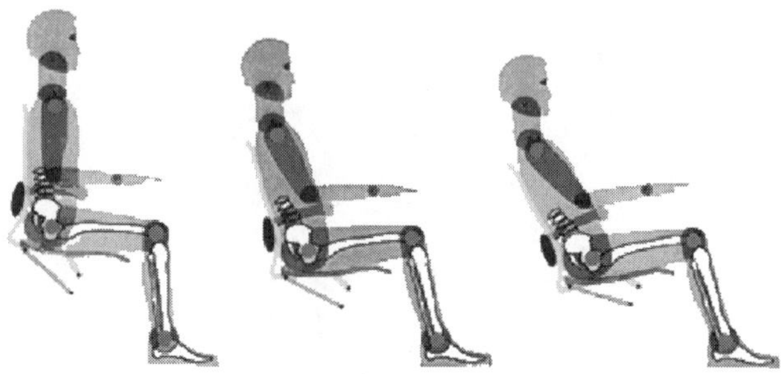

图5-3　座椅设计尺寸与角度的调试

5.2.1.2　座椅设计的基本原则

座椅根据用途的不同，一般可以分为工作用椅、休息用椅和多功能用椅。座椅用途不同，其设计要求也不相同，但仍然有一些共同之处，可以概括出以下一些基本原则：

① 座椅的形式及尺度和它的用途相关，即不同的用途应有不同的座椅形式和尺度。

② 应根据人体测量数据进行设计。

③ 身体的主要重量应由臀部坐骨结节承担，坐垫要有一定厚度、硬度和透气性，有助于将人体重量的压力分布于坐骨结节区域。休息时腰背部也应承担重量。

④ 座椅对人体有足够的支撑与稳定作用，尽量减少大腿对椅面的压力。

⑤ 应设计腰部支撑和适当的靠背以降低背部紧张度。

⑥ 应能方便地变换身体姿势，并能防止滑脱。

5.2.1.3　座椅的基本功能尺寸分析

座椅的基本功能尺寸包括座高、座深、座宽、座面倾角、靠背、扶手高度、椅垫垫性等（如图5-4），下面作简要分析。

（1）座高

座高通常是指坐前沿至地面的垂直距离，即座面前缘的高度。座高是影响坐姿舒适程度的重要因素之一，也是确定靠背高、扶手高和桌面高等一系列尺度的基准。坐面高度不合理会导致不正确的坐姿，而且容易使人体腰部产生疲劳。座高过高，则双脚悬空，体压有一部分分散在大腿部分，使大腿血管受到压迫，妨碍血液循环，容易导致疲劳。座高过低，膝盖拱起，大腿碰不到椅面，体压过于集中在坐骨结点上，时间久了会产生疼痛感；另外，座面过低，人体形成前屈姿态，会增大背部肌肉的活动强度，且重心过低会造成起身时的困难，尤其对老年人来说更为明显。舒适的坐姿应使大腿近似水平的状态，小腿自然下垂，脚掌平放在地上，膝窝不受压，臀部边缘及大腿在椅面获得“弹性支承”。

如图 5-5，给出了座面高度与座面的体压分布的关系，由图可以看出，当座高低于膝盖高度时，体压集中在坐骨结点上，当座高与膝盖同样高时，体压主要分布在坐骨结点部分，但稍向臀部分散，这种情况较符合坐骨能承受较大压力的现象；当座高高于膝盖高度时，两腿悬空，使大腿内侧受压，妨碍血液循环而引起腿部疲劳。因此设计时必须寻求合理的坐高与体压分布。

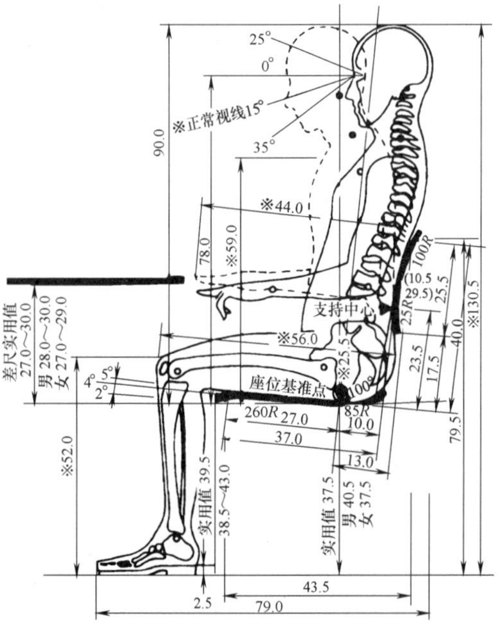

图 5-4 座椅的尺寸（单位：cm）

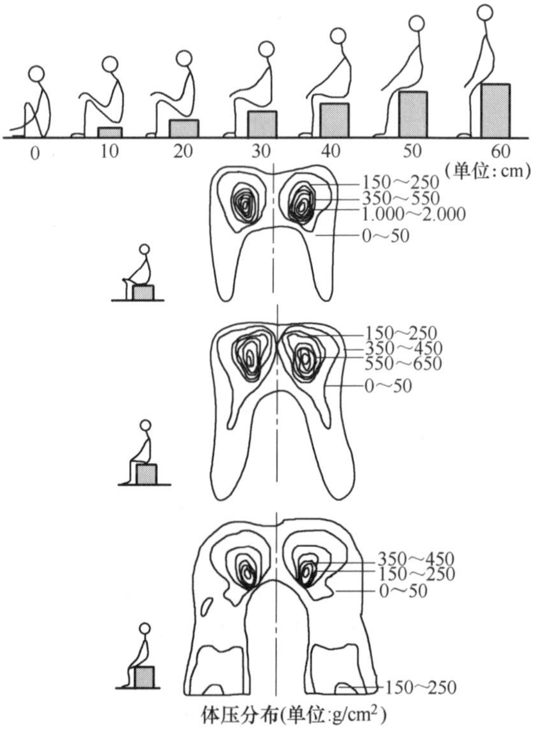

图 5-5 座面高度与压力分布的关系

椅子座高的计算。据研究，合适的座高应略小于小腿加足高。原则上应以小腿加足高第 5 百分位为设计依据。椅子的座高等于小腿加足高加上鞋厚（男 25mm，女 20mm）再减去 10～20mm 的活动余量，即：

座高＝小腿加足高＋鞋厚－适当活动余量

国家标准 GB/T 3326 规定一般椅座高：400～440mm

对于用途不同的座椅，其座高要求也不一样。一般工作椅座高要比休息用椅高些，且设计成可调节为好，工作椅调节范围为 350～460mm，以适合各种高度的人的需要。工作椅的座高还要考虑工作台面的高度来确定，当作业面高度固定时，椅高上限应根据身体较矮的作业者的要求来定。休息用椅（如沙发、躺椅等）高度可略低一些，使腿向前方伸展，靠背后倾，有利于脊椎处于自然状态和放松肌肉，也有助于身体的稳定。沙发的座高一般为 360～420mm。

（2）座深

座深是指椅子座面前沿至后沿的距离。座深对人体坐姿的舒适影响也很大。如坐面过深，超过大腿水平长度，腰部缺乏支撑点而悬空，会加剧腰部肌肉的活动强度而疲劳；同时坐面过深，还会使膝窝受压，从而产生下肢麻木、难以走立。如座深过浅，大腿前部悬空，身体前倾，使人体重量全部压在小腿上，使小腿很快疲劳。座深的设计应满足以下三个条件：

① 臀部得到充分的支撑。

② 腰部得到有效的支撑。

③ 座面前缘与小腿留有适当的距离，以保证大小腿不受挤压。

通常座深应略小于人坐姿时大腿的水平长度，使坐面前沿离开小腿有一定的距离（约 60mm 间隙），保证小腿有一定的活动自由。一般应以第 5 百分位的臀部—膝腿部长度数值为依据进行设计。国家标准 GB/T 3326 规定一般椅子座深：340～420mm。沙发或休闲的躺椅，靠背倾角较大，故座深可设计得稍大些，如软体沙发座深为：480～600mm。休闲躺椅或沙发在使用时，前面可设置一弹出搁脚板或放一脚垫，使得休闲坐姿更加舒适（如图 5-6）。

图 5-6 配脚凳使用的休闲椅

（3）座宽

座宽是指座面的水平宽度。椅子座面的宽度根据人的坐姿及动作，往往呈前宽后窄的形状。座面的前沿宽度称坐前宽，后沿宽度称坐后宽。座椅的宽度应使臀部得到全部支承并有适当的活动余地，便于人体坐姿的变换。座宽＝坐姿臀宽（女性 95 百分位）＋穿衣修正量＋活动余量，一般座宽不小于 380mm，对于有扶手的椅子来说，座面宽要比无扶手的宽一些，这是因为如果太窄，会使人手臂往里收紧，不能自然放置；太宽的话，双臂外向扩张，也不能自然垂放（如图 5-7）。有扶手的椅子一般以扶手的内宽来作为座宽的尺寸，一般不小于 460mm。

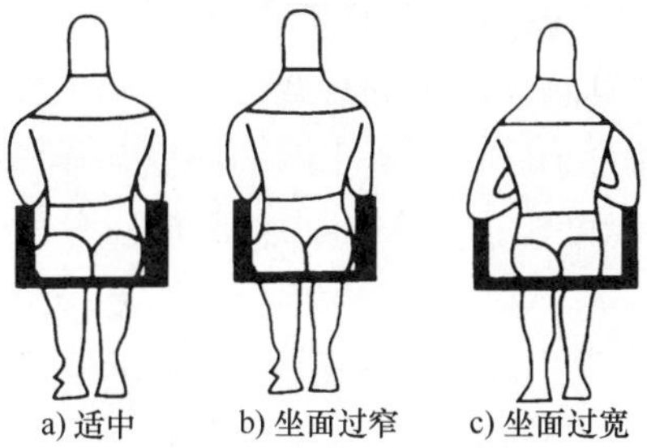

图 5-7 扶手椅的座宽

（4）座面倾角

座面倾角是指座面与水平面的夹角。从人体坐姿及其动作的关系分析，人在休息时，人的坐姿是向后倾靠，使腰椎有所承托。因此一般休闲椅的座面都设计成向后倾斜，座面倾角约为 5°～23°。而一般的工作椅则不希望座面有向后的倾斜度，因为人在工作时，其腰椎及骨盘处于垂直状态，甚至还有前倾的要求，如果使用有向后倾斜面的座椅，反而增加了人体力图保持重心向前时肌肉和韧带收缩的力度，极易引起疲劳。因此一般工作椅的座面以水平为好，座面倾角取 0°～5°为适宜。常见椅类家具的座面倾角如表 5-1。也有一些椅子考虑向前倾斜的设计，为防止下滑，可增加“膝靠”。如挪威设计师设计的“平衡”椅，如图 5-8，也是根据人体工作姿态的平衡原理设计而成，座面作小角度的向前倾斜，并在膝前设置膝靠垫，把人的重量分布于坐骨支撑点和膝支撑点上，使人体自然向前倾斜，使背部、腹部、臀部的肌肉全部放松，便于集中精力，提高工作效率。

表 5-1　常见椅类家具的座面倾角

家具种类	座面倾角/°	家具种类	座面倾角/°
餐椅	0	休闲椅	5～23
工作椅	0～5	躺椅	≥24

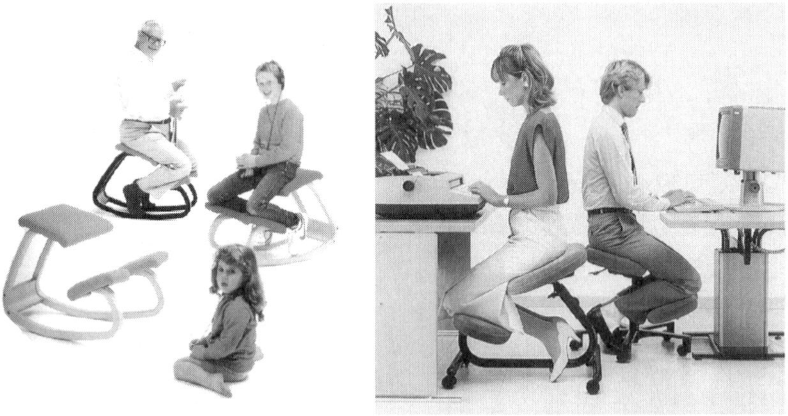

图 5-8　挪威的斯托克公司设计的平衡椅

（5）椅子靠背

靠背的作用就是使躯干得到充分的支承，缓解体重对于臀部的压力，减轻腰部、背部和颈部肌肉的紧张程度。

① 靠背倾角（如图 5-9）　靠背与水平面的夹角。倾角越大，休息性越强，但倾角过大使起坐不方便；休闲用椅由于靠背长度增加，故倾斜角度也随之增加；对于工作用椅则应将靠背倾角减少，接近垂直状态，从而增大活动范围，提高工作效率。如图 5-10 是不同靠背倾角下的肌电图和椎间盘内压力。图中是通过实验测得的不同靠背倾角时第三和第四腰椎间的内压力以及第八胸椎附近的肌电活动电位的大小。可以看出，当座面与靠背夹角在 110°以上时，椎间盘压力显著减小。因此，此角度可作为工作与休息用椅区分的设计参考。

② 靠背的高度和形式　中背椅（如图 5-11）的靠背高度一般上沿不宜高于肩胛骨（相当于第 8～9 胸椎），高约 460mm。对于专供操作的工作用椅，靠背要低些，属于低背椅（如图 5-12），一般支持位置在上腰凹部第 3～4 腰椎处，高约 185～250mm。低背椅便

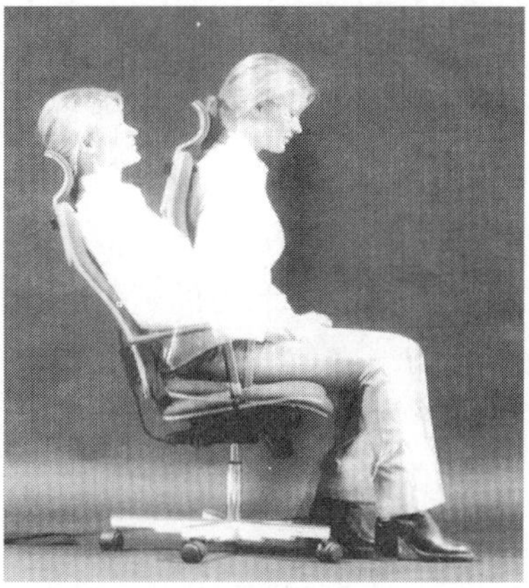

图 5-9 舒适的靠背倾角

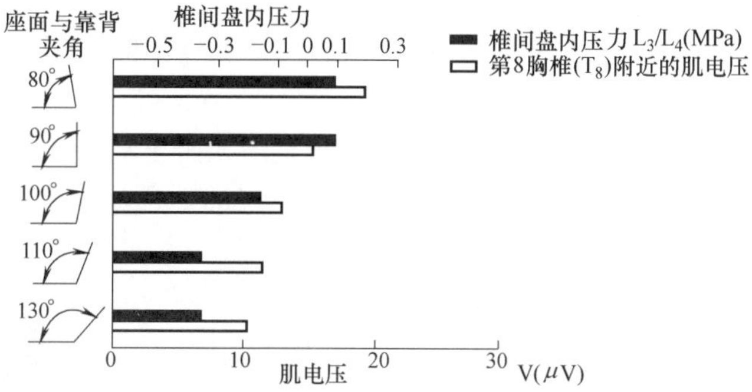

图 5-10 靠背倾角与椎间盘内压力和肌电压图的关系

于人体上肢前后左右较自由地活动，同时又便于腰关节的自由转动（图 4-16，图 4-17）。对于休息性强的躺椅，靠背倾角大，靠背高超出肩高，则颈部需有支撑，一般不小于660mm，属于高背椅（如图 5-13）。常用的椅子其所设靠背支撑点的形式如表 5-2 所示。

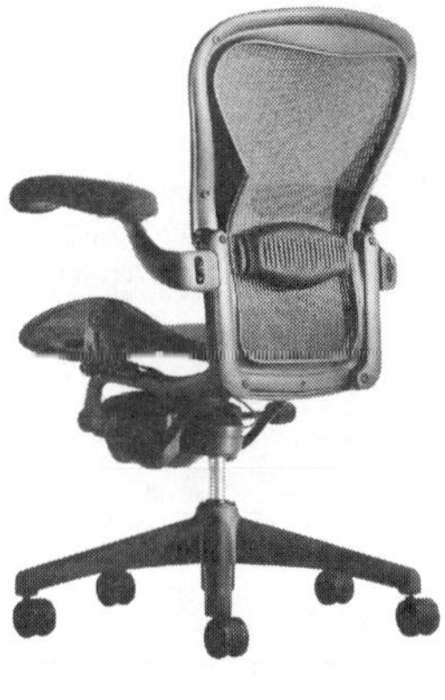

图 5-11 中背椅

图 5-12 低背椅

图 5-13 高背椅

表 5-2 **坐倾角、背倾角和靠背支撑点**

项目类别	坐倾角/°	背倾角/°	必要支撑点
工作用椅	0～5	100	腰靠
轻工作用椅	5	105	肩靠或加腰靠
小憩用椅	5～10	110	肩靠或加腰靠
休息用椅	10～15	110～115	腰靠、肩靠或加颈靠
带枕躺椅	15～25	115～123	腰靠、肩靠加颈靠

③ 靠背形状 从人体工程学的观点来看，座椅是坐的机器。从简单的板凳到牙科诊所的医疗椅，座椅的复杂程度以及它与人的关系大不相同。但是，对人影响最大的是座椅的侧面轮廓，如图 5-14，左侧是多功能座椅，右侧是休息椅。其侧面轮廓使人感觉特别舒服。由于椎间盘内压力和肌肉疲劳是引起不舒服感觉的主要原因，因此，座椅的侧面轮廓能降低椎间盘内压力和肌肉负荷，并且使之降到最小的程度，就能产生舒服的感觉。腰

垫和扶手也可减少椎间盘的内压力。腰垫有助于保持腰椎自然曲线，腰垫厚度以 5cm 左右为宜。

靠背应有垫腰的凸缘，凸缘的顶点应在第 3、第 4 腰椎骨之间的部位，即顶点高于座面后缘 10～18mm。腰垫的凸缘有保持腰椎自然曲线的作用，腰垫厚度以 5cm 左右为宜。对于有软垫的椅子，其侧面轮廓是指人坐下后产生的最终形状。如图 5-15 所示，左侧显示的是良好的软席，右侧显示是不好的。虽然原来的形状很好，但人坐下后的最终形状不好。

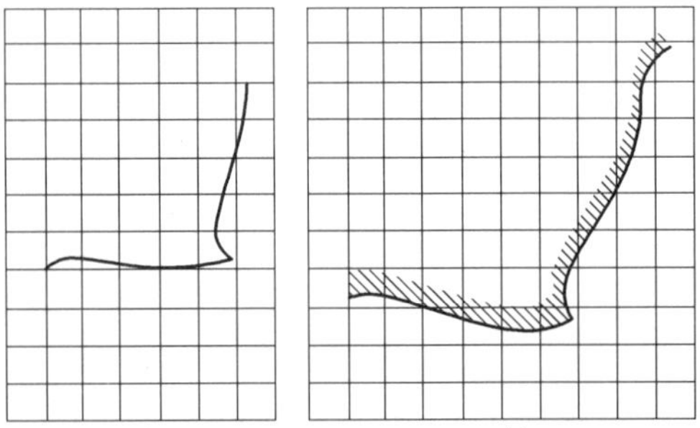

图 5-14 座椅的侧面轮廓

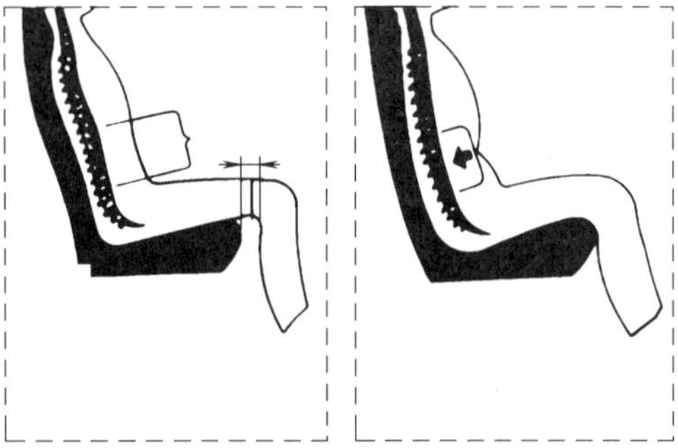

图 5-15 良好座席（左）不良座席（右）

④ 弹性 工作椅座面和靠背不宜过软，以半软或稍硬为宜。休息椅的座面和靠背使用弹性材料可增加舒适性，但软硬要适中。座面过软，则下沉大，体腿夹角挤小，腹部受压，起坐也困难。靠背过软，则胸腔被夹压。腰靠过软，则缺乏支持力。表 5-3 是沙发椅座面和靠背坐下后的压缩量值，可供设计时参考。

表 5-3 **沙发椅的适度弹性**

部 位	座面		靠背	
	小沙发	大沙发	上部	托腰
压缩量/mm	70	80～120	30～45	<35

图 5-16 工作椅的扶手

（6）扶手

休息椅和部分工作椅需要设有扶手（如图 5-16），其作用是减轻两臂的疲劳。扶手的高度应与人体坐骨结节点到上臂自然下垂的肘下端的垂直距离相近。扶手过高时两臂不能自然下垂，过低则两肘不能自然落靠，此两种情况都易引起上臂疲劳，根据人体尺度，扶手上表面至座面的垂直距离为 200～250mm，同时扶手前端略为升高，随着座面倾角与靠背倾角的变化，扶手倾斜度一般为±10°～20°，而扶手在水平方向的左右偏角在±10°，一般与座面的形状吻合。扶手内宽应稍大于肩宽，一般不小于 460mm，沙发等休闲用椅可加大到 520～560mm。

（7）座椅椅垫

① 重量分布 坐姿时人体重量主要由坐骨结节支撑

时，人的感受较舒服。但压力过于集中也不好。如图 5-17 是椅面上适宜的体压分布图，每一根线代表相等的压力分布，从坐骨结节点的最大压力值 90g/cm² 至最外边的10g/cm² 压力逐渐降低。图 5-18 是座位面的体压分布的不良状况。

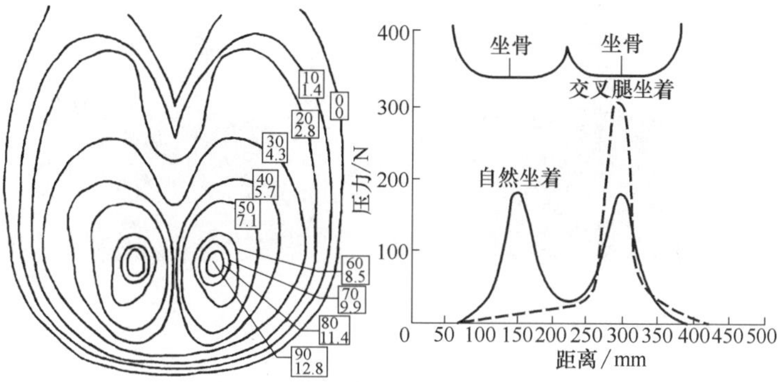

图 5-17 椅面上的体压分布图

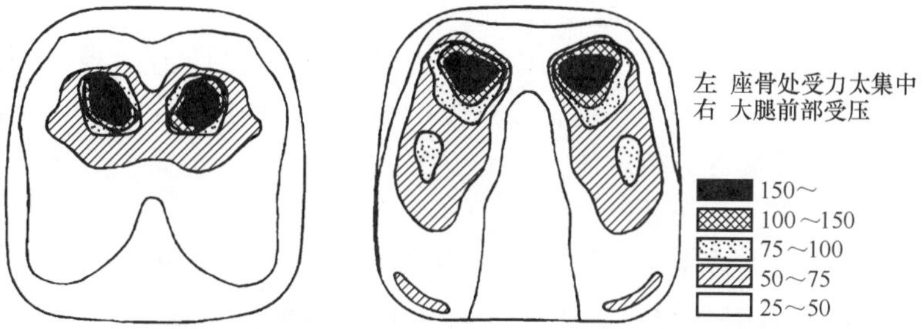

图 5-18 座位面的体压分布的不良状况（单位：g/cm²）

② 椅垫的功能 椅垫主要有两种功能，一种是使体重在坐骨结节点上和臀部产生的压力分布较均匀，不致产生疲劳感。人坐着时，人体重量的 75%由约 25cm² 的坐骨结节周围部位来支撑，这样久坐足以产生压力疲劳，导致臀部酸痛麻木感，若在上面加上一定的椅垫，则可使压力分散，另一方面的功能是椅垫可使身体坐姿稳定。

③ 椅垫的软硬度 软的坐垫可以增加接触表面，从而减小压力分布不均匀性。但不是越软越好。如图 5-19，过软的椅垫一方面会产生坐姿不稳的感觉，另一方面，人体臀部和大腿深陷其中，受到坐垫的接触压力，不利于生理调节。坐垫过硬，体压过于集中，会引起坐骨压迫疼痛感。合适的椅垫高度约 25mm。

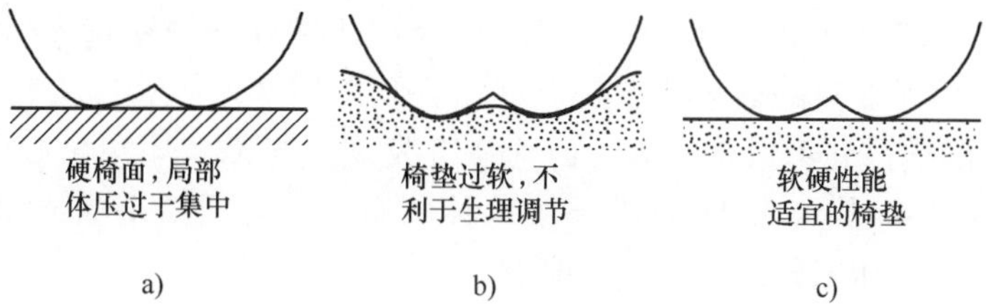

图 5-19 椅垫的软硬度

图 5-20 是座面对股骨的影响，从图中可以看出图 a）所示的体压分布较为合理，股骨处于正常位置。图 b）是属于过软椅垫的支撑，人坐上去后，体压分布承受面大，股骨受

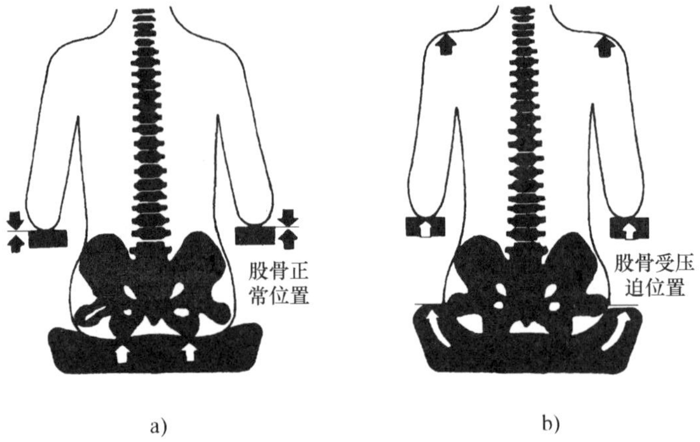

图 5-20 座面对股骨的影响

压迫，反而坐感不舒服。

5.2.1.4 常用座椅设计的人体工程学分析

椅子的设计要根据人体形态尺度和生理特征来设计合理的尺度，要特别注意的是人体坐下去以后的椅子尺度，因为它才是决定人体坐姿是否正确舒适的依据。下面对不同用途座椅的人体工程学设计进行分析。

（1）工作椅

主要用于各类工作场所，设计时要考虑座椅的舒适性与方便性，此外稳定性也是主要因素。腰部应有适当的支持，重量要均匀分布于坐垫（或坐面）上；同时要适当考虑人体的活动性，操作的灵活性与方便性。工作用椅可分为轻型工作椅、办公椅和会议椅。

轻型装配工作椅如图 5-21，它主要包括电子等装配和学生学习用的椅子。其特点是靠背倾角较小，为 95°左右，座面倾角 0°～3°，靠背较短。

办公椅的基本尺度如图 5-22，其特点是座面倾角稍大，约 2°～5°，靠背倾角约 110°，靠背能支撑上身休息。

由于计算机的普及，VDT（Video Display Terminal）作业环境的人体工程学研究在欧美国家早已成为热点领域。图 5-23 是现代办公（计算机办公室）的作业椅需要满足的人体工程学设计尺度，值得注意的是桌底面与椅座面之间必须有大于 170mm 的空间，这样保证下肢能自由活动。在 1984 年人体工程设计学会（Proceeding of Ergodesign）上，由瑞士的 E. Hort 设计，Giroflex 公司制造的一种 VDT 作业椅引起了大家的极大兴趣，如图 5-24 所示，该作业椅的最大特点是靠背随着倾角的变化能够自动上下移动，保证任何姿势状态下腰部支撑处于最佳位置。因为研究发现，当靠背倾角由 90°变化为 105°时，腰部也相应下移约 45mm，传统的椅子在这种状态下就不能保证正确的腰部支撑，而 E. Hort设计的这种人体工程椅可以满足要求。

无论哪种类型的工作椅，最好能保证靠背倾角、座面倾角和座面高度等的随意调节，这才是现代办公椅所要求的。如图 5-25 所示，这些办公椅均可通过椅坐下的气压棒装置来调节座面高度、靠背倾角、座面倾角以及扶手高度等以适应不同的使用者。另外，人体总是在不断活动的，活动能减少局部肌肉的持续收缩，减小椎间盘内压力。所以工作椅设

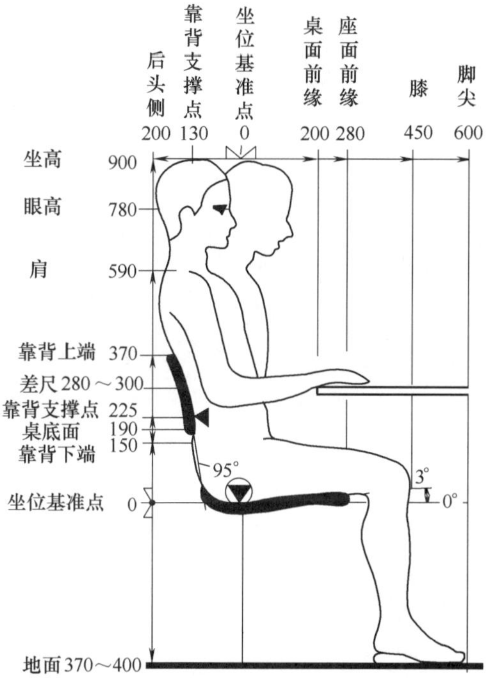

图 5-21 轻型装配工作椅设计尺度（单位：mm）

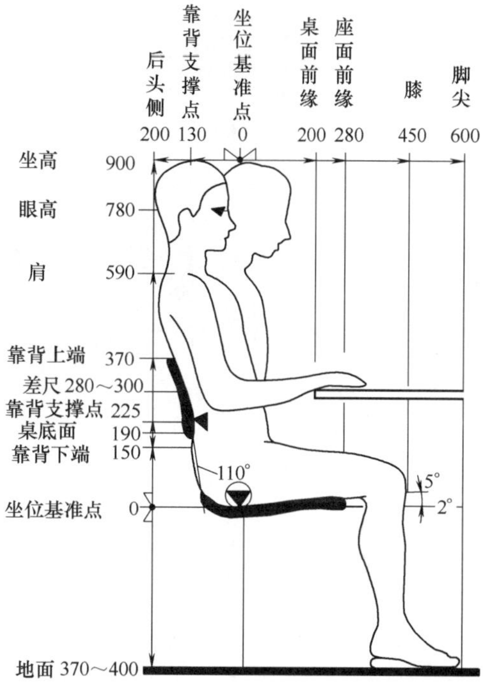

图 5-22 一般办公用椅设计尺度（单位：mm）

计的关键是如何适应人体不断变换的姿势。如图 5-26 是库卡波罗所设计的多功能可调节座椅，可以在 8 个方向进行不同的调节，以适应不同使用者、不同工作动作和姿势的要求。如图 5-27 是全方位可调节椅，可以适应人体不同工作姿势状态。

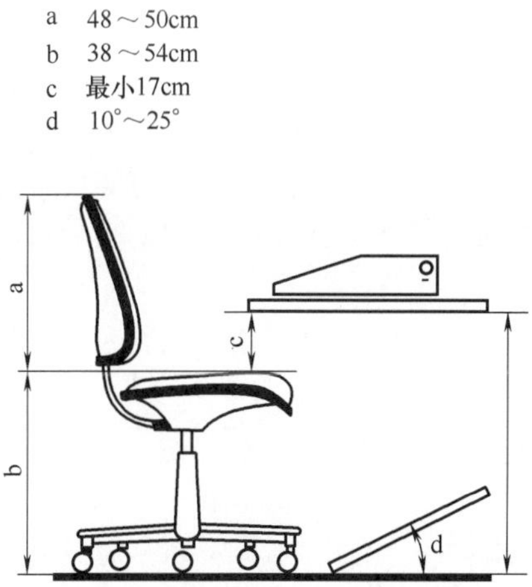

图 5-23 计算机办公室的作业椅人体工程学设计尺度

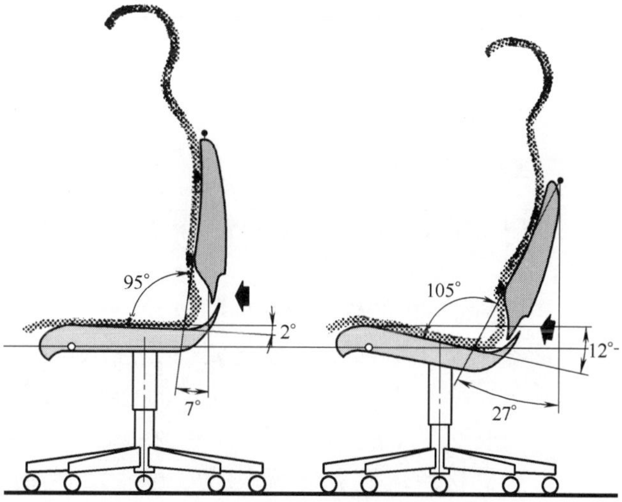

图 5-24 E. Hort 设计的办公椅

综合以上分析，总结出以下几点工作椅的设计要点：

① 结构形式尽可能与坐姿工作的各种操作相适应，使工作者保持舒适和稳定。

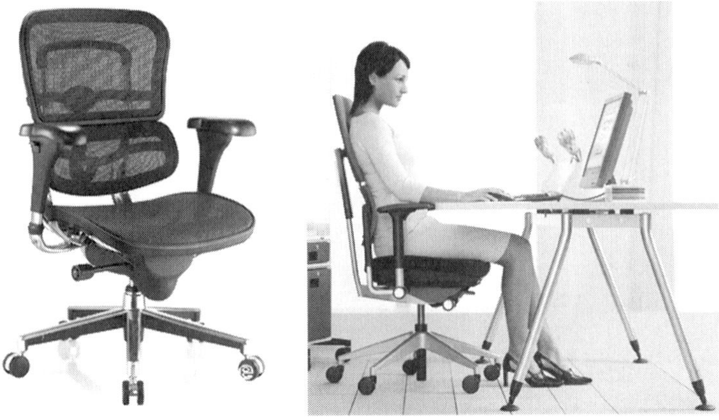

图 5-25 现代可调节办公椅

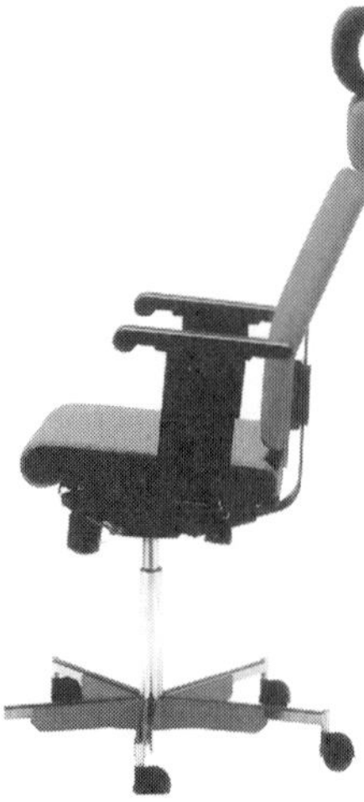

图 5-26 库卡波罗设计的多功能可调节椅

图 5-27 全方位可调节椅

② 座高和腰靠最好是可调的（从女子第 5 百分位到男子 95 百分位），最好可无级调节。

③ 可调部分的结构必须安全可靠。

④ 各种外露部件必须圆滑过渡，不能伤害使用者。

⑤ 腰靠设计有一定的弹性和足够的刚性，倾角不能超过 115°。

⑥ 一般不设扶手，要设的话必须保证高度舒适和安全性，不能妨碍工作。

⑦ 座椅材料应耐用，无毒等。腰靠、座面和扶手要柔软、防滑、透气性好，吸汗。

（2）休息椅

休息椅的种类和造型多种多样，其设计的重点在于使人体得到最大的舒适感，消除身体的紧张与疲劳。主要有一般休息用椅、沙发、躺椅和摇椅。如图 5-28～图 5-33 是各种形式的休息椅。

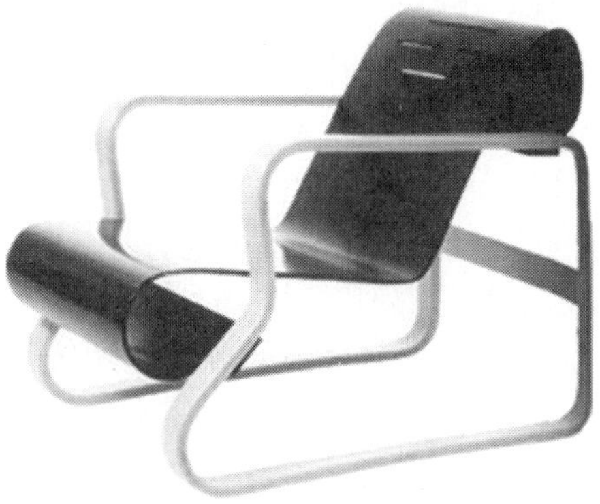

图 5-28 帕米奥休息椅

图 5-29 库卡波罗设计的休闲椅

图 5-30 勒·柯布西耶设计的休闲躺椅

图 5-31 休闲沙发

图 5-32 休闲组合沙发

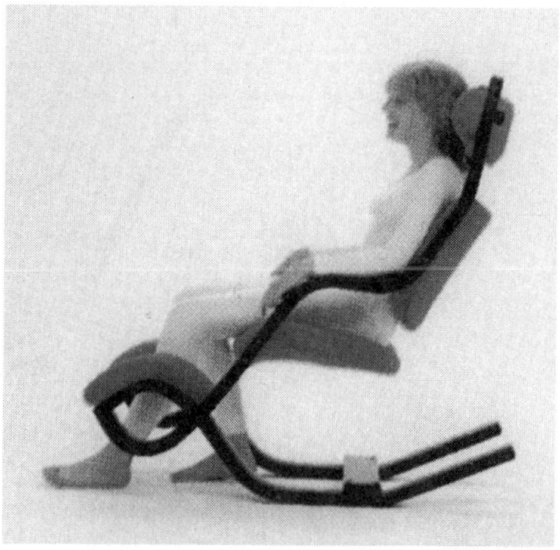

图 5-33 休闲摇椅

休息用椅可分为轻度休息椅、中度休息椅和高度休息椅。轻度休息椅的设计尺度如图 5-34，座面高 330～360mm，座面倾角 5°～10°，靠背倾角约 110°，靠背较高，适宜长时

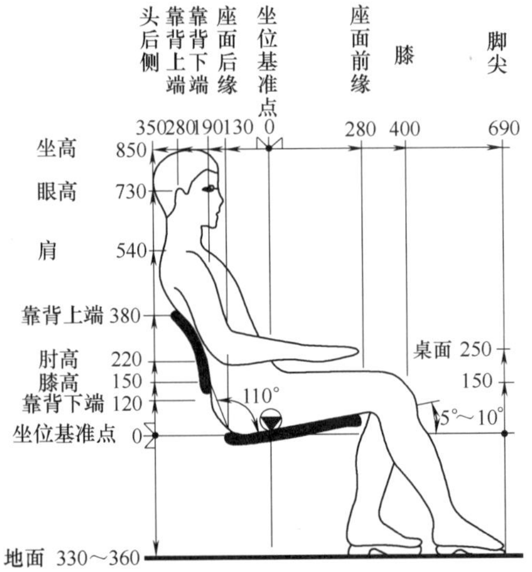

图 5-34 轻度休息椅尺度（单位：mm）

间会议和会客用。图 5-35 是中度休息椅的设计尺度，腰部位置较低，适合于家庭客厅和会议室长时间休息和会客用，沙发就属于这一类休息椅。图 5-36 是高度休息椅的设计尺度，靠背倾角较大，一般有头靠和脚凳，可用于轻度睡觉使用。头部支撑位置，如图 5-37 所示。

沙发和躺椅是休息椅中最典型的，也是日常生活中最普遍使用的家具类型。沙发的尺度与弹性材料的软硬度有着密切的关系，一般要求柔软但不能过度，不然会造成骨骼及坐卧习惯的偏差。沙发的人体工程学设计还需要一些细部的考虑。如沙发的靠垫也是影响沙发尺寸的一个因素，配靠垫使用的沙发进深要适当增加，靠垫的软硬度也要适中，太软则不能使脊柱获得良好的支撑。另外，沙发的结构也是影响舒适度的因素之一，以往的沙发多采用盘簧结构，时间长了易失去弹性而变硬，极大地影响沙发的舒适度。现在沙发的结构有了很大的改进，多采用蛇簧或盘簧结合厚坐垫的结构形式，更好地满足了使用者舒适性的要求。沙发和躺椅的常用尺寸如表 5-4，可供设计师参考。

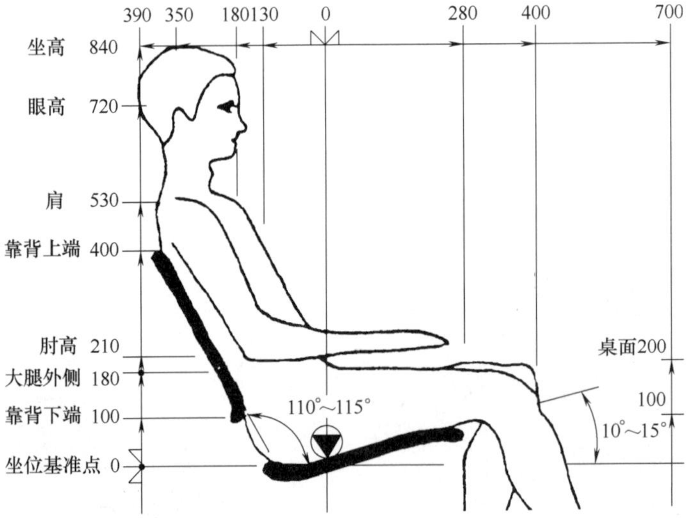

图 5-35 中度休息椅尺度（单位：mm）

表 5-4　　沙发和躺椅的常用尺寸参考值　　mm

项目	座高	座宽	座深	夹角/°	背高	腰高	颈高	扶手高
沙发	380～400	500	500～550	105～107	450	250	630	250
躺椅	370	550	500	120				

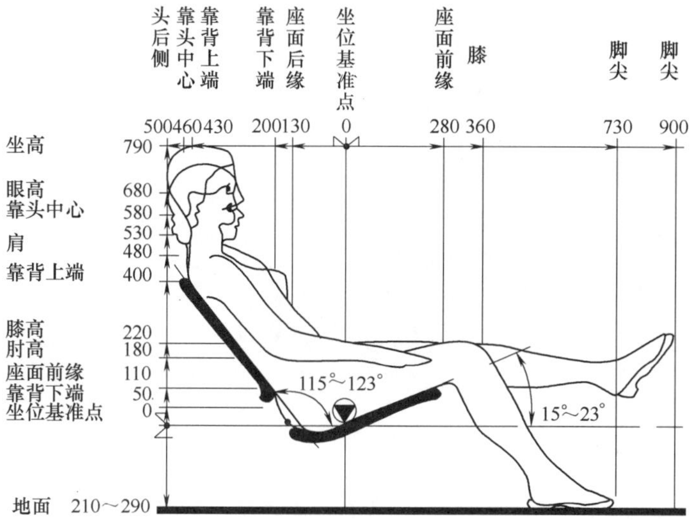

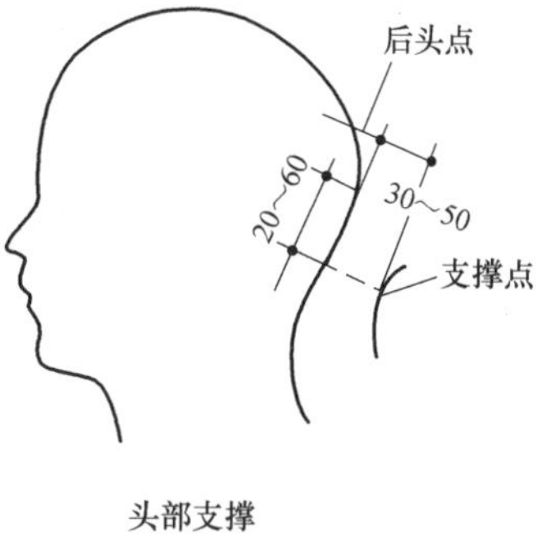

图 5-36 高度休息椅尺度（单位：mm）

图 5-37 头部支撑位置（单位：mm）

（3）多功能椅

这类椅子以多功能作为设计的重点。它可能与桌子配合，可能是工作、休息兼用，也可能是作为备用椅可以折叠收藏起来。近年来椅子的流行趋势是突破局限定义的束缚，能同时身兼数职，在客厅是主人椅，在餐厅是餐桌椅，在书房是读书椅等。另外，多功能椅通过各种功能的调节可以符合人在不同姿势状态下的使用要求（如图 5-38），甚至一把椅子可以分开来作为两种功能来使用，如图 5-39 所示，把椅子的底座取出来可用作临时桌子来使用，椅子的上部仍然可以作为一个座椅来用。

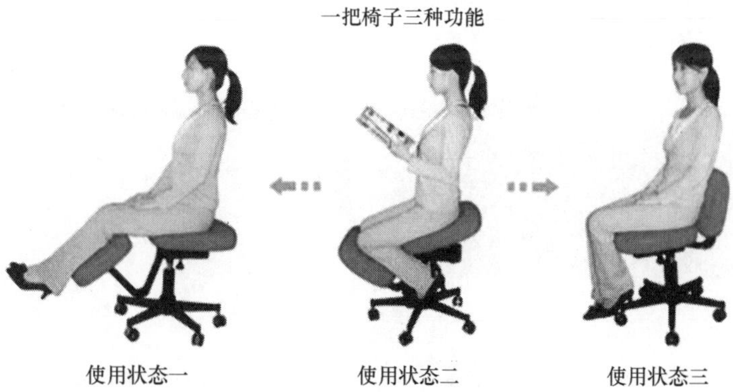

图 5-38 多功能椅

真正的人体工程学椅子的设计还要注重椅子各个部位的细节设计。国外著名设计大师对于椅子的细节设计都非常重视，这也就是毫米效应。在他们看来往往是几毫米的差别会给椅子带来千差万别的舒适感。我们可以看到数据的取值往往是在一个范围之间，如果在取值的时候产生随意性再加上误差的存在那么设计出来的椅子最终的尺度感可能会出人意料，这也就是为什么在数据的选择和测试上大师们会精益求精的原因。此外，对于椅子连接部件的使用从连接形式到连接位置的选择，甚至小到螺丝钉的选择，他们都一丝不苟。

图 5-39 多功能组合椅

椅子是一个整体，连接件是不可缺少的重要组成部件，也是椅子结构形式，构造承力的重要元件，好的构件也会给椅子带来与众不同的感受。所以，对细节的追求也是人体工程学椅子设计成败的关键。

此外，椅子的设计还要注重功能美和形式美的结合，注重在不同环境下带来的不同心理情绪，从而给人以心理上的满足感。芬兰家具设计大师库卡波罗就认为人的曲线是最美的，按照人体曲线设计出来的椅子形态也是自然界美的产物，这在他的作品中有很好的体现。中国著名家具设计师朱小杰认为材料的审美效果是形式审美的基础，他将乌金木材质本身的纹理与椅子的形态进行了很好的融合（如图 5-40）。

图 5-40 澳珀的乌金木座椅

总的来说，一件好的人体工程学椅子设计除了合适的尺寸外，还要注意椅子的形态设计要适应物的特性、功能的特性以及变化的特性等，要注重形与色的结合，要具有时代感，要满足作业环境的要求，要考虑不同国家的国情和好恶，还要注重技术工艺和经济效益等。

5.2.2 人体卧姿与床的设计

睡眠是人类生活中不可缺少的，人生约 1/3 的时间在睡眠中度过。它是人的一种生理调节机制，通过睡眠人们可以消除疲劳，恢复体力和脑力，从而更好地为新的劳作和活动做准备。因此，睡眠质量与人们的健康和精神状态息息相关。从另一方面讲，作为睡眠载具的床的设计就显得尤为重要，在设计时不仅要考虑床的尺寸对人睡眠的影响，还要着眼于卧姿对睡眠的影响以及床的不同构造对人的影响等。

5.2.2.1　睡眠的生理

睡眠的生理机制十分复杂，自古以来人们就从生理学、心理学方面对人的睡眠进行了许多研究，但至今也没有完全解开其中的秘密，只是对它有一个初步的了解。睡眠是人的中枢神经系统兴奋与抑制的调节产生的现象，休息的好坏取决于神经抑制的深度，也就是睡眠深度。通过测量发现人的睡眠深度不是始终如一的，而是在进行周期性变化（如图 5-41）。

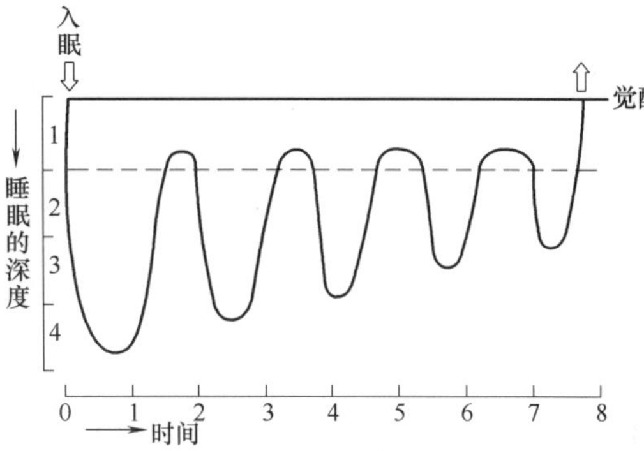

图 5-41　睡眠深度随时间的变化

睡眠质量的客观指征主要有：

① 对睡眠深度的生理测量。

② 对睡眠的研究发现人在睡眠时身体也在不断的运动（如图 5-42）。而睡眠深度与活动的频率有直接关系，频率越高，睡眠深度越浅。

图 5-42　睡眠时的运动

5.2.2.2　人体构造与寝卧姿势

人们可能会认为把人体水平地支撑起来是件很简单的事，实际上要保证人体卧姿的舒适性是一件相当困难的事情。人体上半身分头、胸和臀部，站立时，以上三部分的重力方向基本上是重合的。而卧姿时，三重力方向则是平行的，分别会对脊柱产生弯曲作用。如果支撑人体的垫子很软时，重的身体部分（臀部）下陷就深，轻的部分则下陷小，这样使腹部相对上浮造成身体呈 W 形，使脊柱的椎间盘内压力增大，结果难以入睡。如果床垫太硬，背部的接触面积减小，局部压力增大，背部肌肉收缩增强，也会使人不舒适。因此，床垫软硬必须合适才能保证人的睡眠质量。

人直立时，人体脊柱是最自然的姿势，背部与臀部凸出于腰椎 4～6cm，而当人仰卧以后，这个值减少到 2～3cm 时，人的腰椎受力是最合理的，所以床面软硬度的设计应保持背部与床面 2～3cm 的空隙为好（如图 5-43）。

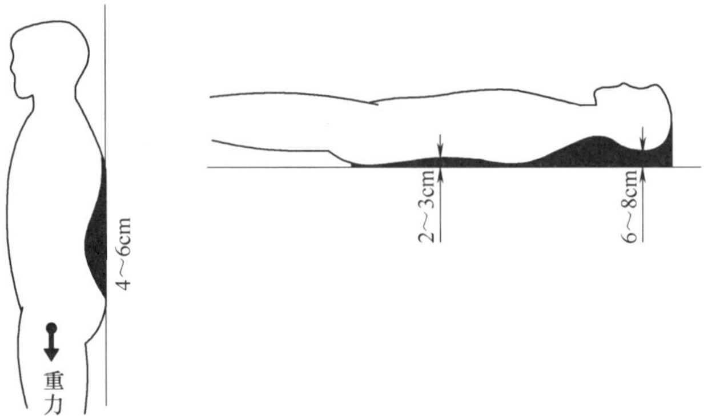

图 5-43　寝卧姿势

卧姿的舒适程度与体压分布直接相关，体压分布均匀的较好，反之则不好，如图5-44和 5-45。它们是用不同的方法测量出的仰卧时身体的体压分布情况，床面较硬时，显示压力分布不均匀，集中在几个小的区域，造成局部的血液循环不好，肌肉受力不适等，较软的床则能解决这些问题，但不是越软越好。另外，床的软硬程度对睡眠姿势也有影响，日本学者调查发现，使用过软的床时约 8%的时间处于仰卧状态，软硬适中时 45%时间仰卧，偏硬的床 30%时间仰卧，因仰卧是人体最佳的睡眠状态，因此可以说，过软的床还不如硬板床，当然软硬适度的床是最好的。

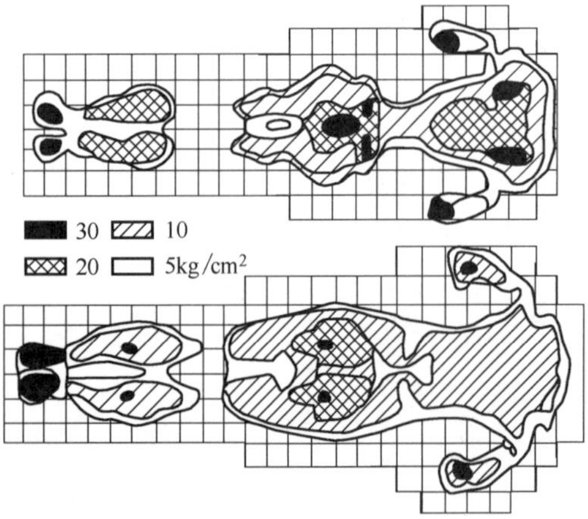

图 5-44　床垫软硬不同的压力分布图

图 5-45　仰卧时软硬床垫的体压等高线图

5.2.2.3　床垫材料与构造

床垫在提供足够柔软性的同时，要保持整体的刚性。这就需要多层的复杂结构。如图 5-46 所示，一般为三层，最上层 A 层是与身体接触的部分，必须是柔软的，可采用棉质等混合材料来制造；B 层采用较硬的材料，可由木棉、羽毛等压制而成，以保持身体整体水平上下移动；C 层则要求受到冲击时起吸振和缓冲作用，可采用弹簧、棕垫等缓冲吸振性好的材料制造。总之，满足以上条件的床垫才是好床垫。但实际中也不一定按以上图的顺序排列 A、B、C 三层，只要床垫含有 A、B、C 三要素的功能，即软硬协调就可以。

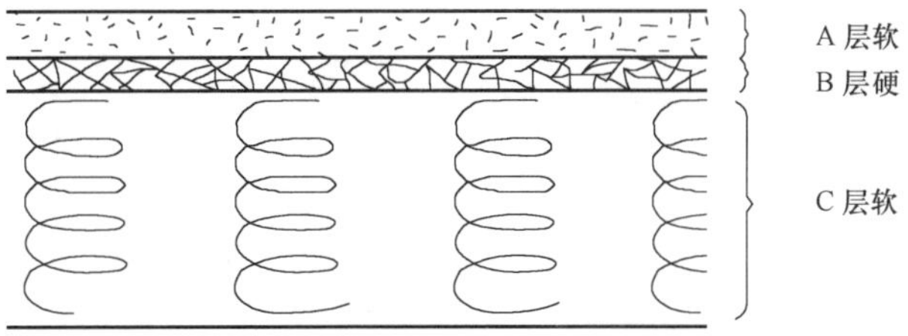

图 5-46 床垫的三层构造

5.2.2.4 枕头与睡眠

枕头是我们睡眠中必不可少的寝具之一，也是影响睡眠的因素之一。

(1) 枕头高度

枕头下沉后的高度一般为 6～8cm 为最佳，为了调节枕高，最好有两个枕头，一厚一薄。这里说的高度是指下沉后的高度，而不是头部没有枕下的高度，因此与被褥还有一定的关系。最好根据被褥而更换枕头。身体、床和枕头三者之间是相互关联的。

(2) 枕头的材料

要选用对皮肤触感、弹性、散热性、透气性都好的材料，如中国人和日本人都喜用的荞麦枕。有些地方选用谷壳与荞麦皮混合来填充枕头，这对人头皮有很好的按摩作用，增加睡眠的舒适感。另外，西方人喜欢用羽毛枕，木棉枕等。羽毛和木棉也具有良好的皮肤触感和散热，弹性及透气性能。

5.2.2.5 床的功能尺寸

到底多大的尺寸合适，在床的设计中，并不能像其他家具那样以人体的外廓尺寸为准，而是要关注人的睡眠行为，以及人在非睡眠状态时，活动的自由与便利性，还要注意安全问题。

(1) 床宽

在进行床宽设计前，应充分了解睡眠时人的状态，其一是人在睡眠时身体活动空间大于身体本身，如图 5-47 所示，不规则的图形是人体活动区；其二是科学家们进行了不同尺度的床与睡眠深度的相关实验。研究发现，人处于将要入睡的状态时床宽需要约 50cm，由于熟睡后需要频繁地翻身，日本学者通过摄像机对睡眠时的动作进行过调查研究发现，不论是软床还是硬床，翻身所需要的幅宽约为肩宽的 2.5～3.0 倍。另外，通过脑波

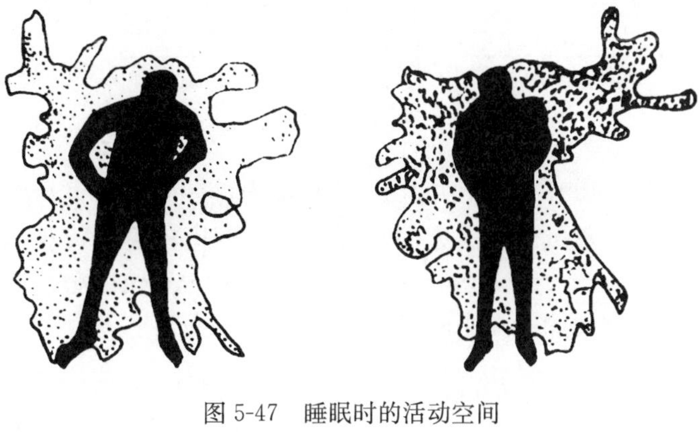

图 5-47 睡眠时的活动空间

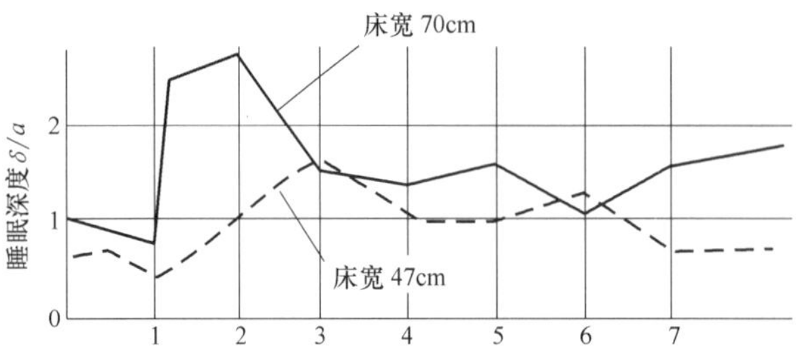

图 5-48 床的幅宽与睡眠深度

(EEG) 观测睡眠深度与床宽的关系，发现床宽的最小界限是 70cm。比这宽度再窄时，翻身次数和睡眼深度都会明显减少，影响睡眼质量，使人不能进入熟睡状态。床宽小于 50cm 时，翻身次数减少约 30%，睡眠深度受到明显影响，如图 5-48 所示，47cm 的宽度和 70cm 相比，显然 70cm 时睡眠深度要好得多，因此单人床的床宽一般为 700～1300mm，双人床的为 1500～2000mm，可以用如下的公式加以计算：

床宽＝人的肩宽＋活动空间

(2) 床长

床的长度的设计要考虑到人在躺下时的肢体伸展，所以要比实际站立的尺寸长一点，再加上头顶和脚下要留出部分空间，所以床的长度要比人体的最大高度要多一些，如图 5-49 所示。床长可以用以下公式加以计算：

$$L=h\times1.05+\alpha+\beta$$

式中：L：床长；

h：平均身高

α：头前留空量（常取 10cm）

β：脚后留空量（常取 5cm）

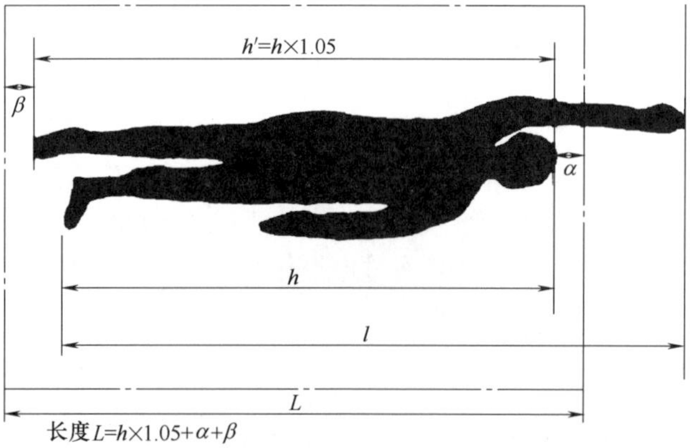

图 5-49 床的长度

国家标准 GB 3328—1997 规定，单床屏的床面长度有 1900mm、1950mm、2000mm、2100mm 四种，从舒适上考虑，目前床的长度以后两种比较流行。双床屏的床面长度有 1920mm、1970mm、2020mm、2120mm 四种。另外，对于宾馆的公用床，一般脚部不设床架，便于特高人体的客人加以脚凳使用。

(3) 床高

床高即床面距地的垂直高度。一般与椅座的高度取得一致，使床同时具有坐卧功能。

另外，还要考虑到人的穿衣、穿鞋等动作。一般床高在 400～500mm 之间。双层床的层间净高必须保证下铺使用者在就寝和起床时有足够的动作空间，但又不能过高，过高会造成上下的不便及上层空间的不足。按国家标准 GB/T 3328—1997 规定，双层床的底床面离地面高度不大于 420mm，层间净高不小于 950mm。

表 5-5 和表 5-6 是国家标准 GB/T 3328—1997 中有关单层床和双层床的主要尺寸参数。

表 5-5　　单层床主要尺寸　　mm

床面长 L_1		床面宽 B_1		床面高 H_1	
双床屏	单床屏			放置床垫	不放置床垫
1920 1970	1900 1950	单人床	720 800 900 1000 1100 1200	240～280	400～440
2020 2120	2000 2100	双人床	1350 1500 1800		

注：嵌垫式床的床面宽应在各档尺寸基础上增加 20mm，尺寸示意图见图 2。

表 5-6　　双层床主要尺寸　　mm

床面长 L_1	床面宽 B_1	底床面高 H_2		层间净高 H_3		安全栏板缺口长度 L_2	安全栏板高度 H_4	
		放置床垫	不放置床垫	放置床垫	不放置床垫		放置床垫	不放置床垫
1920 1970 2020	720 800 900 1000	240～280	400～440	≥1150	≥980	500～600	≥380	≥200

（4）床屏

在人体工程学上，床屏要考虑到对人体的舒适支撑，涉及头部、颈部、肩部、背部、腰部等身体各部位的舒适度和人体工程学的生理方面。床屏与人体接触时，受力点主要分布在腰、背、颈、头这些部位，因此床屏第一支撑点为腰部，腰部到臀部的距离是 230～250mm 之间。第二支承点是背部，背部到臀部的距离是 500～600mm。第三支承点是头部。这是东方人的一般尺寸。在人体工程学上，当倾角达到 110°时，人体依靠是最舒适的。床屏的高度一般设计为：420+(500～600)=920～1020mm。对于儿童房的家具，使用者大部分的尺寸要小于成人。床屏的高度可以适度缩小，取 800～1000mm 之间的尺度作为儿童房床屏的高度。床屏的弧线倾角取 90°～120°之间，以符合人体工程学的对背部舒适度的要求。儿童房家具要帮助青少年培养良好的生活习惯。躺在床上看书是对青少年的视力严重影响的一个负面因素。因而可以设计一个直板角度为 90°的床屏。床屏的长度是根据床的长来决定的，还与床头柜的结合方式有关，在此不另细谈。

5.2.2.6　人体工程学床垫与床架的设计

真正的人体工程学床的设计应该包括床架和床垫两部分，好的床架配上好的床垫，才能给人提供高品质的睡眠享受。前面已对床垫的构造和软硬度作了简要介绍，下面就结合不同类型的床垫和床架进行人体工程学的设计分析。

图 5-50 弹簧软床垫

（1）弹簧软床垫

弹簧软床垫（如图 5-50）是现代常用的、性能较优的床垫，能给人提供睡眠时的舒适性和柔软感。弹簧软床垫弹性好、承托性佳，能根据人体自然的生理曲线予以较好的承托。还具有良好的透气性，内部结构中留有透气孔道，方便防潮散热，不易发生霉变。另外，还耐用，不易断裂、变形或塌陷。

弹簧床垫内层采用钢丝弹簧芯外加多层保护垫，如乳胶层、椰棕纤维层、防火棉层等构成。主要有两大类，一类是用螺旋钢丝把双锥形弹簧串绕成一张床垫弹簧芯子，这种弹簧床垫称为邦尼尔式（Bonnell）常规系列，我国目前绝大部分都属于这一类型；另一类是每一个螺旋形弹簧经压缩后分别藏于纤维袋中，互不连接，单独伸缩，这种弹簧称为高思（Cosisoft）系列，也叫袋装式，理论上这种床垫的每个弹簧能分别承担身体各部分的重量，使身体每一部分得到适当的支持。因此，当夫妻二人同时躺在床垫上时，一个人转动身体，而另一个则不会受到干扰。

现代的弹簧软床垫除不独立袋装簧的设计外，分区也越来越细。比如推出了 1000 簧 7 区床垫，意思就是：在 90cm×200cm 的面积上分布着 1000 只弹簧，并通过弹簧的不同加工和设置将床垫分为 7 个区域，每个区域的弹性依据身体各个部位重量精确计算。臀部最重，因此弹性最大且最软，腰部、腿部次之，弹性较高且较软，而头部、脚部则采用较硬的材质，弹性最小，这样身体每个部位都能得到有力支撑而获得健康舒适的睡眠，从而解决了身体局部受压不均的问题，使人体不同重量的各个部分都由此得到最科学的呵护，保持脊柱一个合理的最佳状态。

（2）乳胶床垫

乳胶床垫（如图 5-51）可以说是床垫中的贵族，它选用天然橡胶为原料，运用航天高科技工艺使其在低温冷却塔内经超常压力高速雾化，然后喷进 100℃高温模具内迅速膨胀，经 150t 重压一次成型。乳胶床垫最大特点是高回弹性，使人体与床面完全贴合，能够均匀支持人体各个部分，有效地促进人体的微循环，同时感觉柔软有弹性。乳胶床垫从原来的单区设计发展到今天的七区段设计（如图 5-52），对人体的分区更加细化，当人躺下后 30 秒即被床体包围，记忆身体每一部分，迅速达到贴身的感觉，使睡眠更舒适。另外，胶乳材料纯天然、抗菌、透气性好且拥有良好的减震效果，能够确保安静、舒适的睡眠。目前最流行的是两张单人床垫拼成的双人床，这种设计符合各自的人体需求，互不影响，而且相当舒适。但是，目前市场上的乳胶床垫并非全部采用 100％纯天然材料，仍是化学合成物，所以在长期使用后会出现老化，弹性会降低且透气性不是很好。

图 5-51 乳胶床垫

（3）充水床垫

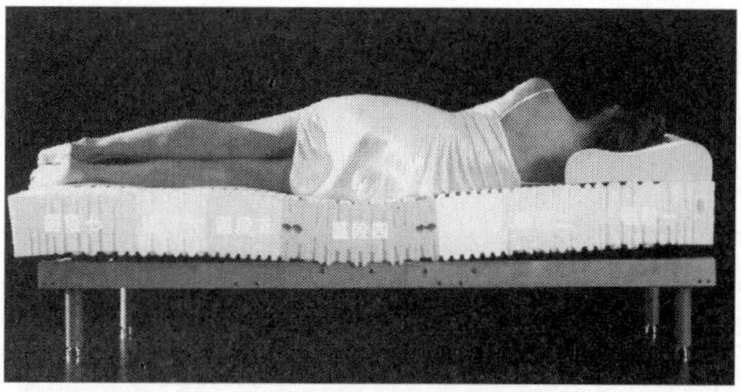

图 5-52 七区段设计的乳胶床垫

水床能均匀的支撑与浮起整个身体，室内室外可以随意放置。水床依人体睡眠自然曲线凹凸起伏，睡眠时身体的“平衡沉稳”是水床对人体健康最重要的特性之一。经医学研究证明水床比一般的床垫和弹簧床垫更容易使人入睡，在水床上重量平均分布，身体没有任何一个部位会承受过多的压力，它能平衡身体骨骼和减少肌肉压力使得血液循环更畅通。高品质的水床由高档天然橡胶经特殊工艺制成水胎，具备合适的浮力效果和长久的安全使用性，符合人体生理曲线，无论仰卧还是侧卧，都真正实现了床垫与人体的紧密贴合，能使颈椎、腰椎和腿腕不再悬空，均匀支撑全身重量，减轻身体自重对脊椎、肌肉、微血管和神经系统的压力，有效构成健康的微循环，并对脊柱起到特别护理作用。

（4）其他床垫

充气床垫摆脱了传统家具笨重的缺陷，收藏携带都很方便。适用很多地方：如经常搬家的打工一族、家里来客临时铺床、办公室午休小睡、旅游露营等。并且其依据人体工学原理设计，采用标准孔型工业拉带制造，利用空气浮力能原理将人的身体均匀托持，实现睡床与人体紧密贴合，颈椎、腰椎、腿腕不再悬空，有利于尽快消除疲劳，为您创造自然、舒适、健康的优质睡眠。还有棕床垫，是使用天然山棕制作而成。它的特点是：受力均匀，软硬适中，不易褪色、无毒、无异味，透气性和透水性好，冬季可以保持被褥干松，夏季利于散热，达到冬暖夏凉的效果。但棕床垫相比其他床垫弹性稍有欠缺，不能完全贴合人体。另外，还有一些助睡眠及护理型的床垫，采用新型记忆棉或乳胶为材料，使用特殊聚合材料能根据温度变化调节床垫的软硬度，以达到合适的软硬度，全面释放身体的压力，对脊椎、腰椎、颈椎等疾病有一定的治疗作用。

（5）床架

床架对于睡眠的影响仅次于床垫。床架的设计，不仅要求具有一定的强度，可有效的支撑床垫，还要求具有很好的弹性，缓解由床垫传来的震动，同时应在稳定性、透气性等方面有良好的表现，目前市场上的床架主要有整块的木床板、有缝隙的板条床板、套床式软床板、钢丝及棕绳等织成的床架等，如图 5-53～图 5-56 所示。整块木床板是国产床中最常见的样式，而有缝隙的板条床架似排骨，故有人称为“排骨”床（如图 5-57），一些优质床底架，每根“排骨”均可承受一个标准身型成人的体重，且富于弹性，对床垫起到弹性调节作用，目前已成为现代新型床具的首选

图 5-53 整块木床架

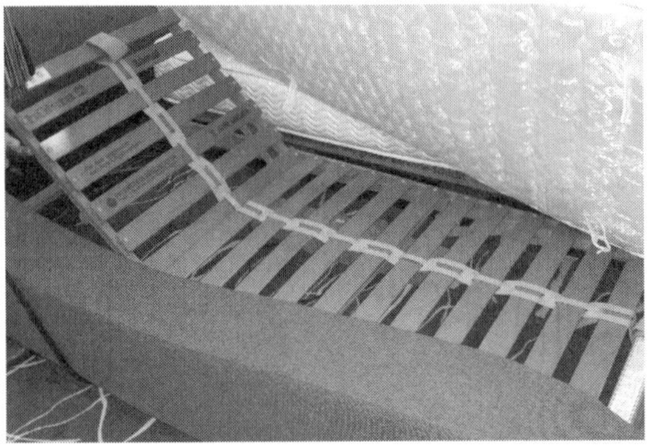

图 5-54 有缝隙的板条床架

图 5-55 套床式软床架

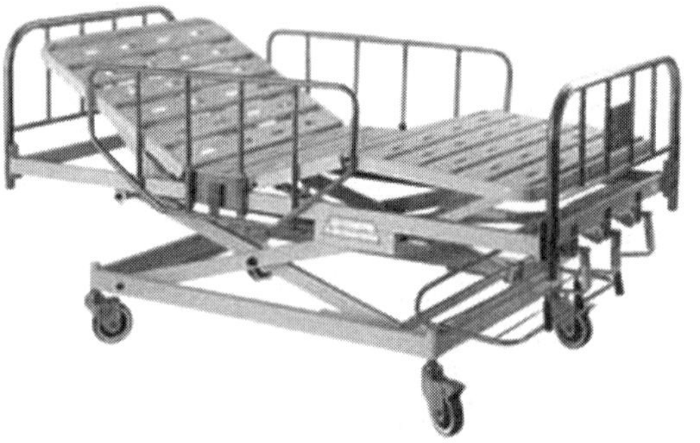

图 5-56 钢板床架

图 5-57 “排骨”床架

床板。棕绳等编成的床板则多见于老式的床具，其透气性较好，但支撑和舒适度要逊于“排骨”床板。

5.3 人体工程学与凭倚类家具的设计

凭倚类家具与人体活动有密切关系，其基本功能是辅助人在坐、立状态下的各种操作活动，并兼作放置和储存物品之用。如桌台、几案等家具。凭倚类家具设计的科学合理性会直接影响到使用者的工作效率，对人们的肩、颈、背和臀部的疲劳影响也很大。因此，我们要从人体工程学的角度，根据使用目的和基本功能的不同，对凭倚类家具进行设计研究，使其符合人体特性，满足人们的使用要求。

5.3.1 凭倚类家具与人体尺度

一张设计优良的桌子或工作台应该是尺度宜人，操作方便，造型美观，给人以舒适感。凭倚类家具与人体的尺度以及人的活动范围有着密切的关系。依据人体的姿势特征以及人—桌台的界面关系，可将人体的操作活动空间划分为不同的区域，即作业域。作业域是凭倚类家具功能尺寸设计的主要依据，主要包括水平面作业域和垂直面作业域。此外，工作面的高度也与人体尺度密切相关，它是决定人工作时的身体姿势的重要因素。

（1）工作面的高度

不论是坐着工作还是站立工作，都存在着一个最佳工作面高度的问题。很早就有人研究后指出，工作面的高度在人肘下 25～76mm 是合适的。随后许多研究都证明了这一点。主要有以下两个结论：

① 工作面高度应由人体肘部高度来确定，而不是由地面以上的高度来确定。由于不同人的肘部高度是不一样的，所以使用一个固定的数字来设计工作面高度显然是不合理的。

② 工作面的最佳高度应略低于人体的肘部高度。虽然不同的研究者提出了不同的肘下距离，但是一致的看法是工作面在人的肘下。有人提出工作面的高度是人体高度的 60%，也有人认为工作面高度是人体高度的 57%，曾有人对 4062 个人进行统计研究，人的肘部高度是人体高度的 63%。

（2）水平面作业域

操作者采用立姿和坐姿作业时，上肢在水平面上移动形成的轨迹所包括的区域称为水平面作业域（如图 5-58）。水平面作业域可分为最大作业域和通常作业域。最大作业域是以肩峰点为轴，上肢完全伸直做回转运动所包括的范围；通常作业域是以上臂靠近身体、曲肘、前臂平伸做回转运动时所包括的范围。一般写字、敲键盘等手活动频繁的活动区应安排在此区域内，从属于这些活动的器物应安排在最大作业域内。

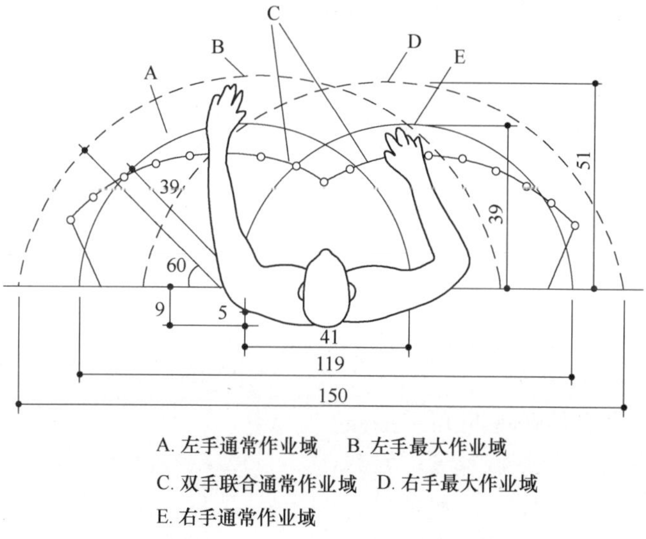

图 5-58 坐姿时的水平面作业域

（3）垂直面作业域

垂直面作业域指以肩关节为轴作上下运动所形成的范围，如图 5-59 所示。它对决定人在某一姿态下手臂触及的垂直范围有用，如搁板、挂件、门拉手等，带抽屉和书架的桌子也常用到这一尺度范围。设计直臂抓握的作业区时，应以身材较小的人为依据，即以第 5 百分位的人体尺寸为准。

5.3.2 坐式用桌的人体工程学分析

坐式用桌主要包括就餐用的餐桌、看书写字用的写字桌、学生上课用的课桌、制图桌

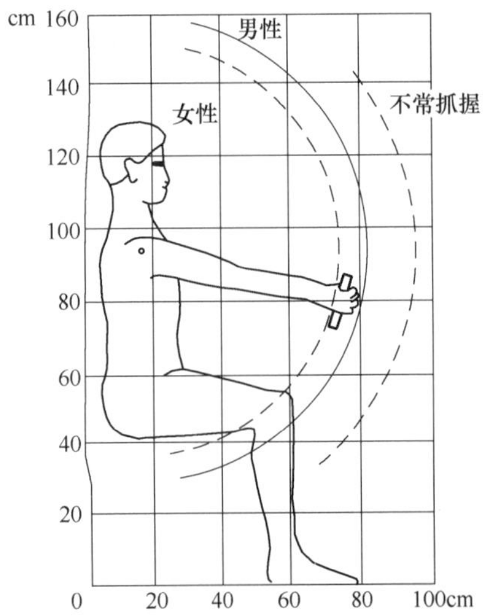

图 5-59 坐姿时的垂直面作业域

等；下面就结合人体工程学对其基本功能尺寸进行设计分析。

(1) 桌子的高度

桌子的高度与人体动作时肌体的形状及疲劳有密切的关系。经实验测试，过高的桌子容易造成脊柱的侧弯和眼睛的近视，从而降低工作效率，另外，桌子过高还会引起耸肩，桌前沿压迫前臂等不正确姿势而引起肌肉紧张，产生疲劳；桌子过低也会使人体脊椎弯曲扩大，造成驼背、腹部受压，妨碍呼吸运动和血液循环等弊病，背肌的紧张收缩，也易引起疲劳。人体工程学中，桌子的高度由人体的功能尺寸与座椅的功能尺寸共同确定。桌面高度等于坐骨结节点到桌面的距离（桌椅面高差）与该点到地面的距离（坐高）之和，即：

桌高＝坐高＋桌椅面高差

桌椅面高差是一个非常重要的尺寸，是根据人体测量尺寸和实际功能要求来确定的。一般取坐姿时上身高的1/3，GB/T 3326—1997中规定为250～320mm，1979年国际标准（ISO）规定桌椅面高差为300mm。GB/T 3326—1997规定桌面高度为680～760mm，级差 s＝10mm。我们在实际应用时，可根据不同的使用特点酌情增减。

对于一般的坐姿作业来讲，理想的作业面的高度在肘高（坐姿）以下5～10cm比较合适，如图5-60所示。在精密作业时，桌面的高度必须增加，这是由于精密作业要求手眼之间的精密配合。在精密作业中视觉距离决定了人的作业姿势。

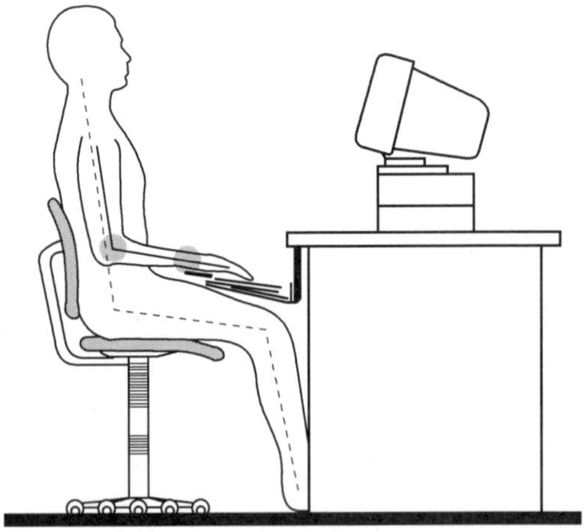

图 5-60 坐姿理想的作业面高度

办公室工作，由于受到视距和手的较精密工作（如书写、打字等）要求，一般办公桌的高度常会在肘高以上，其是否合适，还取决于另外两个因素：①椅面和桌面下缘的距离即差值；②桌下的容腿空间。前者影响人的腰部姿势，后者决定腿是否舒适。

通过实测统计，成年人最佳桌椅高度差如下：

① 在桌子面上进行书写时，高差＝1/3坐姿上身高度－(20～30) mm。

② 在桌面上进行阅读或慢操作时，高差＝1/3坐姿上身高度。

③ 学校中使用的课桌，高差＝1/3坐姿上身高度－10mm。

一般而言，办公桌应按身材较大的人的人体尺寸设计，这是因为身材小的人可以加高椅面和使用垫脚台。而身材较大的人使用低办公桌就会导致腰腿的疲劳和不舒服。设计办公桌时应保证办公人员有足够的腿部活动空间。因为，腿能适当移动或交叉对血液循环是有利的。抽屉应在办公人员两边，而不应在桌子中间，以免影响腿的活动。如图 5-61 是常见较好的办公桌设计。办公桌高度设计可参考表 5-7 所示。

图 5-61 办公桌的设计

表 5-7 **作业类型与作业面高度** 单位：mm

作业类型	男性	女性
精密，近观察距离	900～1100	800～1000
读写	740～780	700～740
打字，手工施力	680	650

此外，桌子的高度还与室内其他家具的协调有关。一般工作用桌的桌高大于休闲用桌子的高度。当然，无论何种用途，桌面高度的设计都应遵循以下几个方面的原则：

① 桌面高度可调时，其调节范围应能满足多数人使用的要求，可将高度调节至自身喜好或适宜于自身尺寸的状态；

② 桌面高度应满足上臂自然下垂，处于放松状态，小臂接近于水平或略微下斜，任何情况下都不可使小臂上举太久；

③ 不应使脊椎骨屈曲度太大；

④ 若同一作业面内要完成不同性质的工作，桌面的高度应可调。

（2）桌面尺寸

桌面的宽度和深度应以人坐姿时手可达的水平作业域（如图）为基本依据，并考虑桌面可能放置物的性质及尺寸大小。如果是多功能的或工作时需配备其他物品、书籍时，还要在桌面上增添附加装置（如图 5-62）。

图 5-62 有附加装置的课桌

国家标准 GB/T 3326—1997 规定：

双柜写字桌宽 1200～2400mm，深 600～1200mm

单柜写字桌宽 900～1500mm，深 500～750mm

宽度级差 100mm，深度级差 50mm，同时还规定了宽深比 B/T＝1.8～2。一般批量生产的单件产品均按标准选定尺寸，但对组合柜中的写字台和特殊用途的台面尺寸，不受此限制。

餐桌与会议桌的桌面尺寸以人均占周边长为准进行设计。一般人均占桌周边长为 550～580mm，较舒适的长度为 600～750mm。下面对餐桌作简要分析：

① 方桌（图 5-63）：760mm×760mm 的方桌和 1070mm×760mm 的长方形桌是常用的餐桌尺寸。如果椅子可伸入桌底，即便是很小的角落，也可以放一张六座位的餐桌，用餐时，只需把餐桌拉出一些就可以了。760mm 的餐桌宽度是标准尺寸，至少也不宜小于 700mm，否则，对坐时会因餐桌太窄而互相碰脚。餐桌的脚最好是缩在中间，如果四只脚安排在四角，就很不方便。桌高一般为 710mm，配 415mm 高度的座椅。桌面低些，就餐时，可对餐桌上的食品看得清楚些。

② 圆桌（如图 5-64）：如果客厅、餐厅的家具都是方形或长方形的，圆桌直径可从 150mm 递增。在一般中小型住宅，如用 1200mm 餐桌，会显得过大，可定做一张直径 1140mm 的圆桌，同样可坐 8～9 人，但看起来空间较宽敞。如果用直径 900mm 以上的餐桌，虽可多坐人，但不宜摆放过多的固定椅子。如直径 1200mm 的餐桌，放 8 张椅子，就很拥挤。可放 4～6 张椅子，在人多时，再用折椅。

图 5-63　长方桌

图 5-64　圆桌

③ 开合桌：开合桌又称伸展式餐桌，可由一张 900mm 方桌或直径 1050mm 圆桌，变成 1350～1700mm 的长桌或椭圆桌（有各种尺寸），很适合中小户型家庭在平时客人多时使用。这种餐桌从 15 世纪开始流行，至今已有 500 年的历史，是一种很受欢迎的餐桌。不过要留意它的机械构造。展开应顺滑平稳，收拾时应方便对准闭合。使用圆桌就餐，还有一个好处，就是坐的人有较大的宽容度。只要把椅子拉离桌面一点，就可多坐人，不存在使用方桌时坐转角位不方便的弊端（如图 5-65 所示）。

（3）桌面的倾斜度

有研究发现，对于阅览桌、课桌、绘图桌等桌面，适度倾斜的桌面更适合于这类作业，实际设计中也已有采用倾斜工作面的例子，如图 5-66、图 5-67 所示。当台面倾斜

(12°～24°) 时，人的姿势较自然，与水平作业面相比，疲劳与不适应感会减少，能使人获得舒适的视域和保持人体正确的姿势。但在倾斜的桌面上除了书籍、薄本外，其他物品就不易陈放。

作业时，人的视觉注意区决定头的姿势。头的姿势要舒服，视线与水平线的夹角应在规定的范围之内。坐姿时，此夹角为 32°～44°，站姿时为 23°～34°。由于视线倾斜的角度包括头的倾斜和眼球转动两个角度，实际头倾斜角度为站姿 8°～22°，坐姿 17°～29°。

图 5-65 开合桌

实际工作中，头的姿势很难保持在规定范围之内，如最常见的在写字台上读书书画，头的倾斜角就超过了舒适的范围，因此出现了桌面和工作面倾斜的设计。此时人的头和躯干的姿势受作业面高度和倾斜角度两个因素的影响，如图 5-65 所示。图中的绘图桌都是已经批量生产的产品。研究者根据人的作业姿势，选出 4 张设计较好的和 4 张设计较差的绘图桌进行比较，通过测量发现如下结果：

图 5-66 有倾斜角的课桌

图 5-67 带倾斜的绘图桌

① 设计较好的，躯干弯曲为 7°～9°。

② 设计较差的，躯干弯曲为 19°～42°。

③ 设计较好的，头的倾角为 29°～33°。

④ 设计较差的，头的倾角为 30°～36°。

特别是当水平桌面过低时，由于头的倾斜角度不可能超过 30°，人不得不增加躯体的弯曲程度。因此，绘图中的设计应注意以下几条要求：

a）高度和倾斜度可调；

b）桌面前缘的高度应在 660mm～1330mm（以适应从坐姿到立姿的需要）；

c）桌面的倾斜角度应在 0°～75°内可调。

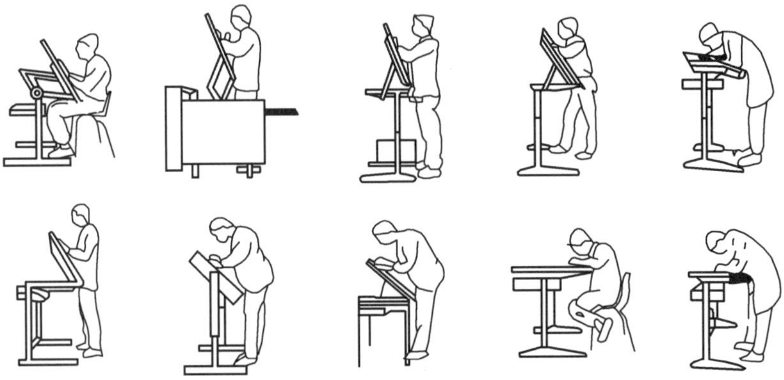

图 5-68 桌面角度与人体作业姿势的关系

（4）桌面下的净空尺寸

为保证坐姿时下肢能在桌下放置与活动，桌面下的净空高度应高于双腿交叉时的膝高，并使膝部有一定上下活动余地。如有抽屉的桌子，抽屉不能做得太厚，桌面至抽屉底的距离不应超过桌椅高差的 1/2。国家标准 GB/T 3326—1997 规定：桌子空间净高大于 580mm，净宽大于 520mm。

5.3.3 立式用桌（台）的人体工程学分析

（1）高度

立式用桌（台）主要指营业柜台、讲台、服务台及各种工作台等。站立工作时，工作面的高度是根据人站立时自然屈臂的肘高来确定的。一般以低于人体肘高 50mm～100mm 为宜。按照我国人体尺寸的平均水平推算，男性的最佳工作面高度为 950mm～1000mm，女性的最佳工作面高度为 880mm～930mm，减去工作物件的高度，即为工作台的高度。工作台的高度应采用大尺寸人体的参数为设计依据，这是因为，小尺寸的人在使用工作台时，可以通过脚踏或垫板来调节工作面高度，而大尺寸的人则不能。除了利用脚踏和垫板来调节工作面高度，还可以通过台面高度的调节来实现。

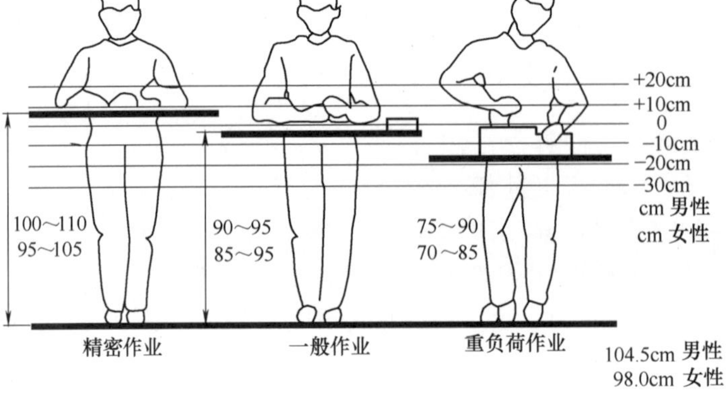

图 5-69 作业性质与台面高度

此外，工作台面高度还与作业性质有着密切的关系。作业性质不同，台面高度也应不同（如图 5-69）。设计者必须具体分析各种作业特点，以确定最佳作业面的高度。

① 对于精密作业，如绘画等，作业面高度应上升至肘高以上 50mm～100mm，以适应人眼观察的距离。同时，给肘关节一定的支撑，从而减轻背部肌肉的静态负荷。因此，台面高度相应要高。

② 对于一般性作业，如果台面上需要放置工具、材料等，台面高度应降低至肘高以下 100mm～150mm。

③ 对于负荷性作业，如需要借助于身体的重量来进行操作，则工作台面高度应降低至肘高以下 150mm～400mm。

对于不同的作业性质，设计者必须具体分析其特点，以确定最佳作业面高度。另外，工作面高度应按身体较高的人来设计，身体较矮的人可使用垫脚台。图 5-70 所示为轻负荷作业条件下，工作面与身高的关系，不同身高的人可采用的调节高度可参照此图。从适应性的角度而言，可调节的工作面高度才是理想的设计。

（2）桌下空间

立式用桌的桌台下部不需留出容膝空间，通常可作收藏物品的柜体使用。但立式桌台的底部需要设置容足空间，以利于人体靠紧台桌的动作之需。容足空间高度大于 80mm，深度在 50～100mm 之间（如图 5-71）。

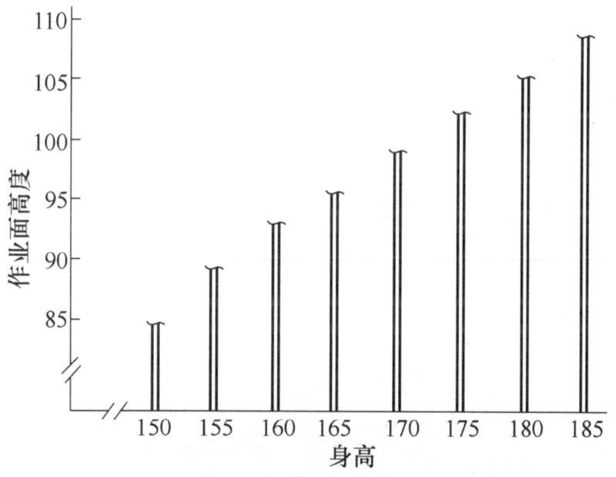

图 5-70 轻负荷作业条件下工作面与身高的关系图（单位：cm）

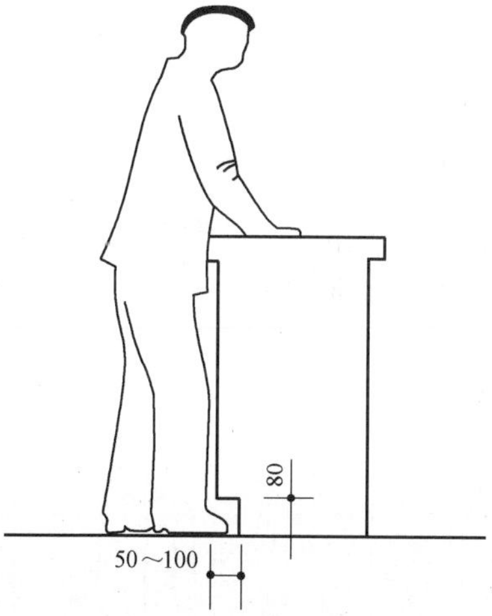

图 5-71 容足空间（单位：mm）

5.4 人体工程学与储存类家具的设计

储存类家具与人体产生间接关系，起着储存物品和兼作空间分隔的作用。根据存放物品的不同，主要可分为柜类和架类两种不同储存方式。柜类储存方式主要有衣柜、壁柜、书柜、床头柜、陈列柜、酒柜等；而架类储存方式主要有书架、食品架、陈列架、衣帽架等。从人体工程学角度考虑，储存类家具的功能设计必须考虑人与物两方面的关系。一方面要求储存空间划分合理，方便人们存取，有利于减少人体疲劳；另一方面又要求家具储存方式合理，储存数量充分，满足不同物品存放的要求。

5.4.1 储存类家具与人体尺度

为了正确确定柜、架、搁板的高度及其分配空间，首先必须了解人体所能及的动作范围，以我国成年妇女为例，其动作活动范围如图 5-72 所示，可分为三个区域。第一区域为以人肩为轴，上肢半径活动的范围，高度在 603～1870mm，是存取物品最方便、使用频率最多的区域，也是人的视线最易看到的视域。第二区域为从地面至人站立时手臂下垂指尖的垂直距离，即 603mm 以下的区域，该区域存贮不便，人必须蹲下操作，一般存放较重而不常用的物品。若需扩大储存空间，节约占地面积，则可设置第三区域，即 1870mm 以上的区域。一般可存放较轻的过季性物品（如棉絮等）。

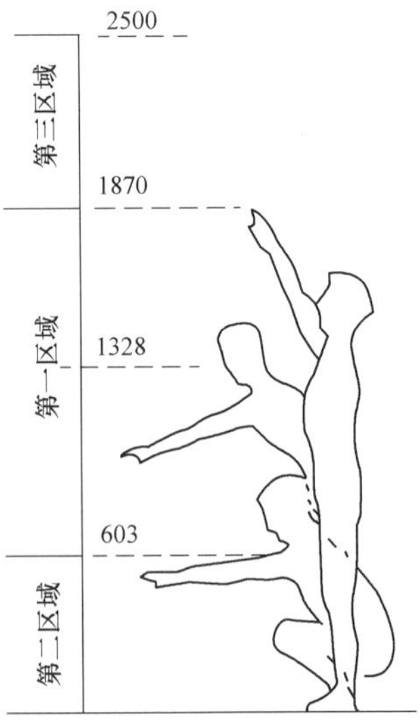

图 5-72 柜类家具物品储存分区（单位：mm）

在上述储存区域内根据人体动作范围及储存物品的种类可以设置搁板、抽屉、挂衣杆等。在设置搁板时，搁板的深度和间距除考虑物品存放方式及物体的尺寸外，还需考虑人的视线，搁板间距越大，人的视域越好，但空间浪费较多，所以设计时要统筹安排。

5.4.2 物品尺寸与储存空间

储存性家具除了考虑与人体尺度的关系外，还要考虑物品的种类、尺寸和存储空间的大小。比如，橱、柜、架等储存空间（深度和宽度）的大小，是由存放物品的种类、数量、存放方式以及室内空间的布局等来确定。在一定程度上还取决于板材尺寸的合理裁割及家具设计系列的模数化。一般柜体宽度常用 800mm 为基本单元，深度上：衣柜≥530mm，书柜 300～400mm。图 5-73～图 5-77 列出了常用物品

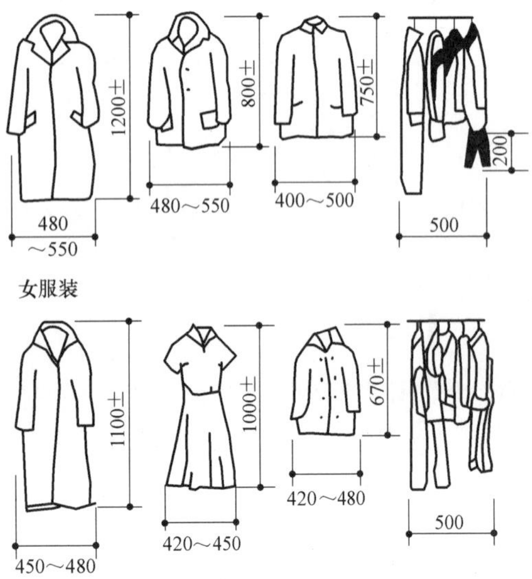

图 5-73 男女服装基本尺寸（单位：mm）

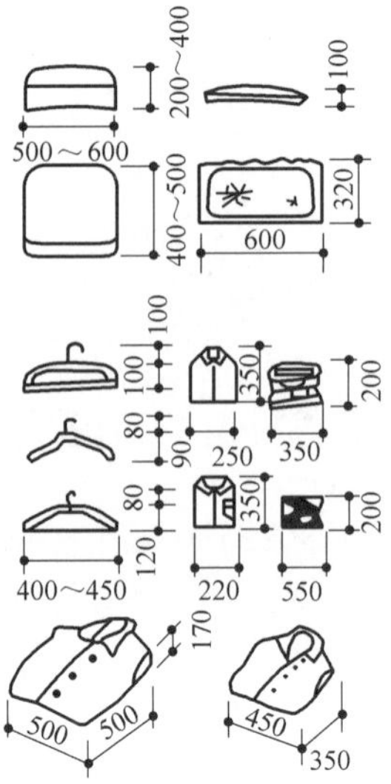

图 5-74 衣架与衣服叠放的尺寸（单位：mm）

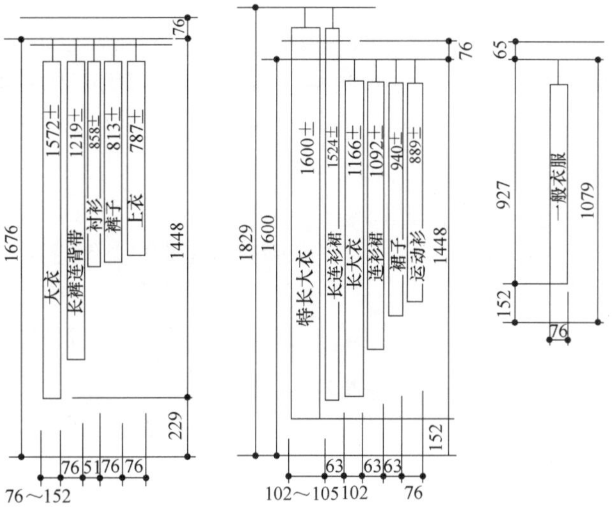

图 5-75 常见衣服长度与衣柜空间尺寸（单位：mm）

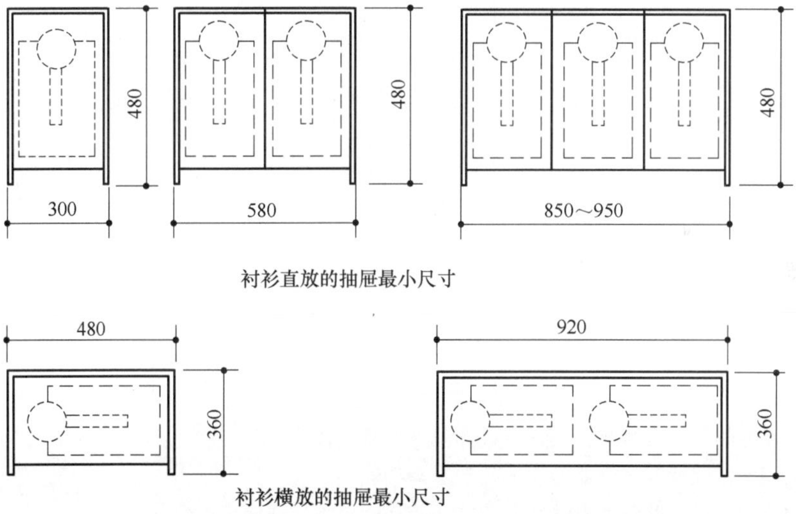

图 5-76 衬衫叠放与抽屉空间尺寸（单位：mm）

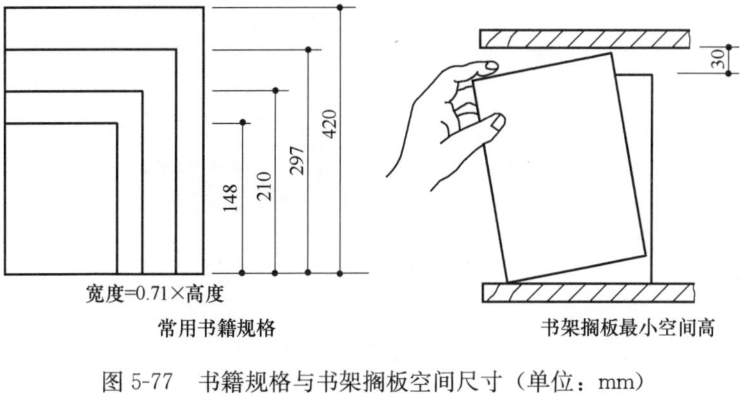

图 5-77 书籍规格与书架搁板空间尺寸（单位：mm）

尺寸和储存空间的尺寸。如图5-72所示，抽屉宽度和深度要按衣服折叠后的尺寸来确定。一般衬衫折后尺寸为200～240mm之间，同时考虑柜体在造型和比例上的需要，以及抽屉本身在抽出和推进过程中的要求来确定抽屉的尺寸，具体尺寸详见图示。又如图5-73所示，书柜的搁板间距主要以书籍的尺寸作为参考依据，以书本上面留有20～30mm空隙为好，便于取书和通风。

针对品类丰富的物品和形式各异的尺寸，储存类家具不可能设计得非常细琐，只能分门别类地合理确定设计的尺度范围，然后按不同环境下的使用要求，再进一步细化空间的储存划分。根据我国国家标准GB/T 3327—1997的规定，对柜类家具主要尺寸作了如表5-8的限定。

表5-8　柜类家具的主要尺寸范围　单位：mm

类别	限定内容	尺寸范围	级差
衣柜	挂衣空间宽或深	≥530	
	挂衣棒上沿至底板内表面的距离	≥900(挂短衣) ≥1400(挂长衣)	
	折叠衣物放置空间深	≥450	
	顶层抽屉上沿离地高	≤1250	
	顶层抽屉下沿离地高	≥50	
	抽屉深	≥400	
书柜	宽	600～900	50
	深	300～400	20
	高	1200～2200	50
	层高	(1)≥230;(2)≥310	
文件柜	宽	450～1050	50
	深	400～450	10
	高	(1)370～400;(2)700～1200;(3)1800～2200	
	层间净高	≥330	

作业与思考题

1. 座椅对人体的好处有哪些？座椅设计的基本原则是什么？
2. 结合坐姿的生理特征，简要分析座椅的基本功能尺寸。
3. 床垫的软硬度对人的睡眠有什么影响？床的功能尺寸如何确定？
4. 工作面高度的设计应遵从什么原则？
5. 桌子高度如何确定，其设计应遵从哪些原则？
6. 简要分析储存类家具与人体尺度的关系，试从人体工程学角度对整体衣柜进行设计分析。
7. 了解与分析柜类家具的主要尺寸范围。

6 人体工程学与家居产品设计

6.1 概述

家居产品是指居家生活所用的产品，主要包括床、沙发、置物架等家具，冰箱、电脑等家电产品，以及餐具、炊具、卫生洁具等家居日用品，品类丰富，贴近生活。随着现代人生活节奏的加快和对高品质生活的追求，家居产品除满足实用功能外，更应该满足人们的情感化需求，设计师对人的情感的理解与呵护以及体贴温暖的人文关怀是现代家居产品设计的核心。因此，研究家居产品的宜人性问题，满足人们日常居家生活中使用、生活情趣和愉悦等的需求是人体工程学研究的主要任务之一。

家居产品的人性化设计要根据居家生活的行为习惯、人体的生理结构、人的心理活动及审美情趣等，力求从人体工程学、生态学和美学等角度达到完美和统一。总体来讲，家居产品的人性化设计主要体现在以下两个方面：一是心理和生理层面的满足。人性化的设计观要求将设计的重点放在如何使产品更适合人的使用上，使产品适应人的生理、心理特点和使用习惯，提高产品在使用中的便利性和宜人性；二是审美和文化层面的需要。人性化的设计要求产品设计以人为本，通过对产品结构与功能、造型与色彩以及材质和工艺等方面融入人性化的设计理念，使产品符合人们的审美趣味、审美理想以及文化心理，并且更富有人情味和情趣性。

家居产品要想设计出符合现代人生理、心理需求的“性格”产品，给人带来便利、舒适、健康与乐趣，须将人体工程学的设计思想贯穿到家居产品的各项设计要素中，使产品真正体现对人的尊重与关爱，以更好的贴近和服务于我们的生活。

6.2 人体工程学在家居产品设计中的应用

现代市场上人性化的家居产品丰富多彩，这些产品构思巧妙，不仅满足了消费者生理上的舒适需求，且对舒缓人们的生活压力，增添人们的生活情趣起到了很大的作用。下面我们对一些典型案例作分析，以帮助我们更好的理解和掌握人体工程学在家居产品设计中的应用。

6.2.1 家居日用品设计

案例一：儿童马桶设计（如图 6-1）

通过对儿童习性和一般儿童座便器的调查研究，不难看出，现有商品在使用姿势的舒适度和使用感受上有较多不符合人机配合的部分；如何根据人体工程学的知识设计一款使用舒适的儿童座便器，就要先从儿童的尺度开始研究，根据儿童的人体尺度，就可以大体上设定座便器的长、宽、高，即它的体积大小。

根据儿童使用状况，对座便器的内胆设计成突起状，因为小孩太小不懂得将腿分开上

图 6-1 儿童马桶

厕所，如此一来，他们就会很自然的分开了。另外，突起的部分也是为了更方便人们拿取，因为在外侧设计了一个深凹的曲面，而且圆形内胆比其他方形的更容易清洗。后部的多余空间可以用来存放纸巾，这样在父母给小孩擦屁股时就不用东奔西找了。内留的空间一般可以放置两种纸巾，如卷纸和湿巾等。

案例二：系列厨具的设计

OXO Good Grips 公司开发了一系列厨具（如图 6-2、图 6-3），具有人体工程学优良的设计，成为该公司产品的象征和标识。

怎样避免在使用中感到不适，就需要对手握式产品的人体工程学进行研究分析。

图 6-2 削皮器

图 6-3 水壶

手握式产品的基本设计原则：

① 手握部分的大小、形状、表面状况应与人手的尺寸和解剖条件相适应。

② 避免静态肌肉负荷过重；使用时可保持手腕顺直，避免掌心压力过大。

③ 避免手指反复的动作。

④ 注意用手习惯和性别差异。

根据人体工程学，可以大致确定工具手握部分的设计要点：

① 直径　手握部分直径大小由工具的用途和手的尺寸决定，一般着力 16～30 mm。

② 长度　长度一般应保证四个手指能够舒适握持，由手掌的宽度决定，一般采用100～120mm。

③ 形状　考虑与手掌的接触面积，一般采用圆形或椭圆截面手柄。

④ 表面纹理　舒适的握感，防滑、增大摩擦力是要考虑的要素。

该产品的设计人员经过大量的人体工程学研究，采用了大尺寸的椭圆截面手柄，其前端两侧有刻槽，使食指和拇指握持自然，控制便利；手柄材料采用了合成弹性橡胶，在表面沾水时仍具有足够的摩擦力，适宜的硬度能保持手柄的形状。手柄尾部有大直径的孔，用于悬挂，也改变了整体单一的形象。

案例三：砧板设计

下过厨房的人都知道，切好菜后，要把菜拿到锅里面，或者转运到其他容器中，切好的菜会有水或者菜汁滴下来，造成台面很难保持干净整洁，这款产品很好地解决了这个问题（如图 6-4），在切好菜后，移开一边，菜就能放入下面的容器中，从而方便转运。

图 6-4 砧板设计

好的设计灵感来自于生活，只有设计师充分了解并熟悉产品的使用方式、方法，才能更好地发现现有产品的不足，从而找准设计的突破口，创造出更优的产品。

案例四：HOGRI 产品设计

家居产品在一定意义上说，在满足了简单的功能需求的基础上，更多地向关怀和满足人的情感需求和心理需求转换，在设计上表达人文思想，关注人类的生活环境和生活方式。现代家居产品设计是一种深入人心的，关怀生活的人的造物活动。

牙膏用了一阵子，尾巴扁了，不美观也不方便了。用它，轻轻松松就可以帮你把牙膏料理得整齐有精神。尾巴卷起来，旁边是开心的微笑。每天早晨都能用笑脸为你加油，告诉你今天又是美好的一天。HOGRI 的产品（如图 6-5）保持着一贯的设计理念，功能与质量兼优的产品和外包装的整体搭配，让看过的人都不经意地发出会心一笑，从而再也不能忘怀，让不锈钢这种冰冷的传统材质变得温暖而愉悦。HOGRI 的快乐家居产品，总是能不断增添生活情趣，让使用者感觉非常愉快。

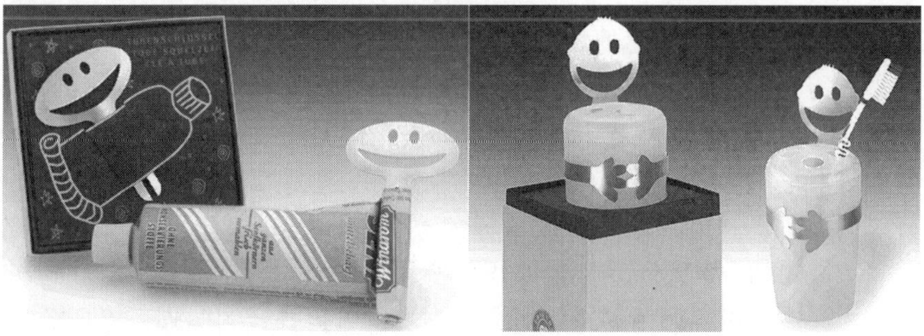

图 6-5 HOGRI 情趣产品

案例五：可折叠衣架

每个人的肩宽不同，与之相匹配的衣架宽度也不同，日常生活中，家庭通常要配齐各种不同宽度的衣架，给消费者带来了不便。

LEXON 可折叠衣架（如图 6-6）采用密度小的碳素纤维合金，大幅度地减轻了产品的重量；折叠和展开的快捷，依靠巧妙的结构设计来实现。可以方便地实现晾晒各种宽度的衣服。

案例六：站立雨伞设计

雨伞从古代发展到现在，从油纸伞发展到折叠伞，设计的改良，使得人的使用更加方便。然而当我们要购物时，当我们要运送一些东西时，当我们要用手机时，或是当我们开门时……手里却不得不拿着一把伞，放在地上或靠在墙上，都不是一个最佳的解决方式。stand umbrella（如图 6-7）的出现，让我们可以轻松的放下手中的伞，利用双手做任何事情。一个带脚的站立雨伞，一个结构简单的设计，充满了对使用者的关怀。

图 6-6　LEXON 可折叠衣架

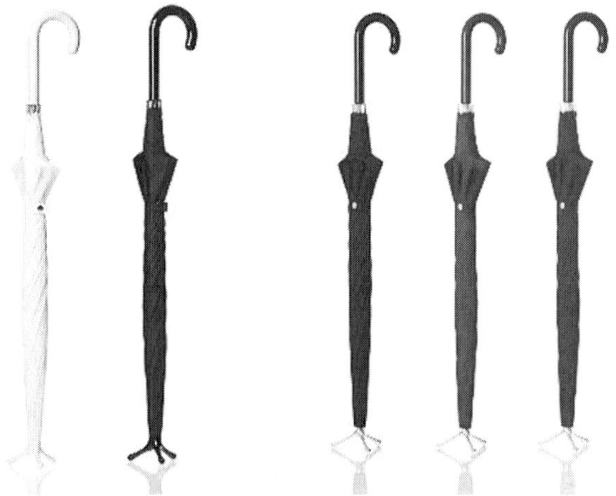

图 6-7　stand umbrella 雨伞

6.2.2　创意小家具的设计

案例一：床上电脑桌的设计

床上电脑桌是一种方便人们在床上使用的桌子，主要用于放置电脑或其他物品以及提供凭倚写字、看书等活动的需要的物品。很多人喜欢坐在床上完成一些事情，比如上上网、看看电影或写写东西等，而床上电脑桌使得这些活动更加方便和舒适。

如图 6-8 是美好家生产的一款床上电脑桌，左边倾斜的桌面用于放笔记本电脑，桌面上带有镂空向日葵形散热孔，且桌面的角度六挡可调，不仅满足了笔记本的方便使用和散热需求，且时尚大方。右边桌面用于放鼠标，上端自带笔槽和杯托，可以放置饮料、食物、文具等，方寸之间，满足了功能的实用与便利。在最右端还带有一个抽屉，可用于收纳一些小物品。高度上可以调节到主人舒适的高度，可折叠式的四脚支撑，形成稳定均匀的受力系统，让电脑桌在使用时更加平稳、牢固。不用时也可以折叠收起，不占空间。另外，本款以粉色为桌面主基调，在白色基座的衬托下，显得可爱、时尚且靓丽。当然也有其他一些色彩方案可供选择，以满足色彩的多样化心理需求。

案例二：折叠婴儿床

这款婴儿床可以与大床绑在一起共同使用，能方便父母照料小孩，并能得到最大限度的沟通。它可以随意调整高度，以适应不同的大床高度。此外，这款产品拆装简单，收纳起来可以放入手提袋中，携带十分方便。(如图 6-9)

案例三：多功能家具设计

图 6-10 是一把多功能椅子，当展开以后可以当做梯子使用，不仅节约了收纳、存放空间，还能在不同功能之间进行简单转换，方便实用。

图 6-8　折叠电脑桌

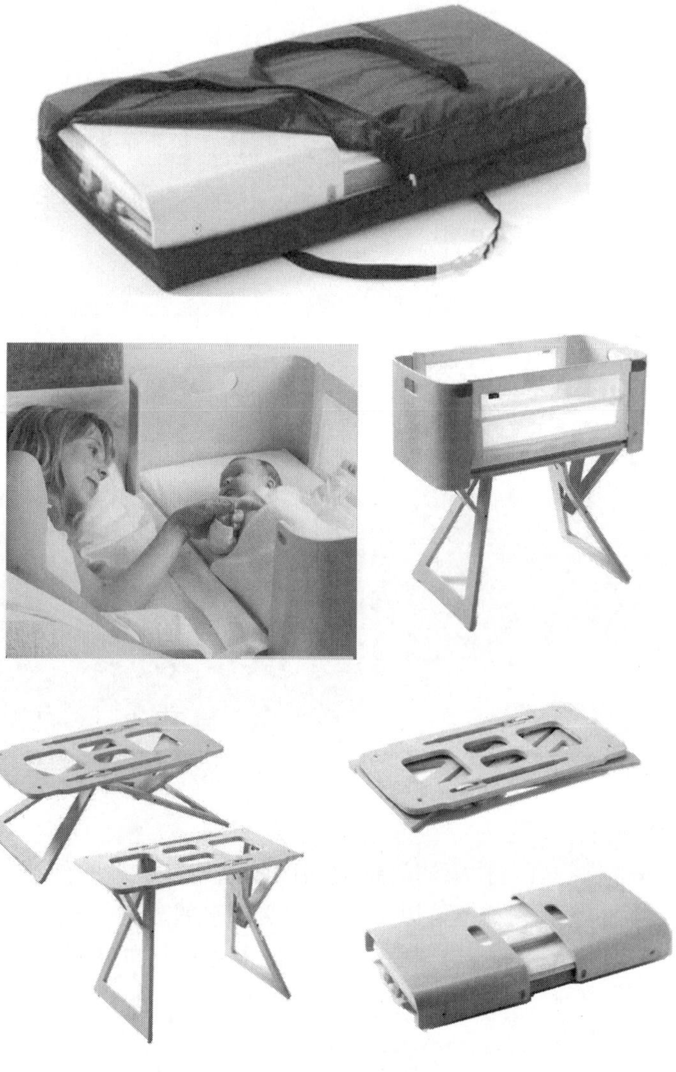

图 6-9　折叠婴儿床

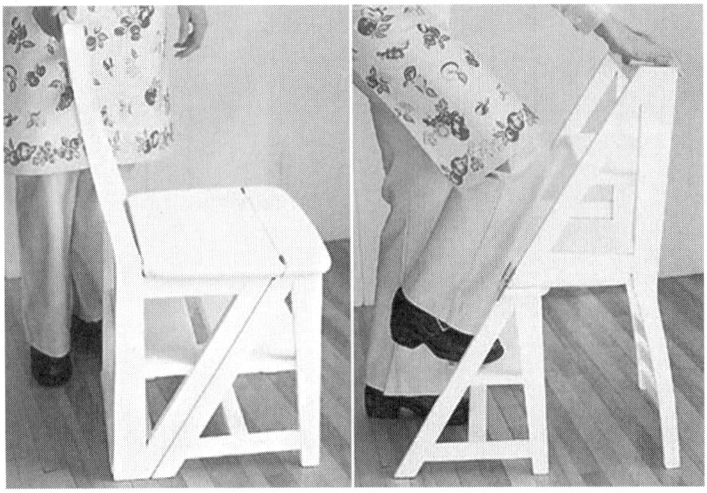

图 6-10　多功能椅子

图 6-11 是一款多功能儿童床，不仅考虑了床的休息功能，还把下面的空间充分利用，设计成了儿童喜欢的球门形式，娱乐、休息两不误。

这是由韩国设计师 Kim In-bo 设计的一款简单时尚的多功能休息椅（如图 6-12），在色彩上采用经典的红色与纯白相配显得非常简约，设计师将一个个连接在一起的长形大软垫包裹在一起就形成了一个椅子，还可以转换成凳子，当展开的时候还可以作为一个睡垫。

图 6-11　多功能儿童床

图 6-12　多功能休息椅

案例四：置物架设计

图 6-13 是一款非常符合现代家居装饰风格的物品架，字母的外形，跟普通的物品架相比多出了一种时尚的感觉，你也可以将你的英文名字做成物品架，非常的个性。当然，放在小朋友的卧室也是一个不错的选择，不仅装饰了房间，同时也给孩子增加了不一样的学习氛围。

案例五：组合办公用品设计

图 6-14 是一组组合办公用品，包括办公空间能用到的日历、文件架、相框、名片盒、

图 6-13 置物架设计

笔筒等。其设计亮点在于所有产品都是通过竹胶板卡接而成，不用任何胶水、螺钉或连接件。这样设计不仅能让消费者体验 DIY 所带来的乐趣，还能便于生产和包装。

图 6-14 组合办公用品

6.2.3 其他产品设计

案例一：柠檬榨汁机

这个名为 Juicy Salif 的全球畅销柠檬榨汁机（如图 6-15），是一个奇怪的产品，因为它不是什么有着实质功能的家居产品。Philippe Starck 自己解释说，有时候你必须选择设计的目的。这玩意可不是为了榨柠檬汁……在某个夜晚，一对新婚夫妇邀请新郎的父母来家作客。父子俩去看电视足球比赛了，新娘和婆婆第一次单独在厨房，气氛有点沉闷，这个榨汁机就是为了起个话头而设计的。事实上，这个金属榨汁机有着这样那样的缺点，比如它光洁的铝质外壳最终要被柠檬汁中的柠檬酸侵蚀，再比如在使用时要在顶部放上柠檬，向下的压力能使尖利的三只足扎入木质桌面里……然而许多人购买这台机器，不是因为它的性能，而是因为它给人带来与众不同的情感与审美功能。

图 6-15 柠檬榨汁机

案例二：MR. P 门挡

MR. P 产品永远是以新奇、搞笑著称，这回 MR. P 不小心躺在了地板上，成为了门挡（如图 6-16），为您保护墙壁，从此再也不用为甩门担心。本来悠闲地躺在地板上的 MR. P，竟然不小心挡到了门，已经有一半的身体呈现扁平状，可怜兮兮的样子，您还忍心用力推门吗？

MR. P 以不可思议的角度，潜入您的生活，捕捉每一个有趣的创意。

案例三：卡片相机

产品的多功能化和自动化，使产品的操作程序得到简化，从而提高工作效率，减轻劳动强度，节约时间。人们通过照相机拍照留念，然而传统照相机要求拍照者调整光圈大小和快门速度，又要考虑景深的要求，又要进行对焦，还要取景和构图，对拍照者提出了较高的技术要求。卡片相机（如图 6-17）的出现，让人们轻松地可以拍到满意的照片，从心理学和生理学上解决了普通人对相机的需求。

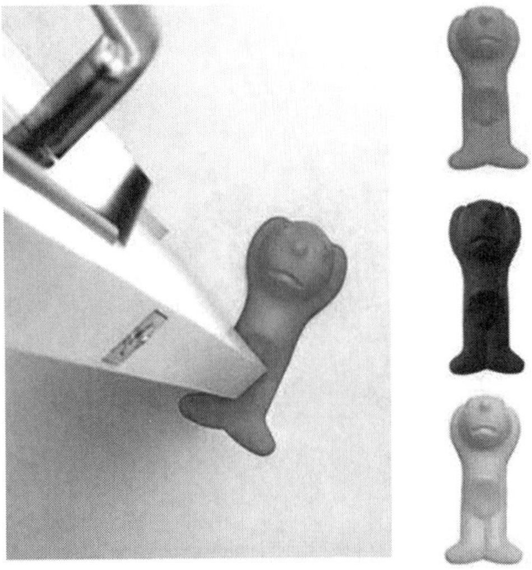

图 6-16 MR. P 门挡

图 6-17 卡片相机

案例四：MUJI 硬纸板扬声器设计

人体工程学发展到现代，以人与自然保持持久和谐成为其发展的方向，也就是“绿色设计”或称“生态设计”。绿色设计通常有以下几种设计方法：①耐用设计与简朴设计，要求设计给用户提供产品长期使用的可能性，主张采用模块化结构，减少产品繁复和不切实际的功能。②低能耗设计与节能设计，主要要求设计减少不可再生资源的消耗量，减少高能耗材料的用量，使用可循环的再生材料，使用竹、藤等速生植物原料、简化产品包装等。③环保设计，设计的要求是促进资源的重复利用和再生利用，不仅仅是创造对人们有用、好用的产品，同时要考虑产品制造、使用和回收处理三大阶段的生态效应。

图 6-18 MUJI 硬纸板扬声器

MUJI 硬纸板扬声器（如图 6-18），由纸板和电子元件组成，它只有很少量的电子元件，而外部是可回收的再生纸板，当这个可携带扬声器不在使用状态时，可以将它压平，装进一个塑料口袋中，以方便携带。

作业与思考题

1. 家居产品人性化设计的要点是什么？例举相应的案例进行人性化设计分析。
2. 手握式产品的基本设计原则是什么？
3. 绿色设计的设计方法有哪些？

7 无障碍设计

7.1 无障碍设计概述

20世纪初，基于人道主义的呼唤，当时在建筑学界产生了一种新的建筑设计方法——无障碍设计。它的出现旨在运用现代技术建设和改造环境，为广大残疾人提供行动方便和安全的空间，创造一个“平等、参与”的环境。国际上对于物质环境无障碍的研究可以追溯到20世纪30年代初，当时在瑞典、丹麦等国家就建有专供残疾人使用的设施。1961年，美国制定了世界上第一个《无障碍标准》。此后，英国、加拿大、日本等几十个国家和地区相继制定了有关法规。

在科学技术高度发展的现代社会，无障碍设计已从人类衣食住行的公共空间环境以及各类建筑设施的规划设计，深入扩展到人们工作、生活、娱乐中使用的各种器具。这一设计主张正以更高层次的理想目标推动着设计的发展与进步，促使人类创造的产品更趋合理、亲切、人性化，从而使人类的生活环境更趋安全、方便、舒适，更加充满爱与关怀。

7.1.1 无障碍设计的概念与含义

无障碍设计（Universal Design）作为一个概念最早是由美国教授Ron Mace于1974年在国际残障者生活环境专家会议中提出。它强调在科学技术高度发展的现代社会，一切有关人类衣食住行的公共空间环境以及各类建筑设施、设备的规划设计，都必须充分考虑具有不同程度生理伤残缺陷者和正常活动能力衰退者（如残疾人、老年人）的使用需求，配备能够应答、满足这些需求的服务功能与装置，营造一个充满爱与关怀、切实保障人类安全、方便、舒适的现代生活环境。

现在国内有关Universal Design的翻译常见的还有“通用设计”、“共通设计”、“全方位设计”、“人本设计”等。依照辞典解释可知“通用”之意为没有时、地、人的限制，可以共同使用；“共通”为可以互为流通使用；“人本”则是以人为本的精神；“全方位”则不拘泥于一处，考虑及包容每个层面。所以“以人本精神为基础的全方位设计”比较接近无障碍设计目前的真实内涵。这也说明无障碍设计的内涵是不断发展和完善的。

7.1.2 无障碍设计的目标

无障碍设计的目标是“无障碍、无危险、任何人都应该受到尊重”。基于对人类行为、意识与动作反应的细致研究，致力于优化一切为人所用的物与环境的设计，在操作界面上清除那些让使用者感到困惑、困难的“障碍”，为使用者提供最大可能的方便。这也是无障碍设计的基本思想。

无障碍设计满足残疾人、老年人以及一些特殊人群的特殊需求的同时，也方便普通人群使用。它着力于开发人类“共用”的产品，即能够应答、满足所有使用者需求的产品。在设计中要尽量掩饰其为特殊人群的特殊考虑，消除特殊人群的自卑心理，使他们能够以普通人群同样的心态来接受产品，从而强调所有人群的共同使用，没有区别、偏见或歧视。例如，人民币的设计中就有巧妙的“共用”设计：利用人的感觉补偿原则在人民币的表面增加了盲文的设计，盲文满足了视障人士的识别要求，但又不影响正常人的触感，显得特别人性化（如图7-1）。

图7-1 人民币上的盲文设计

下面一组是迈克尔·格雷夫斯（Michael Graves）为Drive Medical设计的浴室产品（如图7-2），针对于障碍人士。广受尊敬的迈克尔·格雷夫斯（Michael Graves，1934年出生）在2003年由于不明病因而下半身瘫痪，但他仍然坚持设计，并带来大量的优秀设计（建筑和产品）。Michael Graves说他现在有全新的视角，关于设计如何为那些关心家庭生活安全的人们和有障碍人士的生活带来轻松和品质。

这些产品造型简洁，不仅正常人可以方便使用，尤其对一些肢体残疾或不灵便的人士更是适用。颜色大方、稳重，充分体现了对特定人群的人性关怀。

图7-2 Michael Graves设计的浴室产品

7.1.3 我国无障碍设计的发展

根据第二次全国残疾人抽样调查统计，我国共有各类残疾人8296万人，其中视力残疾1233万人，听力残疾2004万人，言语残疾127万人，肢体残疾2412万人，智力残疾554万人，精神残疾614万人，多重残疾1352万人，残疾人总人数占全国总人口的比例为6.34%，涉及2.6亿家庭人口。残疾人是一个数量众多、特性突出、特别需要帮助的社会群体。促进残疾人事业发展，改善残疾人状况，是全面建设小康社会和构建社会主义和谐社会一项重要而紧迫的任务。

我国政府一贯重视无障碍建设，充分考虑残疾人、老年人等社会特殊群体的无障碍需求，从法规、规划、政策、标准、技术和产品研发等多层面切实采取措施推进。我国最早提出无障碍设施建设是 1985 年 3 月，当时中国残疾人福利基金会、北京市残疾人协会、北京市建筑设计院联合在北京召开了“残疾人与社会环境研究会”，发出了“为残疾人创造便利生活环境”的倡议。1986 年 7 月建设部、民政部、中国残疾人福利基金会共同编制了我国第一部《方便残疾人使用的城市道路和建筑物设计规范（试行）》，1989 年颁布实施。国家建设部、民政部、中国残联 2001 年 8 月 1 日发布的《城市道路和建筑物无障碍设计规范》（JGJ 50—2001）是中华人民共和国行业标准，系全国范围实施的强制规范，是目前最新、最有权威的规范。现在所有的新建、改建项目都要按此规范设计、建设。

近十年来，随着经济发展和社会进步，我国的无障碍设施建设取得了一定的成绩，北京、上海、天津、广州、深圳、沈阳、青岛等大中城市比较突出。在城市道路中，为方便盲人行走修建了盲道，为方便乘轮椅的残疾人出行修建了缘石坡道。建筑物方面，大型公共建筑中修建了许多方便乘轮椅的残疾人和老年人从室外进入到室内的坡道，以及方便使用的无障碍设施（楼梯、电梯、电话、洗手间、扶手、轮椅位、客房等）。但总的来看，设计规范还没有得到较好执行，同残疾人的需求及发达国家和地区的情况相比，我国的无障碍设施建设还较为落后，有较大差距。

7.2 公共空间的无障碍设计

目前，国际通用的无障碍设计标准大致有六个方面的内容：①在一切公共建筑的入口处设置取代台阶的坡道，其坡度应不大于 1/12；②在盲人经常出入处设置盲道，在十字路口设置利于盲人辨向的音响设施；③门的净空廊宽度要在 800mm 以上，采用旋转门的需另设残疾人入口；④所有建筑物走廊的净空宽度应在 1300mm 以上；⑤公厕应设有带扶手的座式便器，门隔断应做成外开式或推拉式，以保证内部空间便于轮椅进入；⑥电梯的入口净宽均应在 800mm 以上。下面就针对公共空间的无障碍设计展开具体介绍。

7.2.1 道路的无障碍设计

7.2.1.1 缘石坡道的设计

人行道在交叉路口、街坊路口、单位入口、广场入口、人行横道及桥梁、隧道、立体交叉等路口应设缘石坡道。具体设计要求如下：

① 人行道的各种路口必须设缘石坡道，以便残障人士的通行。

② 缘石坡道应该设置在人行道的范围内，并应与人行横道相对应。

③ 根据道路设计情况，缘石坡道可分为单面缘石坡道（如图 7-3）和三面缘石坡道（如图 7-4）。

④ 缘石坡道应该平整且不应太光滑，以方便轮椅的上下坡需要。

⑤ 缘石坡道下口高出车行道的地面不得大于 20mm。

7.2.1.2 盲道的设计

城市中心区道路、广场、步行街、商业街、桥梁、隧道、立体交叉及主要建筑物地段的人行地道应设盲道。人行天桥、人行地道、人行横道及主要公交车站应设提示盲道。具体设计要求如下：

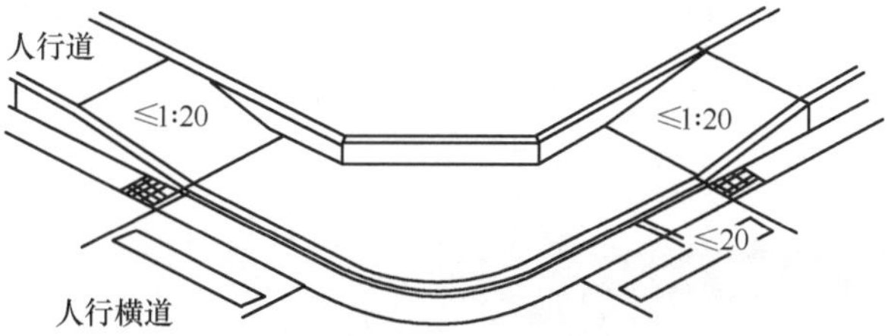

图 7-3 交叉路口单面坡缘石坡道（单位：mm）

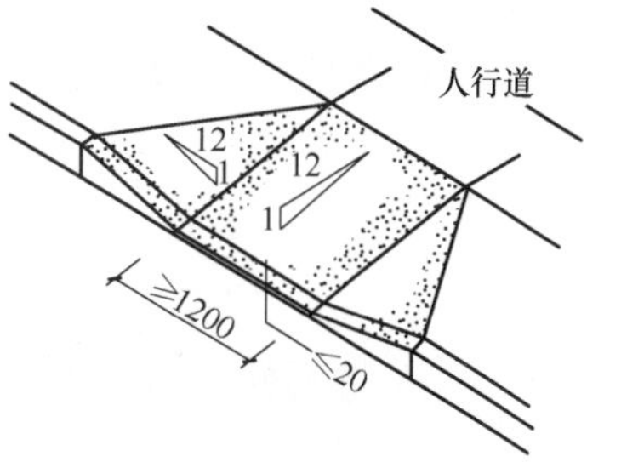

图 7-4 三面坡缘石坡道（单位：mm）

① 人行道设置的盲道位置和走向，应该方便视障人士安全行走和顺利到达无障碍设施的位置。

② 指行残疾者向前行走的盲道应为条形的行进盲道（如图 7-5）；在行进盲道的起点、终点及拐弯处应设圆点形的提示盲道（如图 7-6）。行进盲道和提示盲道的宽度均为 300～600mm，触感条的宽度一般为 25mm，高度约为 5mm。

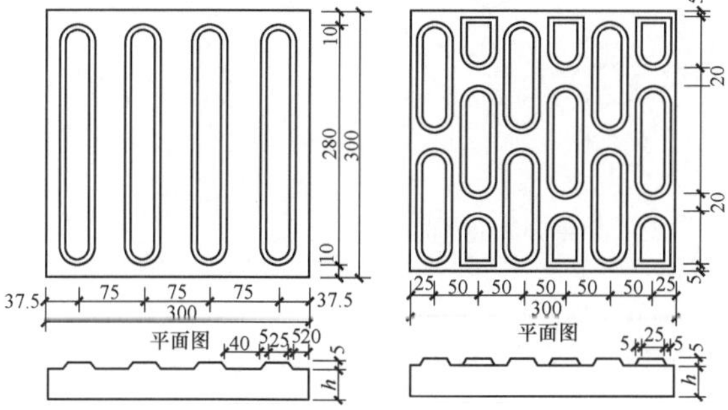

图 7-5 行进盲道

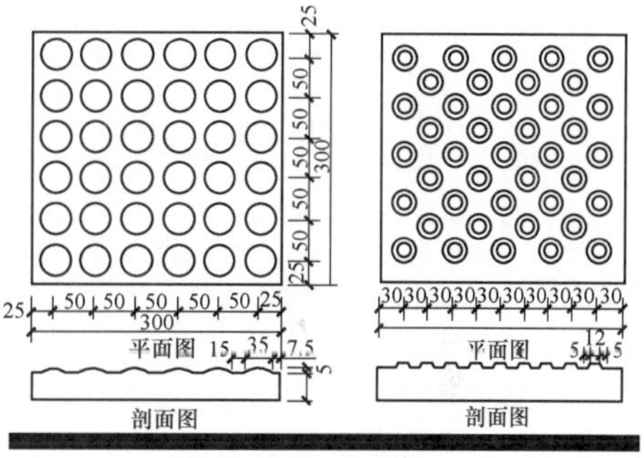

图 7-6 提示盲道

③ 盲道表面触感部分以下的厚度应与人行道砖一致。以避免因高差不一导致安全事故。

④ 盲道应尽量避开井盖铺设并连续，中途不得有电线杆、拉线、树木等障碍物，盲道与障碍物的距离为 250～500mm（如图 7-7）。

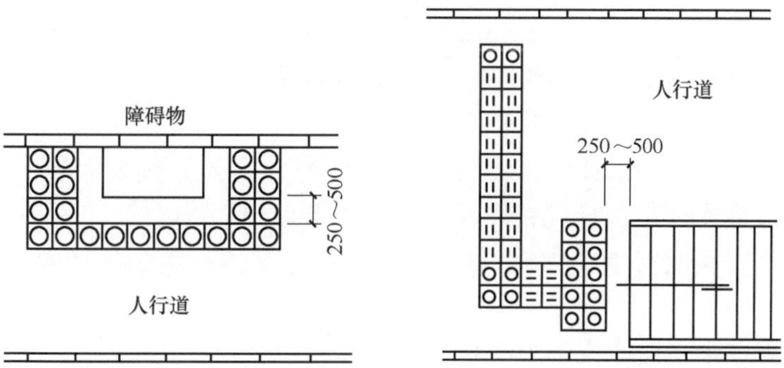

图 7-7 提示盲道的设置（单位：mm）

⑤ 盲道的颜色宜为中黄色。

7.2.1.3 坡道与梯道的设计

城市主要道路、建筑物和居住区的人行天桥和人行地道，应设轮椅坡道和安全梯道；在坡道和梯道两侧应设扶手。城市中心地区可设垂直升降梯取代轮椅坡道（如图 7-8）。

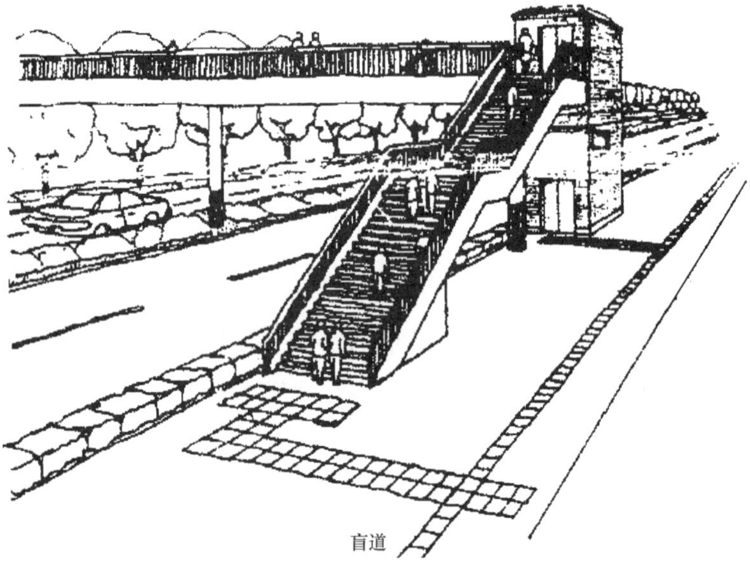

图 7-8 人行天桥的梯道和垂直升降梯

（1）无障碍人行天桥、人行地道坡道的设计

① 坡道的坡度不应大于 1∶12；在困难地段的坡度不得大于 1∶8（需要协助推动轮椅行进）。

② 坡道的高度每升高 1500mm 时，应设深度不小于 2000mm 的中间平台。

③ 坡道的坡面应平整且不应光滑。

④ 弧线形坡道的坡度，应以弧线内缘的坡度进行计算。

（2）无障碍人行天桥、人行地道梯道的设计

① 梯道的宽度不应小于 3500mm，中间平台深度不应小于 2000mm。

② 在梯道中间部位应设自行车坡道。

③ 踏步的高度不应大于 150mm，宽度不应小于 300mm。

④ 踏面应平整且不光滑，前缘不应有突出的部分。

（3）无障碍人行天桥、人行地道扶手的设计

① 扶手高度应为 900mm，设上、下两层扶手时，下层扶手高度应为 700mm。

② 扶手应保持连续，在起点和终点处应延伸 400mm。

③ 扶手截面直径尺寸宜为 45～50mm，扶手拖架的高度、扶手与墙面的距离宜为 45～50mm。

④ 在扶手起点水平段应安装盲文标志牌。

⑤ 扶手下方为落空栏杆时，应设高不小于 100mm 的安全挡台。

（4）距坡道与梯道 250～500mm 处应设提示盲道。提示盲道的长度应与坡道、梯道的

宽度相对应，提示盲道的宽度应为300～600mm（如图7-9）

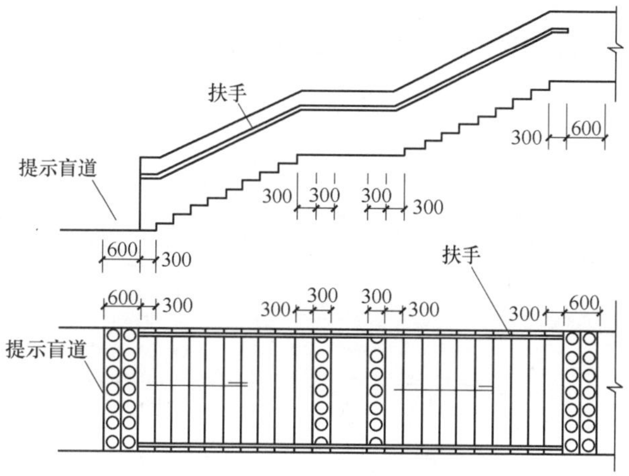

图7-9 梯道上的提示盲道

7.2.1.4 标志的设置

在城市广场、步行街、商业街、人行天桥、人行地道等无障碍设施的位置，应设国际通用无障碍标志（如图7-10）。在城市主要地段的道路和建筑物宜设盲文位置图。

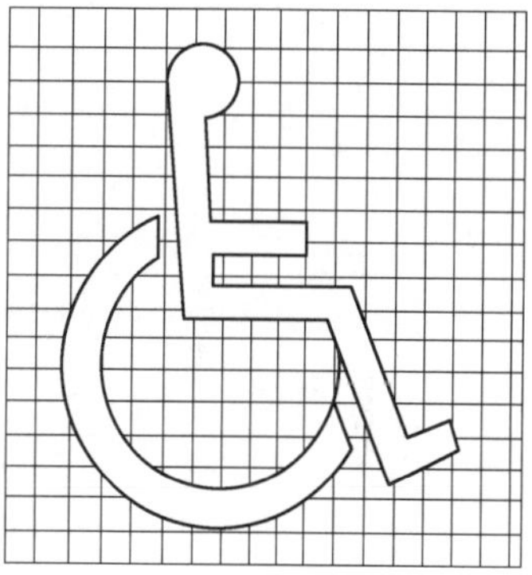

图7-10 国际通用无障碍标志

7.2.2 建筑入口的无障碍设计

建筑物入口的无障碍设计，一般入口室外的地面坡度不应大于1∶50。当公共建筑与高层、中高层建筑入口设台阶时，必须设轮椅坡道和扶手。如表7-1所示，列出了不同建筑入口的轮椅通行平台的最小宽度。

表7-1 不同建筑入口轮椅通行平台的宽度

建筑类别	入口平台最小宽度/mm
大、中型公共建筑	≥2000
小型公共建筑	≥1500
中、高层建筑、公寓建筑	≥2000
多、低层无障碍住宅、公寓建筑	≥1500
无障碍宿舍建筑	≥1500

对于建筑入口门的形式，主要有推拉门、平开门和旋转门。其中，自动推拉门是最适合用于无障碍设计，而旋转门是最不便的，且容易发生危险。因此，在任何安装旋转门的外环境中，都必须设置一个辅助开启的平开门。另外，大面积的玻璃门，无门框的玻璃门，有时连视力正常的人也会误认为是敞开的门，容易撞伤。所以门上必须有明显的提示或信号，显示门的存在，以免撞门。玻璃门下方应安装踢脚板。门的把手一般为圆形或椭圆形等触感光滑温暖的材质。

7.2.3 走廊与通道的无障碍设计

对于轮椅通行的走廊与通道的最小宽度规定如下：大型公共建筑走廊的最小宽度≥1800mm，中小型公共建筑为≥1500mm，检票口与结账口为≥900mm，如图 7-11 所示。

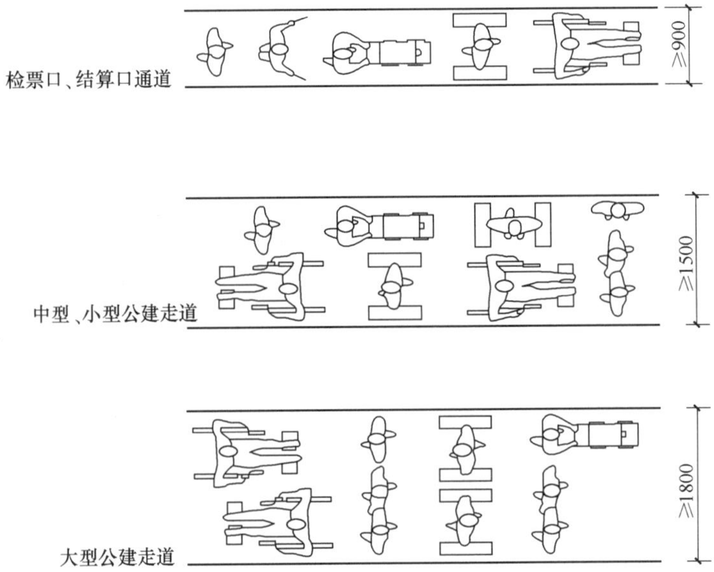

图 7-11 轮椅通行的走廊与通道的最小宽度（单位：mm）

对于乘轮椅者容易通行的走廊有效幅宽为≥1200mm，若要进行 180°回转，则需要 1500mm 以上，当两轮椅交错时，则要≥1800mm。走廊、通道尽量不要做成有高差；在走廊两侧墙面，最好设高度约 900mm 的连续扶手（如图所示）。在容易发生危险的地方，可以通过强烈的色彩和照明引人注意；楼层、室内名称等也应考虑视力障碍者的阅读，文字、号码均应采用较大的字体或制作成凹凸的立体字。

7.2.4 坡道的无障碍设计

供轮椅通行的坡道（如图 7-12，图 7-13）一般应设计成直线形、直角形或折返形，不宜设计弧形。一般而言，坡道纵断面坡度最好在 1/14 以下，一般 1/12；室外宜在 1/20 以下。长坡道上，每隔 9～10m 应设置停留的休息平台，其深度不得小于 1200mm，若要

图 7-12 直角形入口坡道

图 7-13 折返形入口坡道

改变先进方向时，休息平台的深度不得小于1500mm。在坡道的最低和最高处平台的深度也不能小于1500mm。另外，坡道两侧应设扶手，坡道与休息平台的扶手应保持连贯。

7.2.5 楼梯与电梯的无障碍设计

楼梯的无障碍设计主要包括以下几方面的内容：

① 台阶中每个踏步的尺寸最好保持一致。

② 对于视障者，楼梯的形式不宜采用旋转台阶。

③ 台阶有效幅宽>1200mm，每步高度约100～160mm、宽约300～350mm。

④ 扶手与墙壁宜保留40mm的距离，针对儿童、老年人需设较低的扶手。

⑤ 台阶附近加强照明，或通过色彩的对比起到突出警示的作用。

对于公共建筑空间中配备电梯时，必须设计无障碍电梯，电梯门洞净宽度≥900mm，候梯厅深度大于或等于1800mm，按钮的高度为900～1100mm。另外，要清晰显示轿厢上、下运行方向和层数位置及电梯抵达音响。每层电梯口应安装楼层标志，电梯口应设提示盲道。候梯厅示意图如图7-14所示。

电梯内部的轿厢深度要大于或等于1400mm，轿厢宽度大于或等于1100mm。轿厢正面和侧面应设高800～850mm的扶手。轿厢侧面应设高900～1100mm带盲文的选层按钮。轿厢正面高900mm处至顶部应安装镜子。轿厢上、下运行及到达应有清晰显示和报层音响。电梯轿厢示意图如图7-15所示。

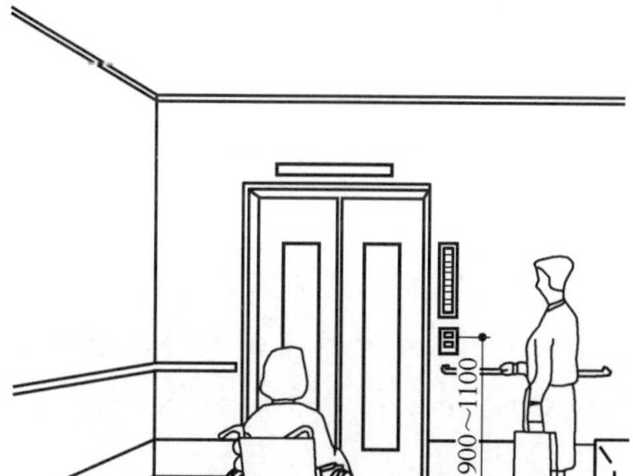

图7-14 候梯厅

图7-15 电梯轿厢

7.2.6 扶手的无障碍设计

供残疾人使用的扶手应符合下列规定：坡道、台阶及楼梯两侧应设高850mm的扶手；设两层扶手时，下层扶手高应为650mm；扶手起点与终点处延伸应大于或等于300mm（如图7-16）；扶手末端应向内拐到墙面，或向下延伸100mm。栏杆式扶手应向下成弧形或延伸到地面上固定（如图7-17）；扶手内侧与墙面的距离应为40～50mm；扶手应安装坚固，形状易于抓握，扶手的端部宜设计成圆滑曲面的开关，或直接延伸到墙体内；可以设置内凹进墙体的扶手，既不占交通空间，又可防止人群拥挤时的意外撞伤；交通建筑、医疗建筑和政府接待部门等公共建筑，在扶手的起点与终点应设盲文说明牌（如图 7-18）。

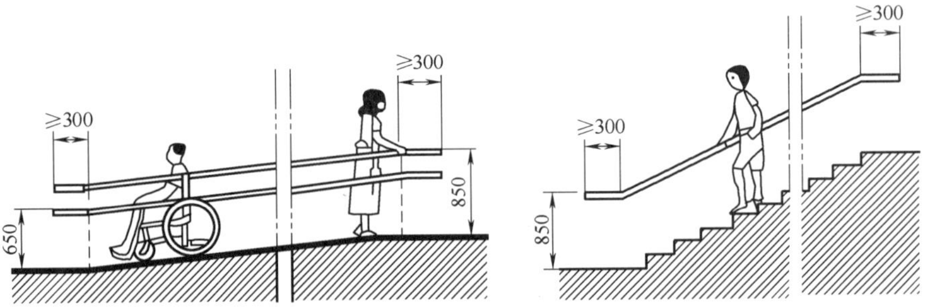

图 7-16　扶手的高度（单位：mm）

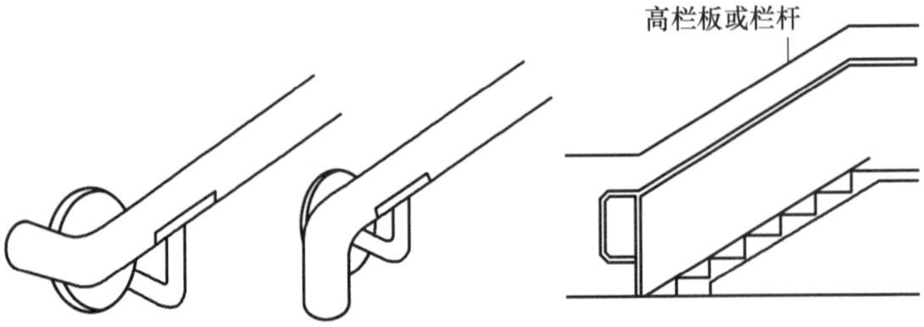

图 7-17　拐到墙面或向下的扶手

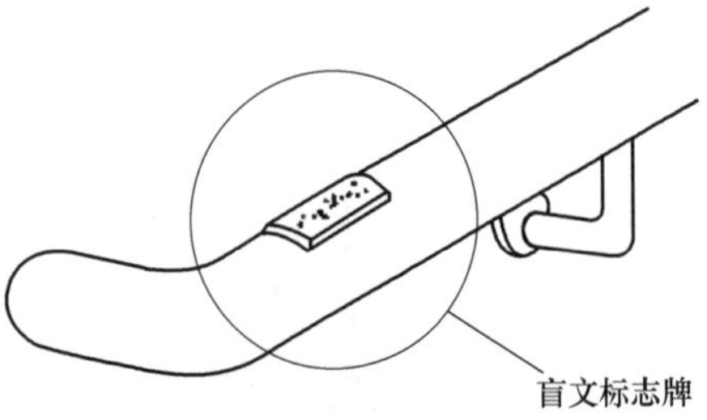

图 7-18　扶手盲文牌

7.2.7　公共空间无障碍设计发展趋势

笔者认为无障碍设计过程中，在遵循相关的设计规范基础上，采用通用化设计、与环境融合、智能化、区域规划等先进设计理念，突出设计创新性是今后无障碍设计的发展趋势。

（1）通用化设计

不是仅限于传统意义上的，如：盲道、盲文、坡道、扶手、高低差异设备等常见的无障碍设施设计，而是一种更为广泛的、宏观的无障碍设计概念。无障碍设施的服务对象并不局限在残障人士和老幼，广义的无障碍城市公共设施设计中，应该向一切需要帮助的人提供帮助，例如：多元化的信息、各种便捷的服务、人性化的使用方式和造型等，都应纳入无障碍公共设施设计的概念当中。

（2）与环境相融合

优秀的公共设施设计最重要的条件就是要与所处城市街道环境相协调，这种协调性不仅体现在视觉造型上，还要通过设施的可交互内容、信息传递方式、材料质感、设计细节等各个方面，全面的与该环境内的文化氛围、人文精神、心理需求等内在因素相统一、协调。要做到这一层面，就要对区域环境（对象人群）有深入的了解。

（3）区域规划

一个区域需要从功能需求上做出详细的规划。无障碍设施的种类、数量与分布是一项系统工程，区域内无障碍设施的相互关系和层次是首要考虑的问题。

（4）统一性

各个设施在形式风格、引导符号等方面注重统一性和连贯性。

（5）智能化服务

无障碍设计不仅体现在实际设施本身的“硬件”上，而且还要体现在服务与操作界面的“软件”上。很多设施在功能上具有多重属性，在设计中利用新技术、新媒体的手段，把无障碍化设计提升为一种多层次的概念。

（6）可持续发展

采用模块化设计，为今后的空间扩展提供发展与升级可能性；固定的设施要保证其造型设计的持续性，可以长期使用。

（7）户外媒体（广告）与无障碍城市建设

不可否认目前越来越多的公共设施与户外媒体（广告）有着十分密切的关系。世界上最大的城市公共设施提供商基本上都同时扮演着户外媒体广告商的角色。怎样通过推进无障碍城市设计这样一个概念，能够规范（或改进）户外媒体的形式与造型，使其能与城市形象进一步统一，而不是破坏城市视觉形象的整体性。

由此可见，在产品使用界面设计中对于知觉方式的选择，是决定该产品能否实现“共用”的关键。因为人类具有诸多的感知“通道”，如视觉、听觉、触觉等，而残疾人所欠缺的仅只是其中的某个“通道”而已。因此，具有“多通道”知觉方式的产品就具有无障碍使用的优越性能。20 世纪 90 年代初期由日本首创而后波及欧美的各种“睛盲共游玩具”就是无障碍设计的典型好例子，设计者所谋求的，不只是在产品使用界面上消除人与物之间的障碍，更希望能够以产品共用的实现来消除人与人之间的障碍。

7.3 住宅空间的无障碍设计

无障碍住宅空间应适用于乘轮椅残疾人和老年人的居住，无障碍住房应按套型设计，每套住房应设起居室（厅）、卧室、厨房和卫生间等基本空间，卫生间宜靠近卧室。下面就对住宅空间的无障碍设计做简要分析。

7.3.1 住宅入口

残疾人居住套房的入口位置，应该设在公共通道便捷而光线明亮的地段，在户门外要有不小于 1500mm×1500mm 的轮椅活动面积。在开启户门把手一侧墙面的宽度要达到 450mm（如图 7-19），以便乘轮椅者靠近门把手能将户门打开。户门开启后，供通行的净宽不应小于 800mm，在门的下方和外侧要安装护门板和关门拉手（如图 7-20）。

7.3.2 住宅空间布置

根据居住人口、家具尺寸及轮椅活动空间要求，残疾人住房的各类居室最小面积应略大于普通人的各类居室最小面积，如，卧室短边净宽度是考虑到床的长度和柜的宽度再加上轮椅的活动空间而确定的。起居室（厅）则要考虑轮椅通行及停留面积及各类家具的布置位置，因此，一般起居室（厅）的面积应在 16m² 以上（如图 7-21）。

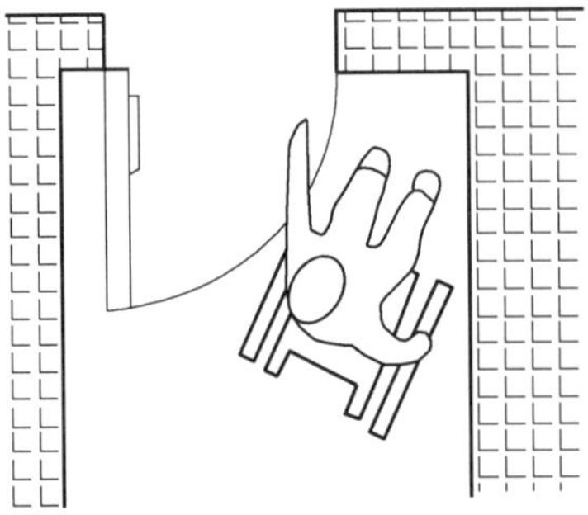

图 7-19　门把手一侧墙面宽度

图 7-20　门扇关门拉手

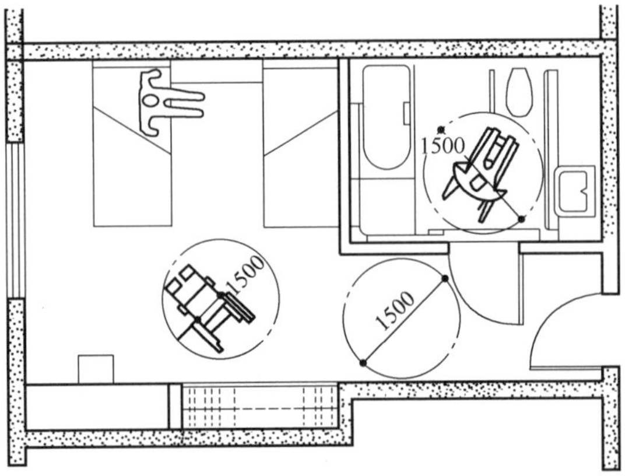

图 7-21　室内轮椅活动空间示意图（单位：mm）

7.3.3　厨房空间设计

为方便轮椅的通行，残疾人使用的厨房面积应略大于普通家庭厨房面积，并以开敞式最为理想。在厨房内如能安排两人用餐位置，可解决残疾人运送食物和用具的困难。轮椅残疾人进入厨房后再回转出来所需要的最小直径是 1500mm，再加上厨房单排设备的一般宽度是 500mm，因此单排厨房的净宽不应小于 2000mm，双排厨房的净宽不应小于 2500mm。

厨房的操作台面距地面 750～800mm，对轮椅者和可立姿的残疾人都可使用（如图 7-22）。为便于乘轮椅者的操作，厨房操作台和洗涤池下方空间最小宽度不小于 700mm，最小高度不小于 600mm，最小深度应不小于 250mm（如图 7-23）。在主操作台面的底面建议设置可抽出的，在坐膝高度上面使用的搁板，以供作为搅拌和切割操作的工作面板，这种搁板的高度可以小量设置，其调节幅度从地面以上 650mm 起，以 500mm 为间距直至主案台底面。如在主操作台两侧设落地柜，最好不要采用外开门的柜，因为许多残疾人难以弯腰操作，应采用有不同深度的抽屉或是抽出式的竖向箱均比较适用，但在柜的底部建议高出地面 200mm，并悬挑出 150mm 以便残疾人和老年人靠近案台。案台上的吊柜底面距离案台 300mm 时，最为方便。吊柜自身高度可做到 600～800mm，深度为 250～300mm，内设 1～2 个可调整的搁物板（如图 7-24）。

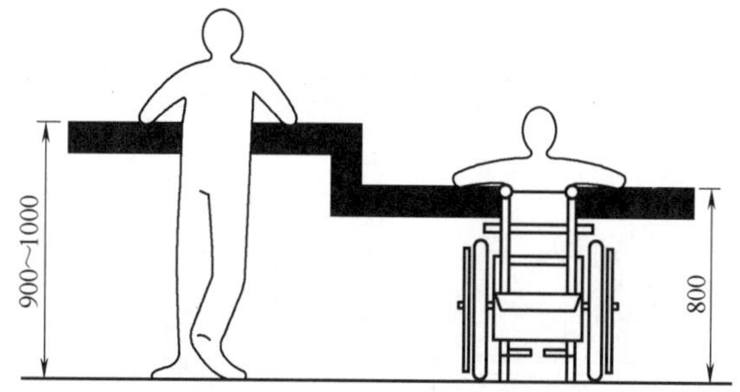

图 7-22 厨房操作台高度示意图（单位：mm）

图 7-23 操作台底部空间（单位：mm）

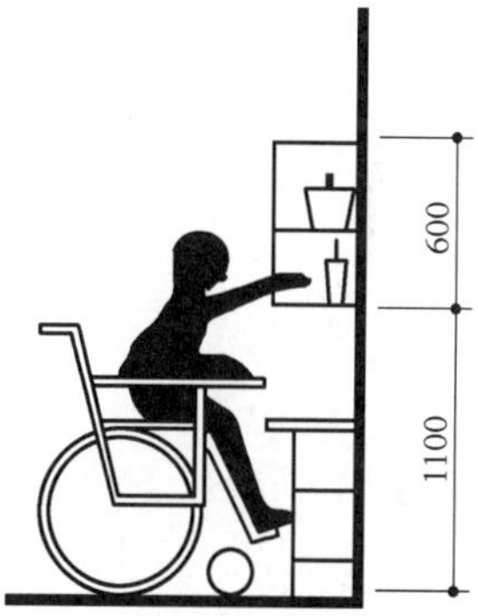

图 7-24 吊柜高度位置（单位：mm）

当使用不锈钢洗涤池时，应选用带有衬底的，以防池底外部产生凝结水并作隔热层用，避免烫伤操作者的腿部和膝部，并应选用单杠杆把手水控式冷热水混合龙头。洗涤池的上口与地面距离不应大于 800mm，深度以 100～150mm 为宜。

下带烤箱和有炉门的炉灶对乘轮椅的残疾人在使用上是不方便的，也是会有危险的，应采用在案台上安放的炉灶，控制开关正好在案台前面操作。带有形态标志的控制开关和带有几种不同燃烧程度的“喀哒”声响的控制开关，有助于弱视者或盲人安全使用炉灶，在炉灶部位还要有安全的防火措施和自动灭火装置。

厨房的案台、洗涤池、灶台、灶具、餐具柜和贮藏空间及各设施需按操作顺序排列，食物贮存宜就近安排。

7.3.4 卫生间设计

残疾人的住房卫生间最基本的配置有：坐便器、洗浴器、洗面器等。最小面积应考虑乘轮椅者的进出，并容易靠近卫生洁具（如图 7-25）。为方便家人知晓残疾人或老年人在卫生间内的动向，必要时进入卫生间进行协助，因此在门上需设置观察窗口。

轮椅座面标准高度为 450mm，因此卫生间选用高 450mm 的坐便器对乘轮椅残疾人进行转移时比较方便。为了协助残疾人转移和保持身体重心，在坐便器两侧需要设置高度适中的水平安全抓杆，在坐便器的里侧还需设高 1400mm 的垂直安全拉杆，以协助拄拐杖的残疾人或老年人起立时使用。

图 7-25　无障碍卫生间设计

洗面器的最大高度为 850mm，应采用单杠杆水龙头。洗面器下部距地面不要小于 600mm，以方便轮椅靠近使用。电源插座要设在使用方便的地方。洗面器上方的镜子底边距地面为 1100mm，镜子的顶部距地面可在 1700～1800mm 之间，并向前倾斜 150mm，自主站立者和坐轮椅的残疾人均可使用（如图 7-26）。

使用盆浴的卫生间是为了转移和洗浴方便，需要选用高 450mm 的浴盆，在浴盆上安放活动坐板或在浴盆一端设置宽度不小于 400mm 的固定洗浴坐台，在浴盆内侧的墙面要安装高 600～900mm 两层水平安全抓杆，长度可达 800～1000mm。如无特殊需要，采用淋浴式卫生间要比浴盆式卫生间在使用上更为方便、适用（如图 7-27）。

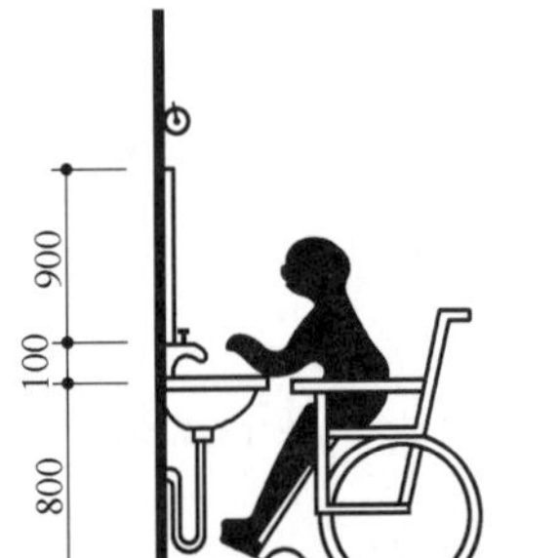

图 7-26　洗面器及镜子的高度（单位：mm）

图 7-27　淋浴池内的坐台及扶手（单位：mm）

7.3.5　户内通道设计

户内通道为便于乘轮椅者和拄拐杖残疾人通行，宽度不宜小于 1200mm，在两侧墙壁上可安装高 850mm 的扶手，通道转角处做成圆弧形，并在自地面向上高 350mm 处安装护墙板，以避免碰撞时对墙面造成损坏。另外，残疾人外出活动相对较少，而阳台是休闲的好去处，因此要求阳台的深度应在1500mm以上。

7.4　家居产品的无障碍设计

7.4.1　家具的无障碍设计

家具的无障碍设计内容大致可分为尺度、造型、细部处理、材料和心理因素等五个方面，下面以轮椅使用者为主要对象作简要分析。

尺度方面：由于残障人士以及其他行为能力障碍者的人体尺度及活动范围与健全人存在差异，他们对家具的尺度也就有着特殊的要求。图7-28是轮椅使用者在各个方向上的尺度分析图，可以作为轮椅使用者设计工作台、橱柜、储物架时的尺度参考。比如床的设计，健全人使用的卧床高度一般为406mm，轮椅使用者的卧床高度应该比普通床略高一点，与轮椅座位高度基本持平，适宜高度为495mm左右。以方便使用者从轮椅转移到床上或是从床上转移到轮椅。再如无障碍桌子的设计，桌子下部要留出轮椅使用者脚踏板插入的必要空间，桌面高度为720mm以上，桌面下方留空高于地面600mm以上，进深则大于450mm，桌面使用有效幅宽为700～800mm。

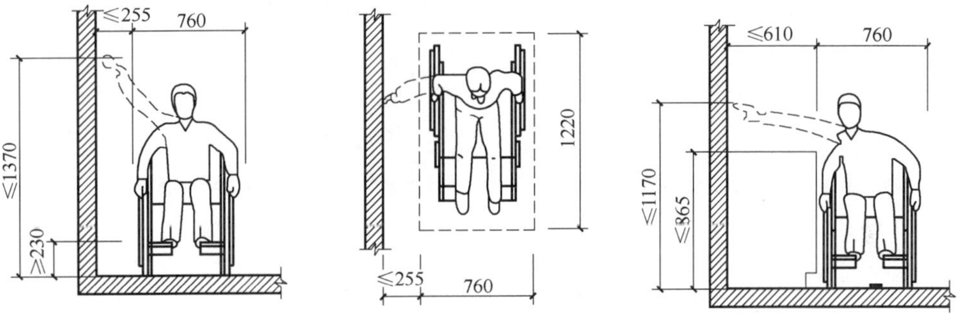

图7-28　轮椅使用者尺度分析图（单位：mm）

造型方面：家具的造型在相当程度上是由功能来决定的，在家具的无障碍设计中，要针对使用者的特殊要求采用特殊的形式来解决。例如，对于轮椅使用者和年老体弱者使用的床，可加上护栏以方便他们上下床时抓握。再如橱柜的设计，应采用推拉门或者折叠门，避免采用平开门，因为平开门需占用较大的空间，不利于轮椅使用者开启或关闭。对于橱柜的上部门最好采用横拉或上下拉的开启方式。

细部处理：在家具无障碍设计中，细部处理同样是不可忽视的。于小处着眼才能真正体现设计师对人的关心。例如床和垫的边缘应当收起不应当垂下来以免被绞进轮椅的轮子中。家具的五金配件一般选用高品质，以确保家具开启轻巧省力，这会使肌肉乏力者使用起来轻松自如。

材料的选择：材料选择一般要配合不同的家具，比如，对于轮椅使用者，床垫必须要有相当的稳固性和支撑力而不能过于柔软，否则不便于上下床时用力。对于长期卧床者，床褥和床垫则要有良好的透气性最好采用棉、麻等天然材料。另外，对于架子的搁板一般采用透明玻璃、透明塑料或网状板等，可以让轮椅使用者透过搁板看到其他搁板上的物品。

心理因素方面：家具无障碍设计既要合乎使用要求，又必须避免医院器械般的冰冷印象。因为这样的外观暗示着使用者的残疾及缺陷，势必带来负面的心理影响。家具的外观设计在满足设计功能的同时，应尽量柔化，使其富于人情味，并采用明快柔和的色彩和舒适轻松的格调，这样才有助于使用者建立积极向上的生活信念。

7.4.2 器具的无障碍设计

室内电器开关及插座等的设置不宜太高或太低，适宜于距地面 500～1000mm 的高度。电源插座的数量在卧室、起居室（厅）要比一般住宅多一组单相三线和一个单向两线插座；厨房、卫生间多一组防水单相三线和一个单向两线插座，避免在不够用时进行倒换电插座对残疾人造成的麻烦和危险。插座、卡式电表及对讲机高度等，要适合乘轮椅者的使用（如图 7-29）。

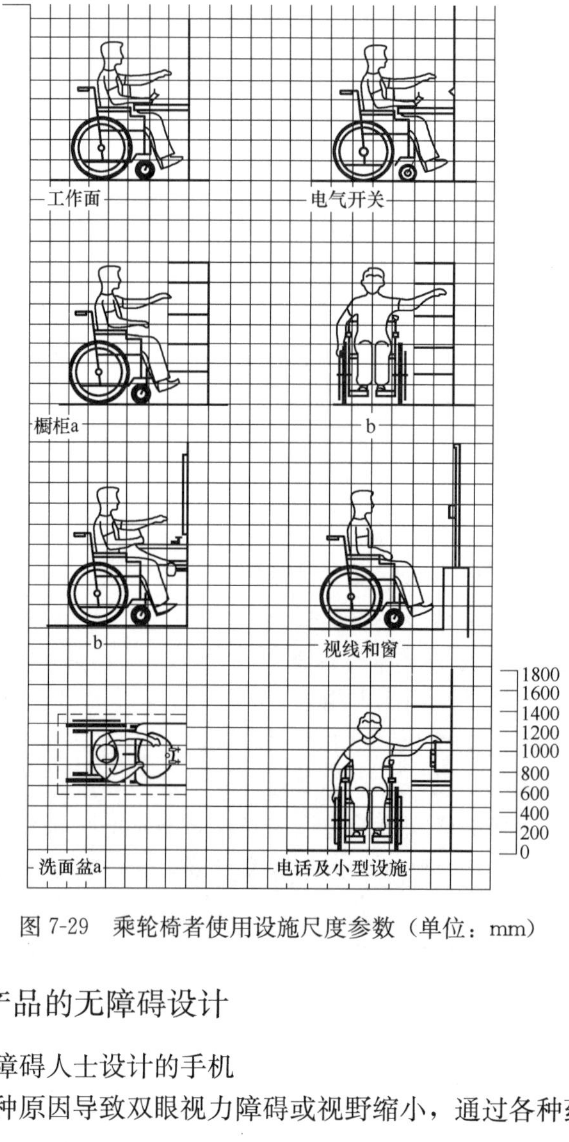

图 7-29 乘轮椅者使用设施尺度参数（单位：mm）

7.4.3 其他家居产品的无障碍设计

案例一：为视觉障碍人士设计的手机

视觉障碍是指由于各种原因导致双眼视力障碍或视野缩小，通过各种药物、手术及其他疗法而不能恢复视功能者（或暂时不能通过上述疗法恢复视功能者），以致不能进行一般人所能从事的工作、学习或其他活动。视觉障碍不仅会给患者的生活、工作带来极大不便，而且还会使患者产生非常强烈的心理刺激，严重困扰着视障者的心灵。据世界卫生组织估计，全球共有 1.8 亿视障人群，其中有 4000 万至 4500 万为盲人。

① 手机外形要符合人体工程学，充分考虑使用时的手感，握持要方便，便于视障者尤其是盲人把握方向；所以在该案例中采用了上下不对称的设计，不仅便于握持，而且不易拿反（如图 7-30）。

另外，外观不宜过于追求个性，要符合人们对手机的认知习惯，这样也会让视障者的心理感觉和正常人一样，不能在外观上显示出他们是社会的弱者，否则将会使他们对产品产生排斥心理。

图 7-30 为视觉障碍人士设计的手机

② 缩小显示屏幕，可以留出足够的空间来布置按钮；由于视障者不需要大型的游戏，手机中只需要一些简单的来电显示、阅读短信等功能，所以屏幕可以尽量的缩小。缩小屏幕所留出的空间可以用来布置按钮，这样各个按钮之间的距离就可以增加，使手机在不增加体积的情况下增加操作的便利性。

③ 按钮上有盲文的设计，便于使用者通过触摸找到相关数字键；盲文是盲人接受外界信息的一个途径，感觉补偿功能让他们具有了良好的触觉和听觉能力，盲人良好的触觉可以感受很细微的变化，为了便于按钮的识别，盲文的设计必不可少。

④ 按钮采用方圆相间的设计方式，并且拉大了按钮之间的距离，减少了偶发触动的可能。

⑤ 颜色采用银灰和深蓝，质朴大方；主要运用色彩编码来划分功能区块，用不同的颜色对各个功能区进行区别，这样对视弱者有一定帮助。

⑥ 通过语音提示功能，帮助有视觉障碍的用户方便地使用手机。视障者对声音的反应比较灵敏，通过声音来反馈视障者的操作，按不同的按键，会发出不同的声音；同时也可以用铃声来区分来电；甚至在手机上加上收音机，可以丰富视障者的娱乐生活。

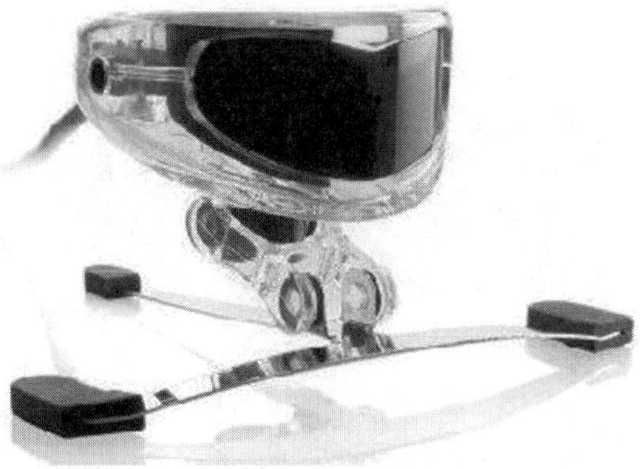
图 7-31 为肢体残疾人士设计的鼠标

案例二：为肢体残疾人士设计的鼠标

这种 smartNAV 品牌的“非手操作鼠标”（如图 7-31），是通过转动头部来操作的。当用户采用它来控制系统时，要先把一个“反射点（reflective dots）”贴在前额，然后把鼠标放在显示屏上方，并且微微移动自己的头就行了。可能对于新手来讲会难操作些，但是用顺之后，操作感还是不错的。

对于肢体健全的人而言，“手势遥控”可以带来完全不同的操控体验，但是肢体有残疾的人却连操控鼠标都难以做到，这就大大制约了电脑在残疾人中的普及。

它的原理与手势遥控器类似，可以自动追踪使用者头部的动作，并进行相应的鼠标操作。有了这样的设备，残疾人就可以更方便的使用电脑了。

案例三：为老年人设计的浴缸

我国马上进入老龄社会，并且，有很大一部分老年人处于独居状态，而目前，针对老年人的产品设计少之又少。

针对老年人、残疾人等行动不便人士沐浴问题而设计的带门的浴缸（如图 7-32），使得老年人、残疾人等行动不便人士能在洗浴时更加安全。

图 7-32 带门的浴缸

案例四：为左撇子设计的产品

据有关资料显示，左撇子约占世界总人口的 9%，在我国占总人口的 6%～7%，也就是说，我国至少有 8000 万人习惯用左手。据调查，2005 年出生的左撇子比 1990 年的多了一倍。到 2020 年时，全世界左撇子更可望达到 10 亿人。但是，由于现实生活中大多数人习惯使用右手，几乎所有的商品都是为这些“右手人”考虑和设计的，“左撇子”市场因此也被大大忽略，在我国更是长期处于一个空白状态。致使生活在“右手世界”里的左撇子们备感别扭。

每年 8 月 13 日，是国际左撇子日。建立国际左撇子日的目的在于团结世界各地的左撇子为争取自身的利益而斗争，唤起全社会对左撇子问题的关注。近年来，专为左撇子使用的产品也开始进入设计师和商家的视线。左手剪刀（如图 7-33）、左手键盘（如图 7-34）、左撇子手机（如图 7-35）、左撇子鼠标（如图 7-36）、逆时针钟表……左撇子产品针对的已不仅仅是左撇子，也成为时下部分年轻人追求个性的一种选择。

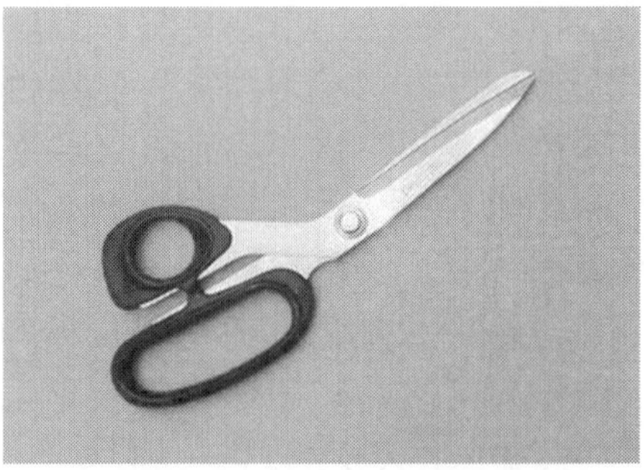

图 7-33 为左撇子设计的剪刀图

图 7-34 为左撇子设计的键盘

以往，硬件产品对左撇子的“歧视”主要表现在操作界面，重要功能按钮一般都分配给了右手，人性化设计和人体工程学的运用也更多体现对右手的关照。许多美观而又功能突出的鼠标被设计成只适合右手使用。

就拿键盘的使用来说，左撇子喜欢让灵活的左手负担更多的任务，可计算机的常用键例如倒退、输入、数字键和方向键等都在键盘右边。游戏手柄上重要的功能键都在右边，左撇子擅长的左手一般只能用来控制方向。数码相机的快门多在右边，左手只是支撑手；

数码摄像机需要左手扶着屏幕，右手操作，或许最适合左撇子使用的情形就是倒转自拍。

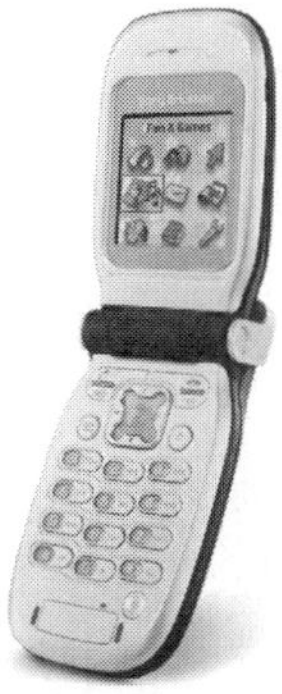

图 7-35 为左撇子设计的手机图

图 7-36 为左撇子设计的鼠标

软件对左撇子的不便主要是框架布局、视觉效果以及操作习惯上的。右撇子在视觉上是左倾的，所以大多数软件的菜单选项都排列在框架的左边，比如，Windows 中指针箭头的方向默认向左，链接选择的图标是右手，许多软件和游戏的默认快捷键也是左倾的。

软硬件的先天歧视叠加起来所带来的不便就更明显了。大多数键盘都有复制、粘贴、撤销以及类似的由左手操作的快捷键。这些操作都需要由左手来完成，而右手操作起来几乎是不可能的，除非你的手指长得能跨过大半个键盘。一般情况下这还只是小小的不习惯，但对图片设计之类的创意性工作来说就尤为不便了，想像一下，一个正在使用 Photoshop 绘图的左撇子能够同时用左手兼顾键盘和鼠标吗？

设计开发适合左撇子使用的产品大致遵循了两条思路：在现有产品模型的基础上增加对左手的支持或者开发只适用于左手的产品。前者可充分利用现有产品模型，节约开发成本，避免两个弊端：①生产量太小，导致成本过高；②需求量太小，导致品种类型单调。后者虽然也可以模仿利用现有资源，但市场较小，可能会造成投入产出相差较大。许多厂商采用的解决办法就是生产能同时为左右撇子使用的产品。

案例五：为上肢残疾人士设计的削皮器

对于上肢残疾人士，如果单手想把苹果皮削下来，因没有握持和固定装置会非常困难。图 7-37 是专门为上肢残疾人士设计的削皮器，通过产品本身自带的固定结构，单手操作就能顺利完成削皮的过程。

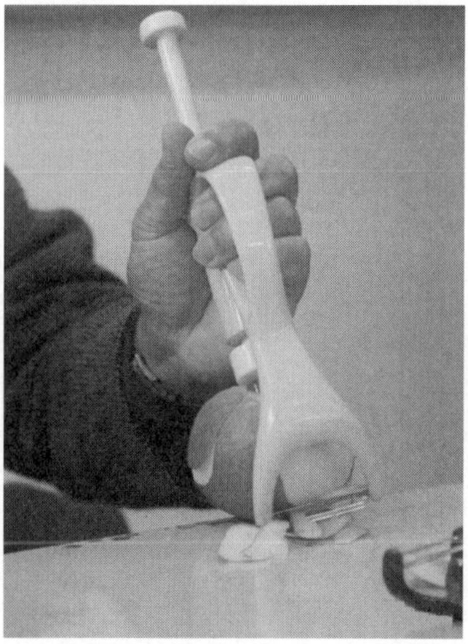

图 7-37 为上肢残疾人士设计的削皮器

作业与思考题

1. 无障碍设计的概念与目标是什么？
2. 国际通用的无障碍设计标准包括哪些内容？
3. 盲道的设计与铺设应注意哪些问题？
4. 如何利用残障人士的感觉补偿原则进行无障碍产品的设计与开发？

参考文献

[1] 杨玮娣. 人体工程与室内设计 [M]. 北京：中国水利水电出版社，2006.

[2] 章曲，谷林. 人体工程学 [M]. 北京：北京理工大学出版社，2009，

[3] 张帆. 人体工程设计理念与应用 [M]. 北京：中国水利水电出版社，2010.

[4] 刘盛璜. 人体工程学与室内设计 [M]. 北京：中国建筑工业出版社，2004.

[5] 张月. 室内人体工程学 [M]. 北京：中国建筑工业出版社，2005.

[6] 程瑞香. 室内与家具设计人体工程学 [M]. 北京：化学工业出版社，2008.

[7] 李文彬，建筑室内与家具设计人体工程学 [M]. 北京：中国林业出版社，2002.

[8] 阮宝湘，邵祥华. 工业设计人机工程 [M]. 北京：机械工业出版社，2005.

[9] 丁玉兰. 人机工程学（修订版）[M]. 北京：北京理工大学出版社，1999.

[10] 徐涵，刘俊杰，陈炜. 人机工程学 [M]. 辽宁：辽宁美术出版社，2007.

[11] 张书鸿. 室内设计概论 [M]. 武汉：华中科技大学出版社，2007.

[12] [美] 阿尔文·R·蒂利. 人体工程学图解——设计中的人体因素 [M]. 北京：中国建筑工业出版社，1998.

[13] 高祥生. 室内设计师手册 [M]. 北京：中国建筑工业出版社，2001.

[14] 李道增，环境行为学概论 [M]. 北京：清华大学出版社，1999，

[15] （英）托姆莱斯·汤戈兹（TomrisTanagz）. 英国室内设计基础教程 [M]. 上海：上海人民美术出版社，2006.

[16] （美）玛利·C·米勒，室内设计色彩概论 [M]. 上海：上海人民美术出版社，2009.

[17] 康海飞. 室内设计资料图集 [M]. 北京：中国建筑工业出版社，2009.

[18] （日）高桥鹰志. 环境行为与空间设计 [M]. 北京：中国建筑工业出版社，2006.

[19] 曲岩松. 现代厨房设计手册 [M]. 北京：中国建筑工业出版社，2002.

[20] （美）玛丽·乔治·皮特森. 厨卫空间人性化设计完全手册 [M]. 北京：中国电力出版社，2006.

[21] （美）伊兰娜·弗兰克尔（Elana Frankel）. 办公空间设计秘诀 [M]. 北京：中国建筑工业出版社，2004.

[22] 邓楠，罗力. 办公空间设计与工程 [M]. 重庆：重庆大学出版社，2002.

[23] [英] 杰里米·迈尔森，菲利普·罗斯. 21世纪办公空间 [M]. 辽宁：辽宁科学技术出版社，2004.

[24] 玛丽莲·泽林斯基. 新型办公空间设计 [M]. 北京：中国建筑工业出版社 2004.

[25] 赵慧宁，赵军. 现代商业环境设计与分析 [M]. 南京：东南大学出版社，2005.

[26] 朱翔. 商业空间展示设计 [M]. 北京：机械工业出版社，2007.

[27] 周昕涛. 商业空间设计 [M]. 上海：上海人民美术出版社，2006.

[28] 任仲泉. 现代商业空间展示设计 [M]. 山东科学技术出版社，2004.

[29] 李昱靓，江发强，现代展示设计 [M]. 重庆：重庆大学出版社，2005.

[30] 董春欣. 会展空间与艺术设计 [M]. 上海：上海大学出版社，2007.

[31] 饶良修. 中国室内设计年刊 [M]. 武汉：华中理工大学出版社，2005.

[32] 饶良修. 中国室内设计年刊 [M]. 武汉：华中科技大学出版社，2006.

[33] 饶良修. 中国室内设计年刊 [M]，武汉：华中科技大学出版社，2007.

[34] 中华人民共和国建设部，中华人民共和国民政部，中国残疾人联合会. 城市道路和建筑物无障碍设计规范 [JGJ 50—2001]. 北京：中国建筑工业出版社，2001.

[35] 刘连新，蒋宁山，无障碍设计概论 [M]. 北京：中国建材工业出版社，2004.

[36] 江海涛. 道路和建筑无障碍设计图说 [M]. 山东：山东科学技术出版社. 2004.

[37] （英）詹姆斯·霍姆斯-西德尔（James Holmes-Siedle），塞尔温·戈德史密斯（Selwyn Goldsmith）. 无障碍设计 [M]. 大连：大连理工大学出版社，2002.